古代经典名方新药上市全周期指引手册

（下册）

主　编　王燕平　史楠楠

目　录
CONTENTS

05 其他 / 421

03

药品销售

3.1 药品经营质量管理规范

（2016年6月30日国家食品药品监督管理总局修订）

2000 年 4 月 30 日原国家药品监督管理局局令第 20 号公布
2012 年 11 月 6 日原卫生部部务会议第一次修订
2015 年 5 月 18 日国家食品药品监督管理总局局务会议第二次修订
根据 2016 年 6 月 30 日国家食品药品监督管理总局局务会议《关于修改〈药品经营质量管理规范〉的决定》修正

第一章　总　则

第一条　为加强药品经营质量管理，规范药品经营行为，保障人体用药安全、有效，根据《中华人民共和国药品管理法》《中华人民共和国药品管理法实施条例》，制定本规范。

第二条　本规范是药品经营管理和质量控制的基本准则。

企业应当在药品采购、储存、销售、运输等环节采取有效的质量控制措施，确保药品质量，并按照国家有关要求建立药品追溯系统，实现药品可追溯。

第三条　药品经营企业应当严格执行本规范。

药品生产企业销售药品、药品流通过程中其他涉及储存与运输药品的，也应当符合本规范相关要求。

第四条　药品经营企业应当坚持诚实守信，依法经营。禁止任何虚假、欺骗行为。

第二章　药品批发的质量管理

第一节　质量管理体系

第五条　企业应当依据有关法律法规及本规范的要求建立质量管理体系，确定质量方针，制定质量管理体系文件，开展质量策划、质量控制、质量保证、质量改进和质量风险管理等活动。

第六条　企业制定的质量方针文件应当明确企业总的质量目标和要求，并贯彻到药品经营活动的全过程。

第七条　企业质量管理体系应当与其经营范围和规模相适应，包括组织机构、人员、设施设备、质量管理体系文件及相应的计算机系统等。

第八条　企业应当定期以及在质量管理体系关键要素发生重大变化时，组织开展内审。

第九条　企业应当对内审的情况进行分析，依据分析结论制定相应的质量管理体系改进措施，不断提高质量控制水平，保证质量管理体系持续有效运行。

第十条　企业应当采用前瞻或者回顾的方式，对药品流通过程中的质量风险进行评估、控制、沟通和审核。

第十一条　企业应当对药品供货单位、购货单位的质量管理体系进行评价，确认其质量保证能力和质量信誉，必要时进行实地考察。

第十二条　企业应当全员参与质量管理。各部门、岗位人员应当正确理解并履行职责，承担相应质量责任。

第二节　组织机构与质量管理职责

第十三条　企业应当设立与其经营活动和质量管理相适应的组织机构或者岗位，明确规定其职责、权限及相互关系。

第十四条 企业负责人是药品质量的主要责任人，全面负责企业日常管理，负责提供必要的条件，保证质量管理部门和质量管理人员有效履行职责，确保企业实现质量目标并按照本规范要求经营药品。

第十五条 企业质量负责人应当由高层管理人员担任，全面负责药品质量管理工作，独立履行职责，在企业内部对药品质量管理具有裁决权。

第十六条 企业应当设立质量管理部门，有效开展质量管理工作。质量管理部门的职责不得由其他部门及人员履行。

第十七条 质量管理部门应当履行以下职责：

（一）督促相关部门和岗位人员执行药品管理的法律法规及本规范；

（二）组织制订质量管理体系文件，并指导、监督文件的执行；

（三）负责对供货单位和购货单位的合法性、购进药品的合法性以及供货单位销售人员、购货单位采购人员的合法资格进行审核，并根据审核内容的变化进行动态管理；

（四）负责质量信息的收集和管理，并建立药品质量档案；

（五）负责药品的验收，指导并监督药品采购、储存、养护、销售、退货、运输等环节的质量管理工作；

（六）负责不合格药品的确认，对不合格药品的处理过程实施监督；

（七）负责药品质量投诉和质量事故的调查、处理及报告；

（八）负责假劣药品的报告；

（九）负责药品质量查询；

（十）负责指导设定计算机系统质量控制功能；

（十一）负责计算机系统操作权限的审核和质量管理基础数据的建立及更新；

（十二）组织验证、校准相关设施设备；

（十三）负责药品召回的管理；

（十四）负责药品不良反应的报告；

（十五）组织质量管理体系的内审和风险评估；

（十六）组织对药品供货单位及购货单位质量管理体系和服务质量的考察和评价；

（十七）组织对被委托运输的承运方运输条件和质量保障能力的审查；

（十八）协助开展质量管理教育和培训；

（十九）其他应当由质量管理部门履行的职责。

第三节 人员与培训

第十八条 企业从事药品经营和质量管理工作的人员，应当符合有关法律法规及本规范规定的资格要求，不得有相关法律法规禁止从业的情形。

第十九条 企业负责人应当具有大学专科以上学历或者中级以上专业技术职称，经过基本的药学专业知识培训，熟悉有关药品管理的法律法规及本规范。

第二十条 企业质量负责人应当具有大学本科以上学历、执业药师资格和3年以上药品经营质量管理工作经历，在质量管理工作中具备正确判断和保障实施的能力。

第二十一条 企业质量管理部门负责人应当具有执业药师资格和3年以上药品经营质量管理工作经历，能独立解决经营过程中的质量问题。

第二十二条 企业应当配备符合以下资格要求的质量管理、验收及养护等岗位人员：

（一）从事质量管理工作的，应当具有药学中专或者医学、生物、化学等相关专业大学专科以上学历或者具有药学初级以上专业技术职称；

（二）从事验收、养护工作的，应当具有药学或者医学、生物、化学等相关专业中专以上学历或者具有药学初级以上专业技术职称；

（三）从事中药材、中药饮片验收工作的，应当具有中药学专业中专以上学历或者具有中药学中级以上专业技术职称；从事中药材、中药饮片养护工作的，应当具有中药学专业中专以上学历或者具有中药学初级以上专业技术职称；直接收购地产中药材的，验收人员应当具有中药学中级以上专业技术职称。

从事疫苗配送的，还应当配备2名以上专业技术人员专门负责疫苗质量管理和验收工作。专业技术人员应当具有预防医学、药学、微生物学或者医学等专业本科以上学历及中级以上专业技术职称，并有3年以上从事疫苗管理或者技术工作经历。

第二十三条 从事质量管理、验收工作的人员应当在职在岗，不得兼职其他业务工作。

第二十四条 从事采购工作的人员应当具有药学或者医学、生物、化学等相关专业中专以上学历，从事销售、储存等工作的人员应当具有高中以上文化程度。

第二十五条 企业应当对各岗位人员进行与其职责和工作内容相关的岗前培训和继续培训，以符合本规范要求。

第二十六条 培训内容应当包括相关法律法规、药品专业知识及技能、质量管理制度、职责及岗位操作规程等。

第二十七条 企业应当按照培训管理制度制定年度培训计划并开展培训，使相关人员能正确理解并履行职责。培训工作应当做好记录并建立档案。

第二十八条 从事特殊管理的药品和冷藏冷冻药品的储存、运输等工作的人员，应当接受相关法律法规和专业知识培训并经考核合格后方可上岗。

第二十九条 企业应当制定员工个人卫生管理制度，储存、运输等岗位人员的着装应当符合劳动保护和产品防护的要求。

第三十条 质量管理、验收、养护、储存等直接接触药品岗位的人员应当进行岗前及年度健康检查，并建立健康档案。患有传染病或者其他可能污染药品的疾病的，不得从事直接接触药品的工作。身体条件不符合相应岗位特定要求的，不得从事相关工作。

第四节 质量管理体系文件

第三十一条 企业制定质量管理体系文件应当符合企业实际。文件包括质量管理制度、部门及岗位职责、操作规程、档案、报告、记录和凭证等。

第三十二条 文件的起草、修订、审核、批准、分发、保管，以及修改、撤销、替换、销毁等应当按照文件管理操作规程进行，并保存相关记录。

第三十三条　文件应当标明题目、种类、目的以及文件编号和版本号。文字应当准确、清晰、易懂。

文件应当分类存放，便于查阅。

第三十四条　企业应当定期审核、修订文件，使用的文件应当为现行有效的文本，已废止或者失效的文件除留档备查外，不得在工作现场出现。

第三十五条　企业应当保证各岗位获得与其工作内容相对应的必要文件，并严格按照规定开展工作。

第三十六条　质量管理制度应当包括以下内容：

（一）质量管理体系内审的规定；

（二）质量否决权的规定；

（三）质量管理文件的管理；

（四）质量信息的管理；

（五）供货单位、购货单位、供货单位销售人员及购货单位采购人员等资格审核的规定；

（六）药品采购、收货、验收、储存、养护、销售、出库、运输的管理；

（七）特殊管理的药品的规定；

（八）药品有效期的管理；

（九）不合格药品、药品销毁的管理；

（十）药品退货的管理；

（十一）药品召回的管理；

（十二）质量查询的管理；

（十三）质量事故、质量投诉的管理；

（十四）药品不良反应报告的规定；

（十五）环境卫生、人员健康的规定；

（十六）质量方面的教育、培训及考核的规定；

（十七）设施设备保管和维护的管理；

（十八）设施设备验证和校准的管理；

（十九）记录和凭证的管理；

（二十）计算机系统的管理；

（二十一）药品追溯的规定；

（二十二）其他应当规定的内容。

第三十七条 部门及岗位职责应当包括：

（一）质量管理、采购、储存、销售、运输、财务和信息管理等部门职责；

（二）企业负责人、质量负责人及质量管理、采购、储存、销售、运输、财务和信息管理等部门负责人的岗位职责；

（三）质量管理、采购、收货、验收、储存、养护、销售、出库复核、运输、财务、信息管理等岗位职责；

（四）与药品经营相关的其他岗位职责。

第三十八条 企业应当制定药品采购、收货、验收、储存、养护、销售、出库复核、运输等环节及计算机系统的操作规程。

第三十九条 企业应当建立药品采购、验收、养护、销售、出库复核、销后退回和购进退出、运输、储运温湿度监测、不合格药品处理等相关记录，做到真实、完整、准确、有效和可追溯。

第四十条 通过计算机系统记录数据时，有关人员应当按照操作规程，通过授权及密码登录后方可进行数据的录入或者复核；数据的更改应当经质量管理部门审核并在其监督下进行，更改过程应当留有记录。

第四十一条 书面记录及凭证应当及时填写，并做到字迹清晰，不得随意涂改，不得撕毁。更改记录的，应当注明理由、日期并签名，保持原有信息清晰可辨。

第四十二条 记录及凭证应当至少保存 5 年。疫苗、特殊管理的药品的记录及凭证按相关规定保存。

第五节　设施与设备

第四十三条 企业应当具有与其药品经营范围、经营规模相适应的经营场所和库房。

第四十四条 库房的选址、设计、布局、建造、改造和维护应当符合药品储存的要求，防止药品的污染、交叉污染、混淆和差错。

第四十五条 药品储存作业区、辅助作业区应当与办公区和生活区分开一定距离或者有隔离措施。

第四十六条 库房的规模及条件应当满足药品的合理、安全储存，并达到以下要求，便于开展储存作业：

（一）库房内外环境整洁，无污染源，库区地面硬化或者绿化；

（二）库房内墙、顶光洁，地面平整，门窗结构严密；

（三）库房有可靠的安全防护措施，能够对无关人员进入实行可控管理，防止药品被盗、替换或者混入假药；

（四）有防止室外装卸、搬运、接收、发运等作业受异常天气影响的措施。

第四十七条 库房应当配备以下设施设备：

（一）药品与地面之间有效隔离的设备；

（二）避光、通风、防潮、防虫、防鼠等设备；

（三）有效调控温湿度及室内外空气交换的设备；

（四）自动监测、记录库房温湿度的设备；

（五）符合储存作业要求的照明设备；

（六）用于零货拣选、拼箱发货操作及复核的作业区域和设备；

（七）包装物料的存放场所；

（八）验收、发货、退货的专用场所；

（九）不合格药品专用存放场所；

（十）经营特殊管理的药品有符合国家规定的储存设施。

第四十八条 经营中药材、中药饮片的，应当有专用的库房和养护工作场所，直接收购地产中药材的应当设置中药样品室（柜）。

第四十九条 储存、运输冷藏、冷冻药品的，应当配备以下设施设备：

（一）与其经营规模和品种相适应的冷库，储存疫苗的应当配备两个以上独立冷库；

（二）用于冷库温度自动监测、显示、记录、调控、报警的设备；

（三）冷库制冷设备的备用发电机组或者双回路供电系统；

（四）对有特殊低温要求的药品，应当配备符合其储存要求的设施设备；

（五）冷藏车及车载冷藏箱或者保温箱等设备。

第五十条 运输药品应当使用封闭式货物运输工具。

第五十一条 运输冷藏、冷冻药品的冷藏车及车载冷藏箱、保温箱应当符合药品运输过程中对温度控制的要求。冷藏车具有自动调控温度、显示温度、存储和读取温度监测数据的功能；冷藏箱及保温箱具有外部显示和采集箱体内温度数据的功能。

第五十二条 储存、运输设施设备的定期检查、清洁和维护应当由专人负责，并建立记录和档案。

第六节 校准与验证

第五十三条 企业应当按照国家有关规定，对计量器具、温湿度监测设备等定期进行校准或者检定。

企业应当对冷库、储运温湿度监测系统以及冷藏运输等设施设备进行使用前验证、定期验证及停用时间超过规定时限的验证。

第五十四条 企业应当根据相关验证管理制度，形成验证控制文件，包括验证方案、报告、评价、偏差处理和预防措施等。

第五十五条 验证应当按照预先确定和批准的方案实施，验证报告应当经过审核和批准，验证文件应当存档。

第五十六条 企业应当根据验证确定的参数及条件，正确、合理使用相关设施设备。

第七节 计算机系统

第五十七条 企业应当建立能够符合经营全过程管理及质量控制要求的

计算机系统，实现药品可追溯。

第五十八条 企业计算机系统应当符合以下要求：

（一）有支持系统正常运行的服务器和终端机；

（二）有安全、稳定的网络环境，有固定接入互联网的方式和安全可靠的信息平台；

（三）有实现部门之间、岗位之间信息传输和数据共享的局域网；

（四）有药品经营业务票据生成、打印和管理功能；

（五）有符合本规范要求及企业管理实际需要的应用软件和相关数据库。

第五十九条 各类数据的录入、修改、保存等操作应当符合授权范围、操作规程和管理制度的要求，保证数据原始、真实、准确、安全和可追溯。

第六十条 计算机系统运行中涉及企业经营和管理的数据应当采用安全、可靠的方式储存并按日备份，备份数据应当存放在安全场所，记录类数据的保存时限应当符合本规范第四十二条的要求。

第八节 采 购

第六十一条 企业的采购活动应当符合以下要求：

（一）确定供货单位的合法资格；

（二）确定所购入药品的合法性；

（三）核实供货单位销售人员的合法资格；

（四）与供货单位签订质量保证协议。

采购中涉及的首营企业、首营品种，采购部门应当填写相关申请表格，经过质量管理部门和企业质量负责人的审核批准。必要时应当组织实地考察，对供货单位质量管理体系进行评价。

第六十二条 对首营企业的审核，应当查验加盖其公章原印章的以下资料，确认真实、有效：

（一）《药品生产许可证》或者《药品经营许可证》复印件；

（二）营业执照、税务登记、组织机构代码的证件复印件，及上一年度企业年度报告公示情况；

（三）《药品生产质量管理规范》认证证书或者《药品经营质量管理规范》认证证书复印件；

（四）相关印章、随货同行单（票）样式；

（五）开户户名、开户银行及账号。

第六十三条 采购首营品种应当审核药品的合法性，索取加盖供货单位公章原印章的药品生产或者进口批准证明文件复印件并予以审核，审核无误的方可采购。

以上资料应当归入药品质量档案。

第六十四条 企业应当核实、留存供货单位销售人员以下资料：

（一）加盖供货单位公章原印章的销售人员身份证复印件；

（二）加盖供货单位公章原印章和法定代表人印章或者签名的授权书，授权书应当载明被授权人姓名、身份证号码，以及授权销售的品种、地域、期限；

（三）供货单位及供货品种相关资料。

第六十五条 企业与供货单位签订的质量保证协议至少包括以下内容：

（一）明确双方质量责任；

（二）供货单位应当提供符合规定的资料且对其真实性、有效性负责；

（三）供货单位应当按照国家规定开具发票；

（四）药品质量符合药品标准等有关要求；

（五）药品包装、标签、说明书符合有关规定；

（六）药品运输的质量保证及责任；

（七）质量保证协议的有效期限。

第六十六条 采购药品时，企业应当向供货单位索取发票。发票应当列明药品的通用名称、规格、单位、数量、单价、金额等；不能全部列明的，应当附《销售货物或者提供应税劳务清单》，并加盖供货单位发票专用章原印章、注明税票号码。

第六十七条 发票上的购、销单位名称及金额、品名应当与付款流向及金额、品名一致，并与财务账目内容相对应。发票按有关规定保存。

第六十八条 采购药品应当建立采购记录。采购记录应当有药品的通用名称、剂型、规格、生产厂商、供货单位、数量、价格、购货日期等内容，采购中药材、中药饮片的还应当标明产地。

第六十九条 发生灾情、疫情、突发事件或者临床紧急救治等特殊情况，以及其他符合国家有关规定的情形，企业可采用直调方式购销药品，将已采购的药品不入本企业仓库，直接从供货单位发送到购货单位，并建立专门的采购记录，保证有效的质量跟踪和追溯。

第七十条 采购特殊管理的药品，应当严格按照国家有关规定进行。

第七十一条 企业应当定期对药品采购的整体情况进行综合质量评审，建立药品质量评审和供货单位质量档案，并进行动态跟踪管理。

第九节 收货与验收

第七十二条 企业应当按照规定的程序和要求对到货药品逐批进行收货、验收，防止不合格药品入库。

第七十三条 药品到货时，收货人员应当核实运输方式是否符合要求，并对照随货同行单（票）和采购记录核对药品，做到票、账、货相符。

随货同行单（票）应当包括供货单位、生产厂商、药品的通用名称、剂型、规格、批号、数量、收货单位、收货地址、发货日期等内容，并加盖供货单位药品出库专用章原印章。

第七十四条 冷藏、冷冻药品到货时，应当对其运输方式及运输过程的温度记录、运输时间等质量控制状况进行重点检查并记录。不符合温度要求的应当拒收。

第七十五条 收货人员对符合收货要求的药品，应当按品种特性要求放于相应待验区域，或者设置状态标志，通知验收。冷藏、冷冻药品应当在冷库内待验。

第七十六条 验收药品应当按照药品批号查验同批号的检验报告书。供货单位为批发企业的，检验报告书应当加盖其质量管理专用章原印章。检验报告书的传递和保存可以采用电子数据形式，但应当保证其合法性和有效性。

第七十七条 企业应当按照验收规定，对每次到货药品进行逐批抽样验收，抽取的样品应当具有代表性：

（一）同一批号的药品应当至少检查一个最小包装，但生产企业有特殊质量控制要求或者打开最小包装可能影响药品质量的，可不打开最小包装；

（二）破损、污染、渗液、封条损坏等包装异常以及零货、拼箱的，应当开箱检查至最小包装；

（三）外包装及封签完整的原料药、实施批签发管理的生物制品，可不开箱检查。

第七十八条 验收人员应当对抽样药品的外观、包装、标签、说明书以及相关的证明文件等逐一进行检查、核对；验收结束后，应当将抽取的完好样品放回原包装箱，加封并标示。

第七十九条 特殊管理的药品应当按照相关规定在专库或者专区内验收。

第八十条 验收药品应当做好验收记录，包括药品的通用名称、剂型、规格、批准文号、批号、生产日期、有效期、生产厂商、供货单位、到货数量、到货日期、验收合格数量、验收结果等内容。验收人员应当在验收记录上签署姓名和验收日期。

中药材验收记录应当包括品名、产地、供货单位、到货数量、验收合格数量等内容。中药饮片验收记录应当包括品名、规格、批号、产地、生产日期、生产厂商、供货单位、到货数量、验收合格数量等内容，实施批准文号管理的中药饮片还应当记录批准文号。

验收不合格的还应当注明不合格事项及处置措施。

第八十一条 企业应当建立库存记录，验收合格的药品应当及时入库登记；验收不合格的，不得入库，并由质量管理部门处理。

第八十二条 企业按本规范第六十九条规定进行药品直调的，可委托购货单位进行药品验收。购货单位应当严格按照本规范的要求验收药品，并建立专门的直调药品验收记录。验收当日应当将验收记录相关信息传递给直调企业。

第十节　储存与养护

第八十三条　企业应当根据药品的质量特性对药品进行合理储存，并符合以下要求：

（一）按包装标示的温度要求储存药品，包装上没有标示具体温度的，按照《中华人民共和国药典》规定的贮藏要求进行储存；

（二）储存药品相对湿度为 35% ～ 75%；

（三）在人工作业的库房储存药品，按质量状态实行色标管理，合格药品为绿色，不合格药品为红色，待确定药品为黄色；

（四）储存药品应当按照要求采取避光、遮光、通风、防潮、防虫、防鼠等措施；

（五）搬运和堆码药品应当严格按照外包装标示要求规范操作，堆码高度符合包装图示要求，避免损坏药品包装；

（六）药品按批号堆码，不同批号的药品不得混垛，垛间距不小于5厘米，与库房内墙、顶、温度调控设备及管道等设施间距不小于 30 厘米，与地面间距不小于 10 厘米；

（七）药品与非药品、外用药与其他药品分开存放，中药材和中药饮片分库存放；

（八）特殊管理的药品应当按照国家有关规定储存；

（九）拆除外包装的零货药品应当集中存放；

（十）储存药品的货架、托盘等设施设备应当保持清洁，无破损和杂物堆放；

（十一）未经批准的人员不得进入储存作业区，储存作业区内的人员不得有影响药品质量和安全的行为；

（十二）药品储存作业区内不得存放与储存管理无关的物品。

第八十四条 养护人员应当根据库房条件、外部环境、药品质量特性等对药品进行养护，主要内容是：

（一）指导和督促储存人员对药品进行合理储存与作业。

（二）检查并改善储存条件、防护措施、卫生环境。

（三）对库房温湿度进行有效监测、调控。

（四）按照养护计划对库存药品的外观、包装等质量状况进行检查，并建立养护记录；对储存条件有特殊要求的或者有效期较短的品种应当进行重点养护。

（五）发现有问题的药品应当及时在计算机系统中锁定和记录，并通知质量管理部门处理。

（六）对中药材和中药饮片应当按其特性采取有效方法进行养护并记录，所采取的养护方法不得对药品造成污染。

（七）定期汇总、分析养护信息。

第八十五条 企业应当采用计算机系统对库存药品的有效期进行自动跟踪和控制，采取近效期预警及超过有效期自动锁定等措施，防止过期药品销售。

第八十六条 药品因破损而导致液体、气体、粉末泄漏时，应当迅速采取安全处理措施，防止对储存环境和其他药品造成污染。

第八十七条 对质量可疑的药品应当立即采取停售措施，并在计算机系统中锁定，同时报告质量管理部门确认。对存在质量问题的药品应当采取以下措施：

（一）存放于标志明显的专用场所，并有效隔离，不得销售；

（二）怀疑为假药的，及时报告食品药品监督管理部门；

（三）属于特殊管理的药品，按照国家有关规定处理；

（四）不合格药品的处理过程应当有完整的手续和记录；

（五）对不合格药品应当查明并分析原因，及时采取预防措施。

第八十八条 企业应当对库存药品定期盘点，做到账、货相符。

第十一节　销　售

第八十九条　企业应当将药品销售给合法的购货单位，并对购货单位的证明文件、采购人员及提货人员的身份证明进行核实，保证药品销售流向真实、合法。

第九十条　企业应当严格审核购货单位的生产范围、经营范围或者诊疗范围，并按照相应的范围销售药品。

第九十一条　企业销售药品，应当如实开具发票，做到票、账、货、款一致。

第九十二条　企业应当做好药品销售记录。销售记录应当包括药品的通用名称、规格、剂型、批号、有效期、生产厂商、购货单位、销售数量、单价、金额、销售日期等内容。按照本规范第六十九条规定进行药品直调的，应当建立专门的销售记录。

中药材销售记录应当包括品名、规格、产地、购货单位、销售数量、单价、金额、销售日期等内容；中药饮片销售记录应当包括品名、规格、批号、产地、生产厂商、购货单位、销售数量、单价、金额、销售日期等内容。

第九十三条　销售特殊管理的药品以及国家有专门管理要求的药品，应当严格按照国家有关规定执行。

第十二节　出　库

第九十四条　出库时应当对照销售记录进行复核。发现以下情况不得出库，并报告质量管理部门处理：

（一）药品包装出现破损、污染、封口不牢、衬垫不实、封条损坏等问题；

（二）包装内有异常响动或者液体渗漏；

（三）标签脱落、字迹模糊不清或者标识内容与实物不符；

（四）药品已超过有效期；

（五）其他异常情况的药品。

第九十五条 药品出库复核应当建立记录，包括购货单位、药品的通用名称、剂型、规格、数量、批号、有效期、生产厂商、出库日期、质量状况和复核人员等内容。

第九十六条 特殊管理的药品出库应当按照有关规定进行复核。

第九十七条 药品拼箱发货的代用包装箱应当有醒目的拼箱标志。

第九十八条 药品出库时，应当附加盖企业药品出库专用章原印章的随货同行单（票）。

企业按照本规范第六十九条规定直调药品的，直调药品出库时，由供货单位开具两份随货同行单（票），分别发往直调企业和购货单位。随货同行单（票）的内容应当符合本规范第七十三条第二款的要求，还应当标明直调企业名称。

第九十九条 冷藏、冷冻药品的装箱、装车等项作业，应当由专人负责并符合以下要求：

（一）车载冷藏箱或者保温箱在使用前应当达到相应的温度要求；

（二）应当在冷藏环境下完成冷藏、冷冻药品的装箱、封箱工作；

（三）装车前应当检查冷藏车辆的启动、运行状态，达到规定温度后方可装车；

（四）启运时应当做好运输记录，内容包括运输工具和启运时间等。

第十三节　运输与配送

第一百条 企业应当按照质量管理制度的要求，严格执行运输操作规程，并采取有效措施保证运输过程中的药品质量与安全。

第一百零一条 运输药品，应当根据药品的包装、质量特性并针对车况、道路、天气等因素，选用适宜的运输工具，采取相应措施防止出现破损、污染等问题。

第一百零二条 发运药品时，应当检查运输工具，发现运输条件不符合规定的，不得发运。运输药品过程中，运载工具应当保持密闭。

第一百零三条 企业应当严格按照外包装标示的要求搬运、装卸药品。

第一百零四条 企业应当根据药品的温度控制要求，在运输过程中采取必要的保温或者冷藏、冷冻措施。

运输过程中，药品不得直接接触冰袋、冰排等蓄冷剂，防止对药品质量造成影响。

第一百零五条 在冷藏、冷冻药品运输途中，应当实时监测并记录冷藏车、冷藏箱或者保温箱内的温度数据。

第一百零六条 企业应当制定冷藏、冷冻药品运输应急预案，对运输途中可能发生的设备故障、异常天气影响、交通拥堵等突发事件，能够采取相应的应对措施。

第一百零七条 企业委托其他单位运输药品的，应当对承运方运输药品的质量保障能力进行审计，索取运输车辆的相关资料，符合本规范运输设施设备条件和要求的方可委托。

第一百零八条 企业委托运输药品应当与承运方签订运输协议，明确药品质量责任、遵守运输操作规程和在途时限等内容。

第一百零九条 企业委托运输药品应当有记录，实现运输过程的质量追溯。记录至少包括发货时间、发货地址、收货单位、收货地址、货单号、药品件数、运输方式、委托经办人、承运单位，采用车辆运输的还应当载明车牌号，并留存驾驶人员的驾驶证复印件。记录应当至少保存 5 年。

第一百一十条 已装车的药品应当及时发运并尽快送达。委托运输的，企业应当要求并监督承运方严格履行委托运输协议，防止因在途时间过长影响药品质量。

第一百一十一条 企业应当采取运输安全管理措施，防止在运输过程中发生药品盗抢、遗失、调换等事故。

第一百一十二条 特殊管理的药品的运输应当符合国家有关规定。

第十四节　售后管理

第一百一十三条　企业应当加强对退货的管理，保证退货环节药品的质量和安全，防止混入假冒药品。

第一百一十四条　企业应当按照质量管理制度的要求，制定投诉管理操作规程，内容包括投诉渠道及方式、档案记录、调查与评估、处理措施、反馈和事后跟踪等。

第一百一十五条　企业应当配备专职或者兼职人员负责售后投诉管理，对投诉的质量问题查明原因，采取有效措施及时处理和反馈，并做好记录，必要时应当通知供货单位及药品生产企业。

第一百一十六条　企业应当及时将投诉及处理结果等信息记入档案，以便查询和跟踪。

第一百一十七条　企业发现已售出药品有严重质量问题，应当立即通知购货单位停售、追回并做好记录，同时向食品药品监督管理部门报告。

第一百一十八条　企业应当协助药品生产企业履行召回义务，按照召回计划的要求及时传达、反馈药品召回信息，控制和收回存在安全隐患的药品，并建立药品召回记录。

第一百一十九条　企业质量管理部门应当配备专职或者兼职人员，按照国家有关规定承担药品不良反应监测和报告工作。

第三章　药品零售的质量管理

第一节　质量管理与职责

第一百二十条　企业应当按照有关法律法规及本规范的要求制定质量管理文件，开展质量管理活动，确保药品质量。

第一百二十一条　企业应当具有与其经营范围和规模相适应的经营条件，

包括组织机构、人员、设施设备、质量管理文件，并按照规定设置计算机系统。

第一百二十二条 企业负责人是药品质量的主要责任人，负责企业日常管理，负责提供必要的条件，保证质量管理部门和质量管理人员有效履行职责，确保企业按照本规范要求经营药品。

第一百二十三条 企业应当设置质量管理部门或者配备质量管理人员，履行以下职责：

（一）督促相关部门和岗位人员执行药品管理的法律法规及本规范；

（二）组织制订质量管理文件，并指导、监督文件的执行；

（三）负责对供货单位及其销售人员资格证明的审核；

（四）负责对所采购药品合法性的审核；

（五）负责药品的验收，指导并监督药品采购、储存、陈列、销售等环节的质量管理工作；

（六）负责药品质量查询及质量信息管理；

（七）负责药品质量投诉和质量事故的调查、处理及报告；

（八）负责对不合格药品的确认及处理；

（九）负责假劣药品的报告；

（十）负责药品不良反应的报告；

（十一）开展药品质量管理教育和培训；

（十二）负责计算机系统操作权限的审核、控制及质量管理基础数据的维护；

（十三）负责组织计量器具的校准及检定工作；

（十四）指导并监督药学服务工作；

（十五）其他应当由质量管理部门或者质量管理人员履行的职责。

第二节 人员管理

第一百二十四条 企业从事药品经营和质量管理工作的人员，应当符合有关法律法规及本规范规定的资格要求，不得有相关法律法规禁止从业的情形。

第一百二十五条 企业法定代表人或者企业负责人应当具备执业药师资格。

企业应当按照国家有关规定配备执业药师，负责处方审核，指导合理用药。

第一百二十六条 质量管理、验收、采购人员应当具有药学或者医学、生物、化学等相关专业学历或者具有药学专业技术职称。从事中药饮片质量管理、验收、采购人员应当具有中药学中专以上学历或者具有中药学专业初级以上专业技术职称。

营业员应当具有高中以上文化程度或者符合省级食品药品监督管理部门规定的条件。中药饮片调剂人员应当具有中药学中专以上学历或者具备中药调剂员资格。

第一百二十七条 企业各岗位人员应当接受相关法律法规及药品专业知识与技能的岗前培训和继续培训，以符合本规范要求。

第一百二十八条 企业应当按照培训管理制度制定年度培训计划并开展培训，使相关人员能正确理解并履行职责。培训工作应当做好记录并建立档案。

第一百二十九条 企业应当为销售特殊管理的药品、国家有专门管理要求的药品、冷藏药品的人员接受相应培训提供条件，使其掌握相关法律法规和专业知识。

第一百三十条 在营业场所内，企业工作人员应当穿着整洁、卫生的工作服。

第一百三十一条 企业应当对直接接触药品岗位的人员进行岗前及年度健康检查，并建立健康档案。患有传染病或者其他可能污染药品的疾病的，不得从事直接接触药品的工作。

第一百三十二条 在药品储存、陈列等区域不得存放与经营活动无关的物品及私人用品，在工作区域内不得有影响药品质量和安全的行为。

第三节 文 件

第一百三十三条 企业应当按照有关法律法规及本规范规定，制定符合企业实际的质量管理文件。文件包括质量管理制度、岗位职责、操作规程、档案、记录和凭证等，并对质量管理文件定期审核、及时修订。

第一百三十四条 企业应当采取措施确保各岗位人员正确理解质量管理文件的内容，保证质量管理文件有效执行。

第一百三十五条 药品零售质量管理制度应当包括以下内容：

（一）药品采购、验收、陈列、销售等环节的管理，设置库房的还应当包括储存、养护的管理；

（二）供货单位和采购品种的审核；

（三）处方药销售的管理；

（四）药品拆零的管理；

（五）特殊管理的药品和国家有专门管理要求的药品的管理；

（六）记录和凭证的管理；

（七）收集和查询质量信息的管理；

（八）质量事故、质量投诉的管理；

（九）中药饮片处方审核、调配、核对的管理；

（十）药品有效期的管理；

（十一）不合格药品、药品销毁的管理；

（十二）环境卫生、人员健康的规定；

（十三）提供用药咨询、指导合理用药等药学服务的管理；

（十四）人员培训及考核的规定；

（十五）药品不良反应报告的规定；

（十六）计算机系统的管理；

（十七）药品追溯的规定；

（十八）其他应当规定的内容。

第一百三十六条 企业应当明确企业负责人、质量管理、采购、验收、营业员以及处方审核、调配等岗位的职责，设置库房的还应当包括储存、养护等岗位职责。

第一百三十七条 质量管理岗位、处方审核岗位的职责不得由其他岗位人员代为履行。

第一百三十八条　药品零售操作规程应当包括：

（一）药品采购、验收、销售；

（二）处方审核、调配、核对；

（三）中药饮片处方审核、调配、核对；

（四）药品拆零销售；

（五）特殊管理的药品和国家有专门管理要求的药品的销售；

（六）营业场所药品陈列及检查；

（七）营业场所冷藏药品的存放；

（八）计算机系统的操作和管理；

（九）设置库房的还应当包括储存和养护的操作规程。

第一百三十九条　企业应当建立药品采购、验收、销售、陈列检查、温湿度监测、不合格药品处理等相关记录，做到真实、完整、准确、有效和可追溯。

第一百四十条　记录及相关凭证应当至少保存5年。特殊管理的药品的记录及凭证按相关规定保存。

第一百四十一条　通过计算机系统记录数据时，相关岗位人员应当按照操作规程，通过授权及密码登录计算机系统，进行数据的录入，保证数据原始、真实、准确、安全和可追溯。

第一百四十二条　电子记录数据应当以安全、可靠方式定期备份。

第四节　设施与设备

第一百四十三条　企业的营业场所应当与其药品经营范围、经营规模相适应，并与药品储存、办公、生活辅助及其他区域分开。

第一百四十四条　营业场所应当具有相应设施或者采取其他有效措施，避免药品受室外环境的影响，并做到宽敞、明亮、整洁、卫生。

第一百四十五条　营业场所应当有以下营业设备：

（一）货架和柜台；

（二）监测、调控温度的设备；

（三）经营中药饮片的，有存放饮片和处方调配的设备；

（四）经营冷藏药品的，有专用冷藏设备；

（五）经营第二类精神药品、毒性中药品种和罂粟壳的，有符合安全规定的专用存放设备；

（六）药品拆零销售所需的调配工具、包装用品。

第一百四十六条　企业应当建立能够符合经营和质量管理要求的计算机系统，并满足药品追溯的要求。

第一百四十七条　企业设置库房的，应当做到库房内墙、顶光洁，地面平整，门窗结构严密；有可靠的安全防护、防盗等措施。

第一百四十八条　仓库应当有以下设施设备：

（一）药品与地面之间有效隔离的设备；

（二）避光、通风、防潮、防虫、防鼠等设备；

（三）有效监测和调控温湿度的设备；

（四）符合储存作业要求的照明设备；

（五）验收专用场所；

（六）不合格药品专用存放场所；

（七）经营冷藏药品的，有与其经营品种及经营规模相适应的专用设备。

第一百四十九条　经营特殊管理的药品应当有符合国家规定的储存设施。

第一百五十条　储存中药饮片应当设立专用库房。

第一百五十一条　企业应当按照国家有关规定，对计量器具、温湿度监测设备等定期进行校准或者检定。

第五节　采购与验收

第一百五十二条　企业采购药品，应当符合本规范第二章第八节的相关规定。

第一百五十三条　药品到货时，收货人员应当按采购记录，对照供货单位的随货同行单（票）核实药品实物，做到票、账、货相符。

第一百五十四条 企业应当按规定的程序和要求对到货药品逐批进行验收，并按照本规范第八十条规定做好验收记录。

验收抽取的样品应当具有代表性。

第一百五十五条 冷藏药品到货时，应当按照本规范第七十四条规定进行检查。

第一百五十六条 验收药品应当按照本规范第七十六条规定查验药品检验报告书。

第一百五十七条 特殊管理的药品应当按照相关规定进行验收。

第一百五十八条 验收合格的药品应当及时入库或者上架，验收不合格的，不得入库或者上架，并报告质量管理人员处理。

第六节 陈列与储存

第一百五十九条 企业应当对营业场所温度进行监测和调控，以使营业场所的温度符合常温要求。

第一百六十条 企业应当定期进行卫生检查，保持环境整洁。存放、陈列药品的设备应当保持清洁卫生，不得放置与销售活动无关的物品，并采取防虫、防鼠等措施，防止污染药品。

第一百六十一条 药品的陈列应当符合以下要求：

（一）按剂型、用途以及储存要求分类陈列，并设置醒目标志，类别标签字迹清晰、放置准确。

（二）药品放置于货架（柜），摆放整齐有序，避免阳光直射。

（三）处方药、非处方药分区陈列，并有处方药、非处方药专用标识。

（四）处方药不得采用开架自选的方式陈列和销售。

（五）外用药与其他药品分开摆放。

（六）拆零销售的药品集中存放于拆零专柜或者专区。

（七）第二类精神药品、毒性中药品种和罂粟壳不得陈列。

（八）冷藏药品放置在冷藏设备中，按规定对温度进行监测和记录，并保证存放温度符合要求。

（九）中药饮片柜斗谱的书写应当正名正字；装斗前应当复核，防止错斗、串斗；应当定期清斗，防止饮片生虫、发霉、变质；不同批号的饮片装斗前应当清斗并记录。

（十）经营非药品应当设置专区，与药品区域明显隔离，并有醒目标志。

第一百六十二条　企业应当定期对陈列、存放的药品进行检查，重点检查拆零药品和易变质、近效期、摆放时间较长的药品以及中药饮片。发现有质量疑问的药品应当及时撤柜，停止销售，由质量管理人员确认和处理，并保留相关记录。

第一百六十三条　企业应当对药品的有效期进行跟踪管理，防止近效期药品售出后可能发生的过期使用。

第一百六十四条　企业设置库房的，库房的药品储存与养护管理应当符合本规范第二章第十节的相关规定。

第七节　销售管理

第一百六十五条　企业应当在营业场所的显著位置悬挂《药品经营许可证》、营业执照、执业药师注册证等。

第一百六十六条　营业人员应当佩戴有照片、姓名、岗位等内容的工作牌，是执业药师和药学技术人员的，工作牌还应当标明执业资格或者药学专业技术职称。在岗执业的执业药师应当挂牌明示。

第一百六十七条　销售药品应当符合以下要求：

（一）处方经执业药师审核后方可调配；对处方所列药品不得擅自更改或者代用，对有配伍禁忌或者超剂量的处方，应当拒绝调配，但经处方医师更正或者重新签字确认的，可以调配；调配处方后经过核对方可销售。

（二）处方审核、调配、核对人员应当在处方上签字或者盖章，并按照有关规定保存处方或者其复印件。

（三）销售近效期药品应当向顾客告知有效期。

（四）销售中药饮片做到计量准确，并告知煎服方法及注意事项；提供中药饮片代煎服务，应当符合国家有关规定。

第一百六十八条 企业销售药品应当开具销售凭证，内容包括药品名称、生产厂商、数量、价格、批号、规格等，并做好销售记录。

第一百六十九条 药品拆零销售应当符合以下要求：

（一）负责拆零销售的人员经过专门培训；

（二）拆零的工作台及工具保持清洁、卫生，防止交叉污染；

（三）做好拆零销售记录，内容包括拆零起始日期、药品的通用名称、规格、批号、生产厂商、有效期、销售数量、销售日期、分拆及复核人员等；

（四）拆零销售应当使用洁净、卫生的包装，包装上注明药品名称、规格、数量、用法、用量、批号、有效期以及药店名称等内容；

（五）提供药品说明书原件或者复印件；

（六）拆零销售期间，保留原包装和说明书。

第一百七十条 销售特殊管理的药品和国家有专门管理要求的药品，应当严格执行国家有关规定。

第一百七十一条 药品广告宣传应当严格执行国家有关广告管理的规定。

第一百七十二条 非本企业在职人员不得在营业场所内从事药品销售相关活动。

第八节　售后管理

第一百七十三条 除药品质量原因外，药品一经售出，不得退换。

第一百七十四条 企业应当在营业场所公布食品药品监督管理部门的监督电话，设置顾客意见簿，及时处理顾客对药品质量的投诉。

第一百七十五条 企业应当按照国家有关药品不良反应报告制度的规定，收集、报告药品不良反应信息。

第一百七十六条 企业发现已售出药品有严重质量问题，应当及时采取措施追回药品并做好记录，同时向食品药品监督管理部门报告。

第一百七十七条 企业应当协助药品生产企业履行召回义务，控制和收回存在安全隐患的药品，并建立药品召回记录。

第四章 附 则

第一百七十八条 本规范下列术语的含义是：

（一）在职：与企业确定劳动关系的在册人员。

（二）在岗：相关岗位人员在工作时间内在规定的岗位履行职责。

（三）首营企业：采购药品时，与本企业首次发生供需关系的药品生产或者经营企业。

（四）首营品种：本企业首次采购的药品。

（五）原印章：企业在购销活动中，为证明企业身份在相关文件或者凭证上加盖的企业公章、发票专用章、质量管理专用章、药品出库专用章的原始印记，不能是印刷、影印、复印等复制后的印记。

（六）待验：对到货、销后退回的药品采用有效的方式进行隔离或者区分，在入库前等待质量验收的状态。

（七）零货：拆除了用于运输、储藏包装的药品。

（八）拼箱发货：将零货药品集中拼装至同一包装箱内发货的方式。

（九）拆零销售：将最小包装拆分销售的方式。

（十）国家有专门管理要求的药品：国家对蛋白同化制剂、肽类激素、含特殊药品复方制剂等品种实施特殊监管措施的药品。

第一百七十九条 药品零售连锁企业总部的管理应当符合本规范药品批发企业相关规定，门店的管理应当符合本规范药品零售企业相关规定。

第一百八十条 本规范为药品经营质量管理的基本要求。对企业信息化管理、药品储运温湿度自动监测、药品验收管理、药品冷链物流管理、零售连锁管理等具体要求，由国家食品药品监督管理总局以附录方式另行制定。

第一百八十一条 麻醉药品、精神药品、药品类易制毒化学品的追溯应当符合国家有关规定。

第一百八十二条 医疗机构药房和计划生育技术服务机构的药品采购、储存、养护等质量管理规范由国家食品药品监督管理总局商相关主管部门另行制定。

互联网销售药品的质量管理规定由国家食品药品监督管理总局另行制定。

第一百八十三条 药品经营企业违反本规范的，由食品药品监督管理部门按照《中华人民共和国药品管理法》第七十八条的规定给予处罚。

第一百八十四条 本规范自发布之日起施行，卫生部2013年6月1日施行的《药品经营质量管理规范》（中华人民共和国卫生部令第90号）同时废止。

3.2 药品流通监督管理办法

（2007年1月31日国家食品药品监督管理局令第26号发布）

国家食品药品监督管理局令

第26号

《药品流通监督管理办法》于2006年12月8日经国家食品药品监督管理局局务会审议通过，现予公布，自2007年5月1日起施行。

局长　邵明立

二〇〇七年一月三十一日

药品流通监督管理办法

第一章　总　则

第一条　为加强药品监督管理，规范药品流通秩序，保证药品质量，根据《中华人民共和国药品管理法》（以下简称《药品管理法》）、《中华人民共和国药品管理法实施条例》（以下简称《药品管理法实施条例》）和有关法律、法规的规定，制定本办法。

第二条　在中华人民共和国境内从事药品购销及监督管理的单位或者个人，应当遵守本办法。

第三条　药品生产、经营企业、医疗机构应当对其生产、经营、使用的药品质量负责。

药品生产、经营企业在确保药品质量安全的前提下，应当适应现代药品流通发展方向，进行改革和创新。

第四条 药品监督管理部门鼓励个人和组织对药品流通实施社会监督。对违反本办法的行为，任何个人和组织都有权向药品监督管理部门举报和控告。

第二章 药品生产、经营企业购销药品的监督管理

第五条 药品生产、经营企业对其药品购销行为负责，对其销售人员或设立的办事机构以本企业名义从事的药品购销行为承担法律责任。

第六条 药品生产、经营企业应当对其购销人员进行药品相关的法律、法规和专业知识培训，建立培训档案，培训档案中应当记录培训时间、地点、内容及接受培训的人员。

第七条 药品生产、经营企业应当加强对药品销售人员的管理，并对其销售行为作出具体规定。

第八条 药品生产、经营企业不得在经药品监督管理部门核准的地址以外的场所储存或者现货销售药品。

第九条 药品生产企业只能销售本企业生产的药品，不得销售本企业受委托生产的或者他人生产的药品。

第十条 药品生产企业、药品批发企业销售药品时，应当提供下列资料：

（一）加盖本企业原印章的《药品生产许可证》或《药品经营许可证》和营业执照的复印件；

（二）加盖本企业原印章的所销售药品的批准证明文件复印件；

（三）销售进口药品的，按照国家有关规定提供相关证明文件。

药品生产企业、药品批发企业派出销售人员销售药品的，除本条前款规定的资料外，还应当提供加盖本企业原印章的授权书复印件。授权书原件应当载明授权销售的品种、地域、期限，注明销售人员的身份证号码，并加盖本企业原印章和企业法定代表人印章（或者签名）。销售人员应当出示授权书

原件及本人身份证原件，供药品采购方核实。

第十一条 药品生产企业、药品批发企业销售药品时，应当开具标明供货单位名称、药品名称、生产厂商、批号、数量、价格等内容的销售凭证。

药品零售企业销售药品时，应当开具标明药品名称、生产厂商、数量、价格、批号等内容的销售凭证。

第十二条 药品生产、经营企业采购药品时，应按本办法第十条规定索取、查验、留存供货企业有关证件、资料，按本办法第十一条规定索取、留存销售凭证。

药品生产、经营企业按照本条前款规定留存的资料和销售凭证，应当保存至超过药品有效期 1 年，但不得少于 3 年。

第十三条 药品生产、经营企业知道或者应当知道他人从事无证生产、经营药品行为的，不得为其提供药品。

第十四条 药品生产、经营企业不得为他人以本企业的名义经营药品提供场所，或者资质证明文件，或者票据等便利条件。

第十五条 药品生产、经营企业不得以展示会、博览会、交易会、订货会、产品宣传会等方式现货销售药品。

第十六条 药品经营企业不得购进和销售医疗机构配制的制剂。

第十七条 未经药品监督管理部门审核同意，药品经营企业不得改变经营方式。

药品经营企业应当按照《药品经营许可证》许可的经营范围经营药品。

第十八条 药品零售企业应当按照国家食品药品监督管理局药品分类管理规定的要求，凭处方销售处方药。

经营处方药和甲类非处方药的药品零售企业，执业药师或者其他依法经资格认定的药学技术人员不在岗时，应当挂牌告知，并停止销售处方药和甲类非处方药。

第十九条 药品说明书要求低温、冷藏储存的药品，药品生产、经营企业应当按照有关规定，使用低温、冷藏设施设备运输和储存。

药品监督管理部门发现药品生产、经营企业违反本条前款规定的，应当立即查封、扣押所涉药品，并依法进行处理。

第二十条 药品生产、经营企业不得以搭售、买药品赠药品、买商品赠药品等方式向公众赠送处方药或者甲类非处方药。

第二十一条 药品生产、经营企业不得采用邮售、互联网交易等方式直接向公众销售处方药。

第二十二条 禁止非法收购药品。

第三章 医疗机构购进、储存药品的监督管理

第二十三条 医疗机构设置的药房，应当具有与所使用药品相适应的场所、设备、仓储设施和卫生环境，配备相应的药学技术人员，并设立药品质量管理机构或者配备质量管理人员，建立药品保管制度。

第二十四条 医疗机构购进药品时，应当按照本办法第十二条规定，索取、查验、保存供货企业有关证件、资料、票据。

第二十五条 医疗机构购进药品，必须建立并执行进货检查验收制度，并建有真实完整的药品购进记录。药品购进记录必须注明药品的通用名称、生产厂商（中药材标明产地）、剂型、规格、批号、生产日期、有效期、批准文号、供货单位、数量、价格、购进日期。

药品购进记录必须保存至超过药品有效期 1 年，但不得少于 3 年。

第二十六条 医疗机构储存药品，应当制订和执行有关药品保管、养护的制度，并采取必要的冷藏、防冻、防潮、避光、通风、防火、防虫、防鼠等措施，保证药品质量。

医疗机构应当将药品与非药品分开存放；中药材、中药饮片、化学药品、中成药应分别储存、分类存放。

第二十七条 医疗机构和计划生育技术服务机构不得未经诊疗直接向患者提供药品。

第二十八条 医疗机构不得采用邮售、互联网交易等方式直接向公众销售处方药。

第二十九条 医疗机构以集中招标方式采购药品的，应当遵守《药品管理法》《药品管理法实施条例》及本办法的有关规定。

第四章 法律责任

第三十条 有下列情形之一的，责令限期改正，给予警告；逾期不改正的，处以五千元以上二万元以下的罚款：

（一）药品生产、经营企业违反本办法第六条规定的；

（二）药品生产、批发企业违反本办法第十 条第 款规定的；

（三）药品生产、经营企业违反本办法第十二条，未按照规定留存有关资料、销售凭证的。

第三十一条 药品生产、经营企业违反本办法第七条规定的，给予警告，责令限期改正。

第三十二条 有下列情形之一的，依照《药品管理法》第七十三条规定，没收违法销售的药品和违法所得，并处违法销售的药品货值金额两倍以上五倍以下的罚款：

（一）药品生产、经营企业违反本办法第八条规定，在经药品监督管理部门核准的地址以外的场所现货销售药品的；

（二）药品生产企业违反本办法第九条规定的；

（三）药品生产、经营企业违反本办法第十五条规定的；

（四）药品经营企业违反本办法第十七条规定的。

第三十三条 药品生产、经营企业违反本办法第八条规定，在经药品监督管理部门核准的地址以外的场所储存药品的，按照《药品管理法实施条例》第七十四条的规定予以处罚。

第三十四条 药品零售企业违反本办法第十一条第二款规定的，责令改正，给予警告；逾期不改正的，处以五百元以下的罚款。

第三十五条 违反本办法第十三条规定，药品生产、经营企业知道或者应当知道他人从事无证生产、经营药品行为而为其提供药品的，给予警告，责令改正，并处一万元以下的罚款，情节严重的，处一万元以上三万元以下的罚款。

第三十六条 药品生产、经营企业违反本办法第十四条规定的，按照《药品管理法》第八十二条的规定予以处罚。

第三十七条 违反本办法第十六条规定，药品经营企业购进或者销售医疗机构配制的制剂的，按照《药品管理法》第八十条规定予以处罚。

第三十八条 药品零售企业违反本办法第十八条第一款规定的，责令限期改正，给予警告；逾期不改正或者情节严重的，处以一千元以下的罚款。

违反本办法第十八条第二款规定，药品零售企业在执业药师或者其他依法经过资格认定的药学技术人员不在岗时销售处方药或者甲类非处方药的，责令限期改正，给予警告；逾期不改正的，处以一千元以下的罚款。

第三十九条 药品生产、批发企业违反本办法第十九条规定，未在药品说明书规定的低温、冷藏条件下运输药品的，给予警告，责令限期改正；逾期不改正的，处以五千元以上二万元以下的罚款；有关药品经依法确认属于假劣药品的，按照《药品管理法》有关规定予以处罚。

药品生产、批发企业违反本办法第十九条规定，未在药品说明书规定的低温、冷藏条件下储存药品的，按照《药品管理法》第七十九条的规定予以处罚；有关药品经依法确认属于假劣药品的，按照《药品管理法》有关规定予以处罚。

第四十条 药品生产、经营企业违反本办法第二十条规定的，限期改正，给予警告；逾期不改正或者情节严重的，处以赠送药品货值金额两倍以下的罚款，但是最高不超过三万元。

第四十一条 违反本办法第二十三条至第二十七条的，责令限期改正，情节严重的，给予通报。

第四十二条 药品生产、经营企业违反本办法第二十一条、医疗机构违反本办法第二十八条规定，以邮售、互联网交易等方式直接向公众销售处方药的，责令改正，给予警告，并处销售药品货值金额两倍以下的罚款，但是最高不超过三万元。

第四十三条 违反本办法第二十二条规定非法收购药品的，按照《药品管理法》第七十三条的规定予以处罚。

第四十四条 药品监督管理部门及其工作人员玩忽职守，对应当予以制止和处罚的违法行为不予制止、处罚的，对直接负责的主管人员和其他直接责任人员给予行政处分；构成犯罪的，依法追究刑事责任。

第五章 附 则

第四十五条 本办法所称药品现货销售，是指药品生产、经营企业或其委派的销售人员，在药品监督管理部门核准的地址以外的其他场所，携带药品现货向不特定对象现场销售药品的行为。

第四十六条 实行特殊管理的药品、疫苗、军队用药品的流通监督管理，有关法律、法规、规章另有规定的，从其规定。

第四十七条 本办法自 2007 年 5 月 1 日起施行。自本办法施行之日起，1999 年 8 月 1 日实施的国家药品监督管理局《药品流通监督管理办法（暂行）》（国家药品监督管理局第 7 号令）同时废止。

3.3 药品上市许可持有人制度试点方案

（国办发〔2016〕41号发布）

国务院办公厅关于印发药品上市许可持有人制度试点方案的通知

国办发〔2016〕41 号

各省、自治区、直辖市人民政府，国务院各部委、各直属机构：

《药品上市许可持有人制度试点方案》已经国务院同意，现予印发。

开展药品上市许可持有人制度试点是药品审评审批制度改革的一项重要内容，对于鼓励药品创新、提升药品质量具有重要意义。各有关地区要高度重视，按照试点方案要求，认真组织实施。食品药品监管总局要会同相关部门完善配套政策，加强组织指导，强化监督检查，稳妥有序推进试点工作，确保试点品种药品的质量和安全，重大情况和问题及时报告国务院。

国务院办公厅

2016年5月26日

药品上市许可持有人制度试点方案

根据《全国人民代表大会常务委员会关于授权国务院在部分地方开展药品上市许可持有人制度试点和有关问题的决定》，在北京、天津、河北、上海、江苏、浙江、福建、山东、广东、四川等10个省（市）开展药品上市许可持有人制度试点。现就做好试点工作制定以下方案。

一、试点内容

试点行政区域内的药品研发机构或者科研人员可以作为药品注册申请人（以下简称申请人），提交药物临床试验申请、药品上市申请，申请人取得药品上市许可及药品批准文号的，可以成为药品上市许可持有人（以下简称持有人）。法律法规规定的药物临床试验和药品生产上市相关法律责任，由申请人和持有人相应承担。

持有人不具备相应生产资质的，须委托试点行政区域内具备资质的药品生产企业（以下称受托生产企业）生产批准上市的药品。持有人具备相应生产资质的，可以自行生产，也可以委托受托生产企业生产。

在药品注册申请审评审批期间或批准后，申请人或持有人可以提交补充申请，变更申请人、持有人或者受托生产企业。

二、试点药品范围

（一）本方案实施后批准上市的新药。具体包括：1. 按照现行《药品注册管理办法》注册分类申报的化学药品第1～4类、第5类（仅限靶向制剂、缓释制剂、控释制剂），中药及天然药物第1～6类，治疗用生物制品第1类、第7类和生物类似药；2. 化学药品注册分类改革实施后，按照新的化学药品注册分类（以下简称新注册分类）申报的化学药品第1～2类。

（二）按与原研药品质量和疗效一致的新标准批准上市的仿制药。具体包括：化学药品注册分类改革实施后，按照新注册分类申报的化学药品第3～4类。

（三）本方案实施前已批准上市的部分药品。具体包括：1. 通过质量和疗效一致性评价的药品；2. 试点行政区域内，药品生产企业整体搬迁或者被兼并后整体搬迁的，该企业持有药品批准文号的药品。

麻醉药品、精神药品、医疗用毒性药品、放射性药品、预防用生物制品、血液制品不纳入试点药品范围。

三、申请人和持有人条件

药品研发机构或者科研人员成为申请人和持有人的条件：

（一）基本条件

1. 属于在试点行政区域内依法设立且能够独立承担责任的药品研发机构，或者在试点行政区域内工作且具有中华人民共和国国籍的科研人员。

2. 具备药品质量安全责任承担能力。

（二）申报资料

1. 资质证明文件。

（1）药品研发机构应当提交合法登记证明文件（营业执照等）复印件。

（2）科研人员应当提交居民身份证复印件、个人信用报告、工作简历（包含教育背景、药品研发工作经历等信息）以及诚信承诺书。

2. 药品质量安全责任承担能力相关文件。

（1）科研人员申请药物临床试验的，应当提交药物临床试验风险责任承诺书，承诺在临床试验开展前，向其所在地省级药品监督管理部门提交与担保人签订的担保协议或者与保险机构签订的保险合同。

（2）药品研发机构或者科研人员申请成为持有人的，应当提交药品质量安全责任承诺书，承诺在药品上市销售前，向其所在地省级药品监督管理部门提交与担保人签订的担保协议或者与保险机构签订的保险合同；对于注射剂类药品，应当承诺在药品上市销售前提交保险合同。

四、受托生产企业条件

受托生产企业为在试点行政区域内依法设立、持有相应药品生产范围的《药品生产许可证》以及药品生产质量管理规范（GMP）认证证书的药品生产企业。

五、申请人和持有人的义务与责任

（一）履行《中华人民共和国药品管理法》（以下简称《药品管理法》）以及其他法律法规规定的有关药品注册申请人、药品生产企业在药物研发注册、生产、流通、监测与评价等方面的相应义务，并且承担相应的法律责任。

（二）持有人应当与受托生产企业签订书面合同以及质量协议，约定双方的权利、义务与责任。

（三）持有人应当委托受托生产企业或者具备资质的药品经营企业代为销售药品，约定销售相关要求，督促其遵守有关法律法规规定，并落实药品溯源管理责任。

（四）持有人应当通过互联网主动公开药品上市许可批准信息、药品说明书、合理用药信息等，方便社会查询。

（五）批准上市药品造成人身损害的，受害人可以向持有人请求赔偿，也可以向受托生产企业、销售者等请求赔偿。属于受托生产企业、销售者责任，持有人赔偿的，持有人有权向受托生产企业、销售者追偿；属于持有人责任，受托生产企业、销售者赔偿的，受托生产企业、销售者有权向持有人追偿。具体按照《中华人民共和国侵权责任法》等的规定执行。

六、受托生产企业的义务与责任

（一）履行《药品管理法》以及其他法律法规规定的有关药品生产企业在药品生产方面的义务，并且承担相应的法律责任。

（二）履行与持有人依法约定的相关义务，并且承担相应的法律责任。

七、持有人的申请

（一）新注册药品

对于本方案实施后的新注册药品，符合试点要求的，申请人可以在提交药物临床试验申请或者药品上市申请的同时，申请成为持有人。

对于本方案实施前已受理临床试验申请或者上市申请、尚未批准上市的药物，符合试点要求的，申请人可以提交补充申请，申请成为持有人。

申请人拟委托受托生产企业生产的，在提交药品上市申请或者补充申请的同时，应当提交受托生产企业信息。

（二）已批准上市药品

对于本方案实施前已批准上市的药品，符合试点要求的，申请人可以提交补充申请，申请成为持有人。

申请人拟委托受托生产企业生产的，在提交补充申请的同时，应当提交受托生产企业信息。

（三）变更申请

持有人的药品上市申请获得批准后，可以提交补充申请，变更持有人及受托生产企业。在已受理药物临床试验申请或者药品上市申请、尚未批准阶段，申请人可以提交补充申请，变更申请人及受托生产企业。

变更持有人或者申请人的，由转让和受让双方共同向受让方所在地省级药品监督管理部门申请，由省级药品监督管理部门报食品药品监管总局审批；变更受托生产企业的，由持有人或者申请人向其所在地省级药品监督管理部门申请，由省级药品监督管理部门报食品药品监管总局审批。

（四）其他要求

试点品种药品的批准证明文件应当载明持有人、受托生产企业等相关信息，并且注明持有人应当按照相关要求向其所在地省级药品监督管理部门提交与担保人签订的担保协议或者与保险机构签订的保险合同。

试点品种药品的说明书、包装标签中应标明持有人信息、生产企业信息等。

试点工作期间核发的药品批准文号，试点期满后，在药品注册批件载明的有效期内继续有效。

八、监督管理

（一）上市后监管

持有人所在地省级药品监督管理部门负责对持有人及批准上市药品的监督管理，对不在本行政区域内的受托生产企业，应联合受托生产企业所在地省级药品监督管理部门进行延伸监管。加强对持有人履行保证药品质量、上市销售与服务、药品监测与评价、药品召回等义务情况的监督管理，督促持有人建立严格的质量管理体系，确保责任落实到位。

生产企业所在地省级药品监督管理部门应当加强对药品生产者在药品GMP条件下实施生产的监督检查，发现生产、经营环节存在风险的，及时采取控制措施。

药品监督管理部门发现批准上市药品存在质量风险的，应根据实际情况对持有人及相关单位采取约谈、发告诫信、限期整改、修订药品说明书、限制使用、监督召回药品、撤销药品批准证明文件以及暂停研制、生产、销售、使用等风险控制措施。

对于违反《药品管理法》等法律法规和本方案有关规定的持有人及受托生产企业，持有人所在地省级药品监督管理部门应当依法查处，追究相关责任人的责任。

（二）信息公开

食品药品监管总局应当按规定主动公开试点品种药品的受理、审评、审批、上市后变更等相关信息。

省级药品监督管理部门应当主动公开持有人履行义务情况、日常监督检查情况和行政处罚等监督管理相关信息。

九、其他

本方案自印发之日起，实施至2018年11月4日。试点行政区域内的药品生产企业参照本方案中持有人的有关规定执行。

本方案由食品药品监管总局负责解释。

3.4 食品药品监管总局关于加强互联网药品销售管理的通知

（食药监药化监〔2013〕223号）

各省、自治区、直辖市食品药品监督管理局：

为规范互联网售药行为，落实《关于印发打击互联网非法售药行动工作方案的通知》（食药监药化监〔2013〕123号，以下简称《工作方案》）的工作部署，确保药品“两打两建”行动取得实效，现将有关工作要求通知如下：

一、加强药品交易网站资质的管理

药品生产企业、药品经营企业在自设网站进行药品互联网交易，或第三方企业为药品生产企业、药品经营企业提供药品互联网交易服务，必须按照原国家食品药品监督管理局印发的《互联网药品交易服务审批暂行规定》（国食药监市〔2005〕480号，以下简称《暂行规定》），申请取得《互联网药品交易服务资格证书》后方可开展业务。按该证书服务范围仅可与其他企业和医疗机构进行药品交易的网站或提供药品互联网交易服务的网站，不得擅自超范围提供面向个人消费者的药品交易服务。零售单体药店不得开展网上售药业务。各省级食品药品监督管理部门应加强药品生产和经营企业网上售药监督监测，发现违反上述规定的药品交易网站（包括自设网站和提供交易服务的网站，下同），应对设立企业按照《暂行规定》和《工作方案》要求依法严肃查处，直至移送通信管理部门关闭其网站。

二、加强药品交易网站销售含麻黄碱类复方制剂的管理

药品零售企业销售含麻黄碱类复方制剂，必须按原国家食品药品监督管理局、公安部、原卫生部联合印发的《关于加强含麻黄碱类复方制剂管理有关事宜的通知》（国食药监办〔2012〕260号）要求，查验和登记购买者合法有效的身份证件。鉴于目前互联网药品交易尚不能查验购买者身份证件，药品零售连锁企业一律不得在药品交易网站展示或向个人消费者销售含麻黄碱类复方制剂。发现违反规定的，由所在地食品药品监督管理部门按照《国务院关于加强食品等产品安全监督管理的特别规定》第三条有关规定进行处罚，造成严重后果的吊销许可证照，构成犯罪的依法移送公安机关追究刑事责任；对提供交易服务网站的企业应按照《暂行规定》第二十九条第二种情形和《工作方案》要求依法严肃查处，直至移送通信管理部门关闭其网站。

三、加强药品交易网站销售处方药的管理

《暂行规定》要求药品零售连锁企业通过药品交易网站只能销售非处方药，一律不得在网站交易相关页面展示和销售处方药。发现违反上述规定的，对企业自设网站由所在地食品药品监督管理部门按照《药品流通监督管理办法》第四十二条处罚；对提供交易服务网站由所在地食品药品监督管理部门按照《工作方案》要求依法责令停业整顿，限期整改。上述企业拒不改正或情节严重的，吊销其《互联网药品交易服务资格证书》，并移送通信管理部门关闭其网站。

在药品交易网站的非交易相关页面展示处方药名称、图片、说明书等信息的，必须在该页面上部加框标示“药品监管部门提示：如发现本网站有任何直接或变相销售处方药行为，请保留证据，拨打12331举报，举报查实给予奖励。”所在地省级食品药品监督管理部门应予督促和检查，对违规网站的设立企业，应参照《暂行规定》第二十九条第一种情形和《工作方案》要求依法查处，直至移送通信管理部门关闭其网站。

四、加强网售药品配送环节的管理

药品零售连锁企业通过互联网销售药品时，应当使用本企业符合《暂行规定》等文件要求的药品配送系统自行配送，且符合《药品经营质量管理规范》的有关要求，保证在售药品的质量安全。发现药品零售连锁企业违反规定的，由所在地食品药品监督管理部门参照《暂行规定》第二十九条第二种情形和《工作方案》要求依法查处。

五、加大对互联网非法售药的查处力度

各级食品药品监督管理部门要按照《工作方案》的部署，严格落实以上规定，开展监督检查和监测，规范互联网药品交易的主体和行为，严厉打击互联网违法销售药品等行为，切实将各种违法案件查处到位。对违反上述规定被责令整改的企业，11 月 15 日前必须完成整改，否则按照《工作方案》的要求从严处理。对需要予以关闭的网站，应及时移送通信管理部门关闭；对监督检查和监测发现的触犯刑律的案件，应及时移送司法机关依法追究刑事责任。

对打击互联网非法售药行动中涉事企业的整顿处理结果，省级食品药品监督管理部门要按照药品“两打两建”工作要求按期报送总局。对总局投诉举报中心移交的违法违规销售药品的网站，省级食品药品监督管理部门要按时将查处结果及时反馈总局投诉举报中心。任何单位和个人如发现从事互联网药品交易服务的企业违反上述规定，均可向食品药品监督管理部门举报（举报电话 12331）。

国家食品药品监督管理总局

2013 年 10 月 29 日

3.5 食品药品监管总局办公厅国家卫生计生委办公厅关于加强药品经营企业药品销售监督管理工作的通知

（食药监办药化监〔2014〕156号）

各省、自治区、直辖市食品药品监督管理局、卫生计生委（卫生厅局）：

今年以来，媒体连续报道个别幼儿园违规使用处方药和个别零售药店违规销售抗生素等问题，引发较大社会反响，公众对规范药品销售问题日益关注。为加强药品销售环节监管，督促药品经营企业严格执行新修订《药品经营质量管理规范》有关规定，现将有关要求通知如下：

一、药品批发企业应当严格审核购货单位资质，只能将药品销售给具有合法资质的企业或单位，并与其经营和使用范围相适应。要加强对购货单位采购人员身份的核实，防止无资质企业、单位和个人冒用他人合法资质套购药品。

二、药品零售企业应当严格执行处方药与非处方药分类管理的规定，对于必须凭处方销售的药品，销售时应当认真执行处方审核、签章和留存等规定，不能提供医师处方的，一律严禁销售。要认真落实执业药师在岗执业的要求，为消费者提供必要的药学服务和合理用药指导。开展诊疗活动，如坐堂行医、开具处方等，必须依法取得《医疗机构执业许可证》，并符合相关管理规定。

三、地方各级食品药品监管部门要加强对药品经营企业购销药品行为的日常监督，加大对企业在经营活动中的审核资质、开具票据或销售凭证、执行处方药与非处方药分类管理制度，以及执业药师在岗执业情况等方面的检查力度。对违反上述规定的企业，应当按照《中华人民共和国药品管理法》第七十九条严肃查处；情节严重的，依法吊销《药品经营许可证》。发现药品零售企业未取得《医疗机构执业许可证》开展诊疗活动或存在非医师行医行为的，应当及时移送当地卫生计生行政部门依法处理。

为督促各地切实加强监管，了解相关规定执行情况，食品药品监管总局和国家卫生计生委将开展联合督查，重点检查处方药销售和诊疗活动的监管情况。对监督检查中发现工作不力的地方和部门，将予以通报批评。

国家食品药品监督管理总局办公厅

国家卫生计生委办公厅

2014 年 8 月 1 日

3.6 药品出口销售证明管理规定

（国药监药管〔2018〕43号附件）

国家药监局关于印发药品出口销售证明管理规定的通知

国药监药管〔2018〕43号

各省、自治区、直辖市食品药品监督管理局，新疆生产建设兵团食品药品监督管理局：

为进一步规范《药品出口销售证明》的办理，为我国药品出口提供便利和服务，国家药品监督管理局制定了《药品出口销售证明管理规定》，现予发布，请遵照执行。有关事项通知如下：

一、请各省（区、市）局按照《国务院办公厅关于印发进一步深化“互联网＋政务服务”推进政务服务“一网、一门、一次”改革实施方案的通知》（国办发〔2018〕45号）和本通知要求，完善内部申请办事流程，压缩办理时限，积极推行网上受理和出证，为出口企业提供便利。信息化条件成熟的，可视情况逐步以电子提交代替纸质复印件申报。

二、国家局将建设统一的药品出口销售证明信息管理系统。在该系统正式上线运行前，各省（区、市）局通过药品生产和监管信息直报系统上传出证数据信息，包含证明文件原件（pdf文件格式）。信息管理系统上线后，按系统要求传送出证数据信息。

三、关于本规定第四条中“与我国有相关协议的国际组织提供的相关品种证明文件”，由国家局提出审核意见。各省（区、市）局可依据国家局审核意见予以办理。

四、请各地对出口药品生产企业加强监管，按照药品生产质量管理规范，严格把握检查标准和尺度，重点关注企业执行供应商审计和落实数据可靠性要求的情况。各地为企业提供出证服务的同时，督促企业持续合规生产；发现不符合要求的，及时采取措施。

五、本规定自发布之日起施行，原国家药品监督管理局《关于印发〈出具“药品销售证明书”若干管理规定〉的通知》（国药监安〔2001〕225号）同时废止。

国家药监局

2018年11月9日

药品出口销售证明管理规定

第一条 为进一步规范《药品出口销售证明》的办理，为我国药品出口提供便利和服务，制定本规定。

第二条 《药品出口销售证明》适用于中华人民共和国境内的药品上市许可持有人、药品生产企业已批准上市药品的出口，国务院有关部门限制或者禁止出口的药品除外。

对于与已批准上市药品的未注册规格（单位剂量），药品上市许可持有人、药品生产企业按照药品生产质量管理规范要求生产的，也可适用本规定。

对于未在我国注册的药品，药品上市许可持有人、药品生产企业按照药品生产质量管理规范要求生产的，且符合与我国有相关协议的国际组织要求的，也可适用本规定。

出具《药品出口销售证明》是根据企业申请，为其药品出口提供便利的服务事项。

第三条 由各省、自治区、直辖市药品监督管理部门负责本行政区域内

《药品出口销售证明》出具办理工作（已批准上市的药品的式样见附件 1，已批准上市药品的未注册规格的式样见附件 2，未在我国注册的药品的式样见附件 3）。

第四条 药品上市许可持有人、药品生产企业办理药品出口销售证明的，应当向所在地省级药品监督管理部门提交《药品出口销售证明申请表》（式样见附件 4）。

对于已批准上市的药品、已批准上市药品的未注册规格，应当分别提交相应的《药品出口销售证明申请表》，同时提交以下资料：

（一）药品上市许可持有人证明文件或者药品生产企业的《药品生产许可证》正、副本（均为复印件）；

（二）已批准上市药品的药品注册证书（复印件）；

（三）境内监管机构近 3 年内最近一次相关品种接受监督检查的相关资料（均为复印件）；

（四）《营业执照》（复印件）；

（五）按照批签发管理的生物制品须提交《生物制品批签发合格证》（复印件）；

（六）申请者承诺书；

（七）省级药品监督管理部门另行公示要求提交的其他资料。

对于未在我国注册的药品，提交《药品出口销售证明申请表》的同时，提交以下资料：

（一）药品上市许可持有人证明文件或者药品生产企业的《药品生产许可证》正、副本（均为复印件）；

（二）与我国有相关协议的国际组织提供的相关品种证明文件（原件）；

（三）《营业执照》（复印件）；

（四）境内监管机构近 3 年内最近一次生产场地接受监督检查的相关资料（复印件）；

（五）申请者承诺书；

（六）省级药品监督管理部门另行公示要求提交的其他资料。

所有以复印件形式提交的材料需加盖申请者的公章，内容应当真实准确。

第五条 药品监督管理部门认为企业提交的资料不能充分证明药品生产质量管理规范合规性的，可以根据需要开展现场检查。不符合药品生产质量管理规范要求的，不予出具《药品出口销售证明》，并依法依规作出处理。

第六条 《药品出口销售证明》编号的编排方式为：省份简称XXXXXXXX号，示例："编号：京20180001号""蒙20180001号"。英文编号编排方式为：No.省份英文XXXXXXXX。省份英文应当参考证明出具单位的英文译法，略去空格，示例："No. Beijing20180001""No. InnerMongolia20080001"。其中：第一位到第四位X；代表4位数的证明出具年份；第五位到第八位X代表4位数的证明出具流水号。

第七条 《药品出口销售证明》有效期不超过2年，且不应超过申请资料中所有证明文件的有效期，有效期届满前应当重新申请。

第八条 《药品出口销售证明》有效期内，各级药品监督管理部门对于现场检查发现不符合药品生产质量管理规范要求的，所在地省级药品监督管理部门对相应的《药品出口销售证明》予以注销。

《药品出口销售证明》的持有者和生产场地属不同省份的，如生产场地在检查中被发现不符合药品生产质量管理规范要求，持有者应当立即将该情况报告持有者所在地省级药品监督管理部门，对相应的《药品出口销售证明》予以注销。

第九条 凡是提供虚假证明或者采用其他手段骗取《药品出口销售证明》的，或者知悉生产场地不符合药品生产质量管理规范要求未立即报告的，注销其相应《药品出口销售证明》，5年内不再为其出具《药品出口销售证明》，并将企业名称、法定代表人、社会信用代码等信息通报征信机构进行联合惩戒。

第十条 出口药品上市许可持有人、药品生产企业应当保证所出口的产品符合进口国的各项法律要求，并承担相应法律责任。

出口药品上市许可持有人、药品生产企业应当建立出口药品档案。内容包括《药品出口销售证明》、购货合同、质量要求、检验报告、包装、标签式样、报关单等，以保证药品出口过程的可追溯。

第十一条 各省、自治区、直辖市药品监督管理部门可依照本规定制定具体实施细则，明确工作程序、办理时限和相关要求。

鼓励各省、自治区、直辖市药品监督管理部门推行网上办理，电子申报、出证，方便申请者办理。

第十二条 各省、自治区、直辖市药品监督管理部门应当及时将《药品出口销售证明》的数据信息通过信息系统上报国家药品监督管理局。

国家药品监督管理局在政府网站公示《药品出口销售证明》相关信息，以便公众查证，接受社会监督。

第十三条 本规定自发布之日起施行。此前印发的相关文件与本规定不一致的，以本规定为准。

附件：1. 药品出口销售证明（已在中国批准上市的药品）

2. 药品出口销售证明（已在中国批准上市药品的未注册规格）

3. 药品出口销售证明（未在中国注册药品）

4. 药品出口销售证明申请表

附件 1

中华人民共和国
PEOPLE'S REPUBLIC OF CHINA
药品出口销售证明
CERTIFICATE OF A PHARMACEUTICAL PRODUCT

（已在中国批准上市药品）

（Pharmaceutical Product Approved in China）

This certificate conforms to the format recommended by the World Health Organization.

该证明符合世界卫生组织（WHO）推荐的格式。

证书编号 （Certificate No.）	中文：
	英文：
进口国 / 地区 (提出要求的国家 / 地区) Importing Country /Region (Requesting Country /Region)	中文：
	英文：
产品名称与剂型 Name and Dosages Form of the Product	中文：
	英文：
商品名 Trade Name	中文：
	英文：
活性成分与规格 [不对外公开] Active Ingredient(s) and Strength[Not disclosed to the public]	中文：
	英文：
包括辅料在内的完整处方组成（可附表）[不对外公开] For complete composition including excipients, see attached[Not disclosed to the public]	中文：
	英文：

续表

<table>
<tr><td>该药品规格是否获得许可在出口国市场上使用
Is this product strength licensed to be placed on the market for use in the exporting country</td><td colspan="2">是（Yes）（ ）</td></tr>
<tr><td>该药品规格是否已经在出口国市场上使用
Is this product strength actually on the market in exporting country</td><td colspan="2">是（Yes）（ ）
否（No）（ ）</td></tr>
<tr><td rowspan="2">产品批准文号（原料药备案号）及批准（备案）时间
Number of product license (DMF number) and date of issue</td><td colspan="2">中文：</td></tr>
<tr><td colspan="2">英文：</td></tr>
<tr><td rowspan="4">药品生产企业或者药品上市许可持有人（名称和地址）
Manufacturer or Product–license holder(name and address)</td><td rowspan="2">名称
Name</td><td>中文：</td></tr>
<tr><td>英文：</td></tr>
<tr><td rowspan="2">地址
Address</td><td>中文：</td></tr>
<tr><td>英文：</td></tr>
<tr><td rowspan="4">如果药品上市许可持有人不是生产者，药品实际生产者是
If the license holder is not the manufacturer, the name and address of the manufacturer producing the dosage form is</td><td rowspan="2">生产者
Manufacturer</td><td>中文：</td></tr>
<tr><td>英文：</td></tr>
<tr><td rowspan="2">地址
Address</td><td>中文：</td></tr>
<tr><td>英文：</td></tr>
<tr><td>证明当局是否对该药品的实际生产企业进行定期检查
Does the certifying authority arrange for periodic inspections of the manufacturing plant in which the dosage form is produced</td><td colspan="2">是（Yes）（ ）</td></tr>
<tr><td>定期检查的周期
Periodicity of routine inspections (years)</td><td colspan="2"></td></tr>
<tr><td>生产设备和操作是否中国药品生产质量管理规范的要求
Do the facilities and operations conform to the requirements of Chinese GMP</td><td colspan="2">是（Yes）（ ）</td></tr>
<tr><td colspan="3">兹证明上述产品符合中华人民共和国有关标准，已在中国注册，准许在中国市场销售。该产品出口不受限制。
This is to certify that the above product(s) comply with the relevant standards of the P. R. China, have been registered and authorized to be sold in China. The exportation of the product(s) is not restricted.</td></tr>
</table>

续表

<table>
<tr><td>证明的有效期至
This certificate remain valid until</td><td colspan="2"></td></tr>
<tr><td rowspan="8">证明当局
Certifying authority</td><td rowspan="2">名 称
Name</td><td>中文：</td></tr>
<tr><td>英文：</td></tr>
<tr><td rowspan="2">地 址
Address</td><td>中文：</td></tr>
<tr><td>英文：</td></tr>
<tr><td>电 话
Telephone number</td><td></td></tr>
<tr><td>传 真
Fax</td><td></td></tr>
<tr><td>签 字
Signature</td><td></td></tr>
<tr><td>签章与日期
Stamp and date</td><td></td></tr>
</table>

附件 2

中华人民共和国
PEOPLE'S REPUBLIC OF CHINA
药品出口销售证明
CERTIFICATE OF A PHARMACEUTICAL PRODUCT

（已在中国批准上市药品的未注册规格）

（Unregistered Strength of the Pharmaceutical Product Approved in China）

This certificate conforms to the format recommended by the World Health Organization.

该证明符合世界卫生组织（WHO）推荐的格式。

证书编号 Certificate No.	中文：
	英文：
进口国 / 地区 (提出要求的国家 / 地区) Importing Country /Region (Requesting Country /Region)	中文：
	英文：
产品名称与剂型 Name and Dosages Form of Product)	中文：
	英文：
商品名 Trade Name	中文：
	英文：
活性成分与规格 [不对外公开] Active Ingredient(s) and Strength[Not disclosed to the public]	中文：
	英文：
包括辅料在内的完整处方组成（可附表）[不对外公开] For complete composition including excipients, see attached [Not disclosed to the public]	中文：
	英文：

续表

<table>
<tr><td>该药品规格是否获得许可在中国市场上使用
Is this product strength licensed to be placed on the market for use in China</td><td colspan="2">否（No）（ ）</td></tr>
<tr><td>该药品规格是否已经在中国市场上使用
Is this product strength actually on the market in China</td><td colspan="2">否（No）（ ）</td></tr>
<tr><td rowspan="2">产品批准文号及批准时间
Number of product license and date of issue</td><td colspan="2">中文：</td></tr>
<tr><td colspan="2">英文：</td></tr>
<tr><td rowspan="4">药品生产企业或者药品上市许可持有人（名称和地址）
Manufacturer or Product–license holder(name and address)</td><td rowspan="2">名称
Name</td><td>中文：</td></tr>
<tr><td>英文：</td></tr>
<tr><td rowspan="2">地址
Address</td><td>中文：</td></tr>
<tr><td>英文</td></tr>
<tr><td rowspan="4">如果药品上市许可持有人不是生产者，药品实际生产者是
If the license holder is not the manufacturer, the name and address of the manufacturer producing the dosage form is</td><td rowspan="2">生产者
Manufacturer</td><td>中文：</td></tr>
<tr><td>英文：</td></tr>
<tr><td rowspan="2">地址
Address</td><td>中文：</td></tr>
<tr><td>英文：</td></tr>
<tr><td>证明当局是否对该药品的实际生产企业进行定期检查
Does the certifying authority arrange for periodic inspections of the manufacturing plant in which the dosage form is produced</td><td colspan="2">是（Yes）（ ）</td></tr>
<tr><td>定期检查的周期
Periodicity of routine inspections (years)</td><td colspan="2"></td></tr>
<tr><td>生产设备和操作是否符合中国药品生产质量管理规范的要求
Do the facilities and operations conform to the requirements of Chinese GMP</td><td colspan="2">是（Yes）（ ）</td></tr>
<tr><td>该规格未注册的理由
Why is the product strength (s) not registered in China</td><td colspan="2">中英文说明
Specify in Chinese and English</td></tr>
<tr><td colspan="3">兹证明上述产品规格未在中国注册，尚未进入中国市场。该产品规格出口不受限制。
This is to certify that the above product strength (s) is not registered in China and not authorized to be placed in China. The exportation of the product strength is not restricted.</td></tr>
</table>

续表

<table>
<tr><td>证明的有效期至
This certificate remain valid until</td><td colspan="2"></td></tr>
<tr><td rowspan="8">证明当局
Certifying authority</td><td rowspan="2">名 称
Name</td><td>中文:</td></tr>
<tr><td>英文:</td></tr>
<tr><td rowspan="2">地 址
Address</td><td>中文:</td></tr>
<tr><td>英文:</td></tr>
<tr><td>电 话
Telephone number</td><td></td></tr>
<tr><td>传 真
Fax</td><td></td></tr>
<tr><td>签 字
Signature</td><td></td></tr>
<tr><td>签章与日期
Stamp and date</td><td></td></tr>
</table>

附件3

中华人民共和国
PEOPLE’S REPUBLIC OF CHINA
药品出口销售证明
CERTIFICATE OF A PHARMACEUTICAL PRODUCT

（未在中国注册药品）

(Product Unregistered in China)

This certificate conforms to the format recommended by the World Health Organization.

该证书符合世界卫生组织（WHO）推荐的格式。

证书编号 （Certificate No.）	
进口国 / 地区（提出要求的国家 / 地区） Importing Country /Region (Requesting Country / Region)	
产品名称与剂型 (Name and Dosages Form of the Product)	中文：
	英文：
商品名 Trade Name	中文：
	英文：
活性成分与规格 [不对外公开] Active Ingredient(s) and Strength[Not disclosed to the public]	中文：
	英文：
包括辅料在内的完整处方组成（可附表）[不对外公开] For complete composition including excipients, see attached[Not disclosed to the public]	中文：
	英文：
该药品是否获得许可在中国市场上使用 Is this product licensed to be placed on the market for use in China	否（No）（ ）

续表

<table>
<tr><td rowspan="4">药品生产企业（名称和地址）
Manufacturer（name and address）</td><td rowspan="2">名称
Name</td><td>中文：</td></tr>
<tr><td>英文：</td></tr>
<tr><td rowspan="2">地址
Address</td><td>中文：</td></tr>
<tr><td>英文：</td></tr>
<tr><td>未在中国注册的理由
Why is the product not registered in China</td><td colspan="2">产品专门用于治疗中国以外地域的疾病（ ）
The product has been developed exclusively for the treatment of diseases outside of China
产品处方组成有调整，以改进在中国以外地域特定条件下的稳定性（ ）
The product has been reformulated with a view to improving its stability under specific conditions outside of China
产品处方组成有调整，以除去在进口国未被批准的辅料（ ）
The product has been reformulated to exclude excipients not approved for use in pharmaceutical products in the importing country
受专利权限制（ ）
Restricted by patents
其他原因（中英文）
Any other reason (Chinese and English)</td></tr>
<tr><td>证明当局是否对该药品的实际生产企业进行定期检查
Does the certifying authority arrange for periodic inspections of the manufacturing plant in which the dosage form is produced</td><td colspan="2">是（Yes）（ ）</td></tr>
<tr><td>定期检查的周期
Periodicity of routine inspections (years)</td><td colspan="2"></td></tr>
<tr><td>生产设备和操作是否符合中国药品生产质量管理规范的要求
Do the facilities and operations conform to the requirements of Chinese GMP</td><td colspan="2">是（Yes）（ ）</td></tr>
<tr><td colspan="3">兹证明上述产品未在中国注册，尚未进入中国市场。该产品出口不受限制。
This is to certify that the above product(s) is not registered in China and not authorized to be placed in China. The exportation of the product(s) is not restricted.</td></tr>
</table>

续表

<table>
<tr><td>证明的有效期至
This certificate remain valid until</td><td colspan="2"></td></tr>
<tr><td rowspan="8">证明当局
certifying authority</td><td rowspan="2">名 称
Name</td><td>中文：</td></tr>
<tr><td>英文：</td></tr>
<tr><td rowspan="2">地 址
Address</td><td>中文：</td></tr>
<tr><td>英文：</td></tr>
<tr><td>电 话
Telephone number</td><td></td></tr>
<tr><td>传 真
Fax</td><td></td></tr>
<tr><td>签 字
Signature</td><td></td></tr>
<tr><td>签章与日期
Stamp and date</td><td></td></tr>
</table>

附件 4

申请编号：________________________

药品出口销售证明
申请表

申请者：______________________________

国家药品监督管理局制

填表说明

1. 申请表应当打印，填写内容应当完整、清楚、整洁，不得涂改。

2. 按照《药品出口销售证明管理规定》报送资料。报送的资料应当按规定中的顺序排列，并标明顺序号，装订成册。

3. 表中产品名称、生产企业和批准文号或原料药备案号，系指已获国家药品监督管理部门批准的药品注册证及其附表中的相关内容。表中填写不下时，可添加附件，但需在表中相应栏目注明。如附件内容较多，请将附件内容电子版一并提交。

4. 请在“所附资料”栏对应项目右侧括号内划“√”，如“所附资料”栏中的项目不适用，请标明“不适用”。

5. 已在中国批准上市的药品、已在中国批准上市药品的未注册规格、未在中国注册药品，应当分别提交相应的《药品出口销售证明申请表》。

出口药品基本信息	
产品名称	中文：
	英文：
商品名称	中文：
	英文：
剂型	中文：
	英文：
规格（单位剂量）	中文：
	英文：
活性成分	中文：
	英文：

续表

<table>
<tr><td rowspan="2">包括辅料在内的配方
（可附表）</td><td>中文：</td></tr>
<tr><td>英文</td></tr>
<tr><td rowspan="2">产品是否注册</td><td>是：产品规格均已批准上市（ ）
　　相关产品已批准上市但申报规格未注册（ ）
否：产品未注册，但符合与我国有相关协议的国际组织要求的（ ）</td></tr>
<tr><td>是，请填写以下信息：
药品批准文号或原料药备案号：（中文）（英文）
批 准 时 间：（中文）（英文）</td></tr>
<tr><td colspan="2">该药品规格是否获得许可在中国市场上使用：是（ ）否（ ）
该药品规格是否已经在中国市场上使用：是（ ）否（ ）</td></tr>
<tr><td>未在中国注册的理由</td><td>产品专门用于治疗中国以外地域的疾病（ ）
产品处方组成有调整，以改进在中国以外地域的稳定性（ ）
产品处方组成有调整，以除去在进口国未被批准的辅料（ ）
受专利权限制（ ）
其他原因，请同时用中英文说明</td></tr>
<tr><td>相关产品已批准上市但申报规格未注册的理由</td><td>请同时用中英文说明</td></tr>
<tr><td rowspan="2">进口国家（地区）</td><td>中文：</td></tr>
<tr><td>英文：</td></tr>
</table>

<table>
<tr><th colspan="5">申请者基本信息</th></tr>
<tr><td rowspan="5">药品上市许可持有人或者药品生产企业</td><td rowspan="2">名称</td><td colspan="3">中文：</td></tr>
<tr><td colspan="3">英文：</td></tr>
<tr><td rowspan="2">地址</td><td colspan="3">中文：</td></tr>
<tr><td colspan="3">英文：</td></tr>
<tr><td>电话</td><td></td><td>邮编</td><td></td></tr>
<tr><td rowspan="5">如为药品上市许可持有人，实际药品生产者</td><td rowspan="2">名称</td><td colspan="3">中文：</td></tr>
<tr><td colspan="3">英文：</td></tr>
<tr><td rowspan="2">地址</td><td colspan="3">中文：</td></tr>
<tr><td colspan="3">英文</td></tr>
<tr><td>电话</td><td></td><td>邮编</td><td></td></tr>
<tr><td>所附资料</td><td colspan="4"></td></tr>
</table>

申请者承诺书

申请者保证：

1. 本申请表中所填写内容和所附资料均真实、合法。如有不实之处，我企业愿承担由此产生的法律责任。
2. 所申请出口的药品符合进口国相关法律法规要求。
3. 药品出口所发生的一切法律责任由我企业承担。
4. 申报资料中的中英文内容一致。

特此承诺。

申请者（盖章）　　填表人（签字）

年 月 日　　年 月 日

04
药品变更

4.1《药品上市后变更管理办法（试行）》有关文件

4.1.1 药品上市后变更管理办法（试行）

（国家药监局2021年第8号公告附件1）

国家药监局关于发布《药品上市后变更管理办法（试行）》的公告

（2021 年第 8 号）

为贯彻《药品管理法》有关规定，进一步加强药品上市后变更管理，国家药监局组织制定了《药品上市后变更管理办法（试行）》，现予发布，自发布之日起施行，此前规定与本公告不一致的，以本公告为准。

各省级药品监管部门应当落实辖区内药品上市后变更监管责任，细化工作要求，制定工作文件，明确工作时限，药品注册管理和生产监管应当加强配合，互为支撑，确保药品上市后变更监管工作平稳有序开展。

特此公告。

附件：

1.药品上市后变更管理办法（试行）

2.关于实施《药品上市后变更管理办法（试行）》的说明

3.《药品上市后变更管理办法（试行）》政策解读

4.药品上市许可持有人变更申报资料要求

国家药监局

2021年1月12日

药品上市后变更管理办法（试行）

第一章　总　则

第一条　为进一步规范药品上市后变更，强化药品上市许可持有人（以下简称持有人）药品上市后变更管理责任，加强药品监管部门药品注册和生产监督管理工作的衔接，根据《药品管理法》《疫苗管理法》和《药品注册管理办法》（国家市场监督管理总局令第 27 号）、《药品生产监督管理办法》（国家市场监督管理总局令第 28 号），制定本办法。

第二条　本办法所指药品上市后变更包括注册管理事项变更和生产监管事项变更。

注册管理事项变更包括药品注册批准证明文件及其附件载明的技术内容和相应管理信息的变更，具体变更管理要求按照《药品注册管理办法》及相关技术指导原则的有关规定执行。

生产监管事项变更包括药品生产许可证载明的许可事项变更和登记事项变更，具体变更管理要求按照《药品注册管理办法》《药品生产监督管理办法》及药品生产质量管理规范的有关规定执行。

第三条　持有人应当主动开展药品上市后研究，实现药品全生命周期管理。鼓励持有人运用新生产技术、新方法、新设备、新科技成果，不断改进和优化生产工艺，持续提高药品质量，提升药品安全性、有效性和质量可控性。

药品上市后变更不得对药品的安全性、有效性和质量可控性产生不良影响。

第四条　持有人是药品上市后变更管理的责任主体，应当按照药品监管法律法规和药品生产质量管理规范等有关要求建立药品上市后变更控制体系；根据国家药品监督管理局有关技术指导原则和国际人用药注册协调组织（ICH）有关技术指导原则制定实施持有人内部变更分类原则、变更事项清单、工作程序和风险管理要求，结合产品特点，经充分研究、评估和必要的验证后确定变更管理类别。

第五条 注册变更管理类别根据法律法规要求和变更对药品安全、有效和质量可控性可能产生影响的风险程度，分为审批类变更、备案类变更和报告类变更，分别按照《药品注册管理办法》《药品生产监督管理办法》的有关规定经批准、备案后实施或报告。

第六条 国家药品监督管理局负责组织制定药品上市后变更管理规定、有关技术指导原则和具体工作要求；负责药品上市后注册管理事项变更的审批及境外生产药品变更的备案、报告等管理工作；依法组织实施对药品上市后变更的监督管理。

省级药品监管部门依职责负责辖区内持有人药品上市后生产监管事项变更的许可、登记和注册管理事项变更的备案、报告等管理工作；依法组织实施对药品上市后变更的监督管理。

第二章　变更情形

第一节　持有人变更管理

第七条 申请变更药品持有人的，药品的生产场地、处方、生产工艺、质量标准等应当与原药品一致；发生变更的，可在持有人变更获得批准后，由变更后的持有人进行充分研究、评估和必要的验证，并按规定经批准、备案后实施或报告。

第八条 申请变更境内生产药品的持有人，受让方应当在取得相应生产范围的药品生产许可证后，向国家药品监督管理局药品审评中心（以下简称药审中心）提出补充申请。其中，申请变更麻醉药品和精神药品的持有人，受让方还应当符合国家药品监督管理局确定的麻醉药品和精神药品定点生产企业的数量和布局要求。

药审中心应当在规定时限内作出是否同意变更的决定，同意变更的，核发药品补充申请通知书，药品批准文号和证书有效期不变，并抄送转让方、受让方和生产企业所在地省级药品监管部门。

变更后的持有人应当具备符合药品生产质量管理规范要求的生产质量管理体系，承担药品全生命周期管理义务，完成该药品的持续研究工作，确保药品生产上市后符合现行技术要求，并在首次年度报告中重点说明转让的药品情况。

转让的药品在通过药品生产质量管理规范符合性检查后，符合产品放行要求的，可以上市销售。

受让方所在地省级药品监管部门应当重点加强对转让药品的监督检查，及时纳入日常监管计划。

第九条 境外持有人之间变更的，由变更后持有人向药审中心提出补充申请。

药审中心应当在规定时限内作出是否同意变更的决定，同意变更的，核发药品补充申请通知书，药品批准文号和证书有效期不变。

第十条 已在境内上市的境外生产药品转移至境内生产的，应当由境内申请人按照药品上市注册申请的要求和程序提出申请，相关药学、非临床研究和临床研究资料（适用时）可提交境外生产药品的原注册申报资料，符合要求的可申请成为参比制剂。具体申报资料要求由药审中心另行制定。

第十一条 持有人名称、生产企业名称、生产地址名称等变更，应当完成药品生产许可证相应事项变更后，向所在地省级药品监管部门就药品批准证明文件相应管理信息变更进行备案。

境外生产药品上述信息的变更向药审中心提出备案。

第二节 药品生产场地变更管理

第十二条 药品生产场地包括持有人自有的生产场地或其委托生产企业相应的生产场地。药品生产场地变更是指生产地址的改变或新增，或同一生产地址内的生产场地的新建、改建、扩建。生产场地信息应当在持有人《药品生产许可证》、药品批准证明文件中载明。

第十三条 变更药品生产场地的，药品的处方、生产工艺、质量标准等应当与原药品一致，持有人应当确保能够持续稳定生产出与原药品质量和疗效一致的产品。

药品的处方、生产工艺、质量标准等发生变更的，持有人应当进行充分研究、评估和必要的验证，并按规定经批准、备案后实施或报告。

第十四条 境内持有人或药品生产企业内部变更生产场地、境内持有人变更生产企业（包括变更受托生产企业、增加受托生产企业、持有人自行生产变更为委托生产、委托生产变更为自行生产）的，持有人（药品生产企业）应当按照《药品生产监督管理办法》及相关变更技术指导原则要求进行研究、评估和必要的验证，向所在地省级药品监管部门提出变更《药品生产许可证》申请并提交相关资料。

省级药品监管部门按照《药品生产监督管理办法》《药品注册管理办法》及相关变更技术指导原则要求开展现场检查和技术审评，符合要求的，对其《药品生产许可证》相关信息予以变更。完成《药品生产许可证》变更后，省级药品监管部门凭变更后的《药品生产许可证》在药品注册备案变更系统中对持有人药品注册批准证明文件及其附件载明的生产场地或生产企业的变更信息进行更新，生物制品变更中涉及需要向药审中心提出补充申请事项的，持有人按照本办法提出补充申请。

第十五条 境外持有人变更药品生产场地且变更后生产场地仍在境外的，应按照相关技术指导原则进行研究、评估和必要的验证，向药审中心提出补充申请或备案。

第十六条 生物制品变更药品生产场地的，持有人应当在《药品生产许可证》变更获得批准后，按照相关规范性文件和变更技术指导原则要求进行研究验证，属于重大变更的，报药审中心批准后实施。

第三节　其他药品注册管理事项变更

第十七条 生产设备、原辅料及包材来源和种类、生产环节技术参数、质量标准等生产过程变更的，持有人应当充分评估该变更可能对药品安全性、有效性和质量可控性影响的风险程度，确定变更管理类别，按照有关技术指导原则和药品生产质量管理规范进行充分研究、评估和必要的验证，经批准、备案后实施或报告。

第十八条 药品说明书和标签的变更管理按照相关规定和技术要求进行。

第十九条 已经通过审评审批的原料药发生变更的，原料药登记人应当按照现行药品注册管理有关规定、药品生产质量管理规范、技术指导原则及本办法确定变更管理类别，经批准、备案后实施或报告。原料药登记人应当及时在登记平台更新变更信息。

变更实施前，原料药登记人应当将有关情况及时通知相关制剂持有人。制剂持有人接到上述通知后应当及时就相应变更对影响药品制剂质量的风险情况进行评估或研究，根据有关规定提出补充申请、备案或报告。

未通过审评审批，且尚未进入审评程序的原料药发生变更的，原料药登记人可以通过药审中心网站登记平台随时更新相关资料。

第三章　变更管理类别确认及调整

第二十条 变更情形在法律、法规或技术指导原则中已明确变更管理类别的，持有人一般应当根据有关规定确定变更管理类别。

变更情形在法律、法规或技术指导原则中未明确变更管理类别的，持有人应当根据内部变更分类原则、工作程序和风险管理标准，结合产品特点，参考有关技术指导原则，在充分研究、评估和必要验证的基础上确定变更管理类别。

第二十一条 境内持有人在充分研究、评估和必要的验证基础上无法确定变更管理类别的，可以与省级药品监管部门进行沟通，省级药品监管部门应当在20日内书面答复，意见一致的按规定实施；对是否属于审批类变更意见不一致的，持有人应当按照审批类变更，向药审中心提出补充申请；对属于备案类变更和报告类变更意见不一致的，持有人应当按照备案类变更，向省级药品监管部门备案。具体沟通程序由各省级药品监管部门自行制定。

境外持有人在充分研究、评估和必要的验证的基础上，无法确认变更管理类别的，可以与药审中心沟通，具体沟通程序按照药品注册沟通交流的有关程序进行。

第二十二条 持有人可以根据管理和生产技术变化对变更管理类别进行调整，并按照调整后的变更管理类别经批准、备案后实施或报告。

其中，降低技术指导原则中明确的变更管理类别，或降低持有人变更清单中的变更管理类别，境内持有人应当在充分研究、评估和必要验证的基础上与省级药品监管部门沟通，省级药品监管部门应当在20日内书面答复，意见一致的按规定执行，意见不一致的不得降低变更管理类别。具体沟通程序由各省级药品监管部门自行制定。

降低境外生产药品变更管理类别的，持有人应当在充分研究、评估和必要的验证的基础上与药审中心沟通并达成一致后执行，意见不一致的不得降低变更管理类别。具体沟通程序按照药品注册沟通交流的有关程序进行。

第二十三条 新修订《药品管理法》和《药品注册管理办法》实施前，持有人或生产企业按照原生产工艺变更管理的有关规定和技术要求经研究、验证证明不影响药品质量的已实施的变更，或经过批准、再注册中已确认的工艺，不需按照新的变更管理规定及技术要求重新申报，再次发生变更的，应当按现行变更管理规定和技术要求执行，并纳入药品品种档案。

第四章 变更程序、要求和监督管理

第二十四条 审批类变更应当由持有人向药审中心提出补充申请，按照有关规定和变更技术指导原则提交研究资料，经批准后实施。具体工作时限按照《药品注册管理办法》有关规定执行。

第二十五条 持有人应当在提出变更的补充申请时承诺变更获得批准后的实施时间，实施时间原则上最长不得超过自变更获批之日起6个月，涉及药品安全性变更的事项除外，具体以药品补充申请通知书载明的实施日期为准。

第二十六条 备案类变更应当由持有人向药审中心或省级药品监管部门备案。备案部门应当自备案完成之日起5日内公示有关信息。

省级药品监管部门应当加强监管，根据备案变更事项的风险特点和安全信用情况，自备案完成之日起30日内完成对备案资料的审查，必要时可实施检查与检验。

省级药品监管部门可根据本办法和其他相关规定细化有关备案审查要求，制定本省注册管理事项变更备案管理的具体工作程序和要求。

第二十七条 报告类变更应当由持有人按照变更管理的有关要求进行管理，在年度报告中载明。

第二十八条 药审中心和省级药品监管部门接收变更补充申请和备案时，认为申请人申请的变更不属于本单位职能的，应当出具加盖公章的文件书面告知理由，并告知申请人向有关部门申请。

第二十九条 国家药品监督管理局建立变更申报系统，对备案类变更、年度报告类变更实行全程网上办理。

药品监管部门应当将药品上市后变更的批准和备案情况及时纳入药品品种档案；持有人应当在年度报告中对本年度所有药品变更情况进行总结分析。

第三十条 持有人和受托生产企业所在地省级药品监管部门应当按照药品生产监管的有关规定加强对药品上市后变更的监督管理，对持有人变更控制体系进行监督检查，督促其履行变更管理的责任。

法律、法规、指导原则中明确为重大变更或持有人确定为重大变更的，应当按照有关规定批准后实施。与药品监管部门沟通并达成一致后降低变更管理类别的变更，应当按照达成一致的变更管理类别申报备案或报告。法律、法规、技术指导原则中明确为备案、报告管理的变更或持有人确定为备案、报告管理的变更，应当按照有关规定提出备案或报告。

第三十一条 药品监管部门发现持有人已实施的备案或报告类变更的研究和验证结果不足以证明该变更科学、合理、风险可控，或者变更管理类别分类不当的，应当要求持有人改正并按照改正后的管理类别重新提出申请，同时对已生产上市的药品开展风险评估，采取相应风险控制措施。

未经批准在药品生产过程中进行重大变更、未按照规定对药品生产过程中的变更进行备案或报告的，按照《药品管理法》相关规定依法处理。

第五章　附　则

第三十二条　医疗用毒性药品、麻醉药品、精神药品、放射性药品、生物制品等变更管理有专门规定的，从其规定。

第三十三条　本办法规定的日以工作日计算。

第三十四条　不同补充申请合并申报的有关要求按照《药品注册管理办法》相关规定执行。

第三十五条　本办法自发布之日起施行。

4.1.2 关于实施《药品上市后变更管理办法（试行）》有关事宜的说明

（国家药监局2021年第8号公告附件2）

为进一步加强药品上市后变更管理，做好《药品上市后变更管理办法（试行）》（以下简称《办法》）实施工作，现将有关事宜说明如下：

一、持有人应当充分研究，确保变更后的药品与原药品质量和疗效一致。省级药品监管部门应加强对药品上市后变更的监管，特别要强化对已经通过仿制药质量和疗效一致性评价药品的变更监管。

二、本公告发布前已受理的药品上市后变更补充申请及备案事项可按原程序和有关技术要求继续办理。持有人也可主动撤回原申请，按照《办法》要求进行补充申请、备案或报告。

三、对《办法》第10条实施设置过渡期。为避免政策变化影响行政相对人的权益，原国家食品药品监督管理局发布的《关于印发药品技术转让注册管理规定的通知》（国食药监注〔2009〕518号，以下简称518号文）中境外生产药品（原进口药品）通过药品生产技术转让为境内生产的，境内持有人可在2023年1月15日前继续按照518号文的要求开展研究并申报补充申请，逾期停止受理。国家药品监管部门按照518号文的要求，在规定时限内完成审评审批，不符合要求或者逾期未按要求补正的不予批准。

四、持有人通过国家药监局药品注册网上申报功能在“药品业务应用系统”中对备案类变更进行备案，药审中心和各省级药品监管部门在“药品业务应用系统”中对相关资料完成接收工作。备案完成之日起5日内，国家药监局官方网站对备案信息进行公示。持有人可在国家药监局官方网站“查询”---“药品”中查询备案信息。

4.1.3《药品上市后变更管理办法（试行）》政策解读

（国家药监局2021年第8号公告附件3）

一、制定《药品上市后变更管理办法（试行）》的目的和现实意义是什么？

随着科技的进步，新的技术、设备、新的科技成果越来越多的应用在药品研究生产领域，对药品研发和已上市药品的质量提升起到了重要作用，由此带来的药品生产过程中的变更是生产常态，也是客观必然。充分发挥先进生产技术和科技成果对药品产业的促进作用，同时加强药品上市后变更管理，保障人民群众用药安全，是药品上市后变更科学监管的重要任务。基于药品产业现状和药品监管工作实际，制定适应新形势下的药品上市后变更管理规定既是产业发展需要，也是监管需要。国家药监局根据《药品管理法》《疫苗管理法》《药品注册管理办法》《药品生产监督管理办法》，制定了《药品上市后变更管理办法（试行）》（以下简称《办法》）。

《办法》落实了《药品管理法》对药品生产过程中的变更按照风险实行分类管理的要求，进一步明确了药品上市后变更的原则和常见情形，规定了持有人义务和监管部门职责，为药品上市后变更管理提供了依据。一方面鼓励持有人运用新生产技术、新方法、新设备、新科技成果，不断改进和优化生产工艺，持续提高药品质量，提升药品安全、有效和质量可控性。另一方面，坚决贯彻习近平总书记对于药品监管工作“四个最严”的要求，规范药品变更行为和变更监管，严厉打击非法变更，落实持有人主体责任，保障人民群众用药安全。

二、《办法》起草过程中对公开征求意见的采纳情况如何？

《办法》在起草过程中分别赴上海、北京、江苏等地调研，召开座谈会，充分听取部分省级药品监管部门、代表性企业意见，并于8月1日至15日在国家药监局网站公开征求意见。共收到国家药监局直属单位、省级药品监管部门、行业协会、境内外持有人、研发机构等1116条意见。我局对反馈意见逐条梳理、研究、讨论，对大部分意见予以采纳，不予采纳的意见主要集中在以下方面：

建议持有人变更由省级药品监管部门批准。不予采纳理由：根据《药品管理法》第四十条规定“经国务院药品监督管理部门批准，药品上市许可持有人可以转让药品上市许可……”，持有人变更的审批应为国家药监局事权，由药审中心进行批准。

持有人变更申请中，要求受让方具有相应生产范围的《药品生产许可证》，建议细化《药品生产许可证》类型或者删除获得《药品生产许可证》的要求。不予采纳的理由：为贯彻《药品管理法》对持有人的要求，落实持有人责任，《药品生产监督管理办法》第七条中明确细化了委托他人生产制剂的持有人应具备的条件，同时要求持有人办理《药品生产许可证》。《药品生产许可证》的类型已有专门规定，持有人按照有关规定执行即可。

建议明确年度报告程序、药品品种档案格式等。不予采纳的理由：年度报告程序、药品品种档案格式与《办法》无直接关系，并且国家药监局有关部门正在研究制定相关文件要求，相关内容将在专门文件中进行明确。

建议参照境内生产药品与省级药品监管部门就变更管理类别的沟通程序，设定境外生产药品在药审中心的沟通程序。不予采纳的理由：目前药审中心已经建立和优化了沟通交流制度，并且运行顺畅，本《办法》中不再赘述。

建议明确第31条中持有人改正和开展风险评估的具体步骤和程序。不予采纳的理由：持有人改正和开展风险评估的具体步骤和程序是药品上市后管理工作中的通行做法，不是变更管理特有环节，持有人应按照药品上市后监管工作要求开展相关工作。

建议明确厂房设施及仓库等的变更。不予采纳理由：厂房及仓库的变更按照《药品生产监督管理办法》、药品生产质量管理规范等相关规定实施，本《办法》中不再赘述。

三、持有人在药品上市后变更管理中的责任和义务都包括哪些？

《办法》第一章总则部分条款对持有人在药品上市后变更中管理的责任和义务进行了明确。持有人是药品上市后变更管理的责任主体。持有人上市后变更管理义务包括：主动开展药品上市后研究，实现药品全生命周期管理，建立药品上市后变更控制体系，制定实施持有人内部变更分类原则、变更事项清单、工作程序和风险管理标准，确定变更管理类别，依法规规定和变更管理类别申报并经批准、备案后实施或报告。

四、如何申请持有人变更？持有人变更获得批准后，还需要开展什么工作？

为了适应持有人制度管理需要，《药品生产监督管理办法》明确了持有人申请办理《药品生产许可证》的条件，委托他人生产制剂的持有人符合条件的，可取得《药品生产许可证》。

申请变更境内生产药品持有人的，受让方应先向所在地省级药品监管部门申请核发相应生产范围的《药品生产许可证》，获得批准后，根据《药品管理法》的规定，受让方应向药审中心提出变更持有人的补充申请。仅变更药品持有人的，属于不需技术审评的审批事项，因此，申请人应提供药品的生产场地、处方、生产工艺、质量标准等不发生变更的承诺。

药品持有人变更获得批准后，应按照《办法》第 8 条的有关规定做好后续工作。

五、药品转让过程中，仅持有人变更，生产场地、生产工艺等其他事项均未发生变更的，在持有人变更获得批准后是否需要药品生产质量管理规范的符合性检查?

持有人的质量管理体系变更是影响药品质量的重要因素之一，持有人变更后，虽然药品生产场地、生产工艺等未发生变更，但持有人的质量管理体系发生了变更，变更后的持有人能否在原药品生产场地上按照 GMP 要求，持续稳定地生产出与原药品质量和疗效一致的药品并承担药品全生命周期的主体责任事关公众用药安全。因此，即使药品生产场地、生产工艺等均未发生变更，变更后的持有人及药品生产企业均应满足药品生产质量管理规范的符合性检查要求，转让的药品在通过药品生产质量管理规范的符合性检查，符合产品放行要求后，方可上市销售。

六、药品转让过程中，在持有人变更的同时，发生药品生产场地、生产工艺变更，如何申报?

药品转让过程中仅发生持有人变更，不发生其他注册管理事项变更的，按照《办法》第 8 条规定的程序办理，不需技术审评的审批事项办理时限为 20 个工作日。拟转让的药品需要变更药品生产场地、生产工艺、处方等的，可以在持有人变更获得批准后，由变更后的持有人（受让方）按照变更技术指导原则要求开展研究后按要求申报补充申请、备案或报告。因特殊需要，拟将持有人变更与其他补充申请合并申报的，技术审评时限按照《药品注册管理办法》第 96 条规定执行。

七、境外生产药品变更如何办理?

境外生产药品发生的审批类或备案类变更直接向药审中心提出补充申请或备案。

境外生产药品在境外药品上市许可持有人之间转让，由受让方向国家局药审中心提出补充申请。

境外生产药品生产场地变更，且变更后场地仍在境外的，按照相关技术指导原则进行研究、评估和必要的验证，向药审中心提出补充申请或备案。

八、已在境内上市的境外生产药品转移至境内生产的，在变更办法发布后如何办理？

为避免政策变化影响行政相对人的权益，原国家食品药品监督管理局发布的《关于印发药品技术转让注册管理规定的通知》（国食药监注〔2009〕518 号，以下简称 518 号文）中境外生产药品（原进口药品）通过药品生产技术转让为境内生产的，我局设置了 2 年的过渡期，在过渡期内，境内持有人可继续按照 518 号文的要求办理，也可按照《办法》第 10 条要求申报。

九、《办法》第 10 条适用于什么样的情形？

《办法》第 10 条规定了已在境内上市的境外生产药品转移至境内生产虽然以仿制药注册分类申报，但是可以简化申报资料要求，在参比制剂认定等方面也给予特殊规定，具体政策措施另行制定发布。

十、境外生产药品上市后发生变更的，是否允许同步向境内外监管部门提出申请？

境外生产药品上市后变更主要涉及行政信息类变更和技术类变更。涉及行政信息类的变更，境外相关部门批准证明文件是重要参考文件，原则上，境外持有人在提交申请时应提供境外已经获得批准的证明文件。

随着药品审评审批制度改革不断深化，我国技术审评力量不断加强，越来越多的创新药选择在中国及其他国家同步申报上市，对于这类药品在上市后发生的涉及技术类变更是否可以在境内外监管部门同步申报，我局将根据不同药品的监管实际在后续配套文件中规定。

十一、为落实新修订《药品注册管理办法》《药品生产监督管理办法》要求，《办法》对药品生产场地变更程序进行了哪些优化？

2007版《药品注册管理办法》规定，变更药品生产场地需由持有人向省级药品监管部门分别提出变更《药品生产许可证》和药品注册批准证明文件申请，获得批准后方可生产药品，在一定程度上增加了持有人负担。为落实“放管服”要求，充分发挥省级药品监管部门作用，优化药品上市后变更申报程序，新修订《药品注册管理办法》《药品生产监督管理办法》对药品上市后的药品生产场地变更程序重新进行了规定，根据《药品生产监督管理办法》第16条，药品上市后发生药品生产场地变更的，只需向省级药品监管部门提出变更《药品生产许可证》申请。《办法》第14条对具体程序进行了细化明确，《药品生产许可证》变更获得批准后，由省级药品监管部门直接在变更系统中更新药品注册批准证明文件及其附件上的药品生产场地变更信息，简化持有人申报程序，提高效率。

生物制品等有特殊规定的除外。

十二、在药品生产场地变更工作中，省级药品监管部门承担的工作有何变化？

药品上市后发生药品生产场地变更的，持有人应按《药品生产监督管理办法》《药品注册管理办法》和药品生产场地变更指导原则有关规定进行充分的研究，按程序提出《药品生产许可证》变更申请。省级药品监管部门在审查《药品生产许可证》变更申请时，应按照《药品生产监督管理办法》《药品注册管理办法》和药品生产场地变更指导原则有关规定进行现场检查和技术审评。符合要求的，对其《药品生产许可证》相关信息予以变更。为服务持有人，简化申报程序，仅发生药品生产场地变更的，省级药品监管部门在药品注册备案变更系统中同时对持有人药品注册批准证明文件及其附件载明的生产场地或生产企业的变更信息进行更新。

十三、持有人如何落实好《办法》第 14 条关于变更药品生产企业的有关要求?

国家对药品管理实行药品上市许可持有人制度。药品上市许可持有人可以自行生产药品，也可以委托符合条件的药品生产企业生产。

《办法》紧扣《药品管理法》《疫苗管理法》《药品注册管理办法》《药品生产监督管理办法》的立法宗旨和有关规定，进行制度衔接，保障有关规定顺利实施。一是《办法》详细划分了当前变更药品生产企业的情形，方便持有人针对不同情形进行相应的生产场地和生产范围的变更管理。二是明确变更的申请流程，持有人（药品生产企业）应当落实主体责任，按照要求进行研究、评估和必要的验证，向所在地省级药品监管部门提出变更《药品生产许可证》的申请。省级药品监管部门批准《药品生产许可证》变更后，对持有人药品注册批准证明文件及其附件的有关信息进行更新。三是所在地省级药品监管部门应当在《药品生产许可证》的变更审批过程中，依职责做好现场检查和技术审评，督促持有人持续稳定生产出与变更前药品质量和疗效一致的产品。四是对于生物制品的变更进一步明确管理要求，必要时向药审中心提出补充申请。

十四、变更药品生产场地的同时，药品生产工艺、处方、质量标准等其他注册管理事项一并发生变更的，如何办理?

仅发生药品生产场地变更，不发生其他注册管理事项变更的，按照《办法》第 14 条规定办理。变更药品生产场地的同时，药品生产工艺、处方、质量标准等其他注册管理事项一并发生变更的，持有人应先行向省级药品监督管理部门提出《药品生产许可证》变更申请，获得批准的，由省级药品监管部门变更《药品生产许可证》信息，同时在备案系统更新药品批准证明文件上的药品生产场地变更信息，同时注明：该药品同时发生（药品生产工艺、处方、质量标准等）变更，获得批准或备案完成后方可生产上市。持有人向药审中心提出变更药品生产工艺、处方、质量标准等其他注册管理事项的补充申请，获得批准后，及时报告省级药品监管部门。需要开展检查、检验的，由相关部门应及时进行检查并抽取样品。

注册核查与药品生产质量管理规范符合性检查拟同步实施的，参照《药品注册管理办法》第 48 条和《药品生产监督管理办法》第 52 条有关规定执行。

十五、生物制品的药品生产场地变更如何办理？

生物制品的变更指导原则中对药品生产场地的变更进行了分类，属于重大变更的报药审中心批准，属于中等变更的报省级药品监管部门备案。生物制品发生药品生产场地变更的，应先行向省级药品监督管理部门提出《药品生产许可证》变更申请。根据变更指导原则，药品生产场地变更属于中等变更的，按照《办法》第 14 条规定办理；根据变更指导原则，药品生产场地变更属于重大变更的，《药品生产许可证》变更获得批准后，持有人向药审中心提出变更药品生产场地的补充申请，药品生产场地变更信息在补充申请批件中载明，与原批准证明文件配合使用。

十六、《办法》第 14 条关于变更药品生产场地的相关规定同时涉及药品生产许可证和药品批准证明文件变更，是否会导致新申报药品无法办理许可证？

《办法》第 14 条规定了已上市药品发生药品生产场地变更的程序和要求。按照《药品注册管理办法》要求，申请人申报药品注册时需提供《药品生产许可证》，省级药品监管部门按照《药品生产监督管理办法》要求向申请人核发《药品生产许可证》即可，二者并不矛盾。

十七、持有人与受托生产企业不在同一省时，应向哪个省级药品监管部门提出药品生产场地变更申请？

持有人对药品上市后变更负主体责任，应由持有人向持有人所在地省级药品监管部门提出变更《药品生产许可证》的申请，并由持有人所在地省级药品监管部门在变更系统中对持有人的药品批准证明文件中药品生产场地变更的相关信息进行更新。受托生产企业所在地省级药品监管部门按照相关规定配合做好相关工作。

十八、持有人委托他人生产的条件下，已上市药品变更药品生产场地的，受委托的药品生产企业如何办理药品生产场地变更？

受委托的药品生产企业按照《药品生产监督管理办法》等相关文件要求办理《药品生产许可证》变更，与《办法》第 14 条规定不矛盾。

十九、原料药的变更如何办理？

《办法》明确规定了原料药的变更原则。已经通过审评审批的原料药发生变更的，原料药登记人应按照现行药品注册管理有关规定、药品生产质量管理规范、技术指导原则确定变更管理类别后经批准、备案后实施或报告，相关信息由登记人及时在登记平台更新。变更实施前，原料药登记人应将有关情况及时通知相关制剂持有人，便于制剂持有人开展后续工作。

未通过审评审批，且尚未进入审评程序的原料药发生变更的，原料药登记人可以通过药审中心网站登记平台随时更新相关资料。

二十、持有人应如何确定、调整药品上市后变更的管理类别？

持有人是药品上市后变更管理类别确定的主体。首先，持有人应判断变更管理类别是否在法律、法规中有明确规定或技术指导原则中已有明确要求，如已有明确规定或明确要求，持有人一般应根据有关规定确定变更类别。

其次，变更情形在法律、法规或技术指导原则中未明确变更管理类别的，但持有人根据内部变更分类原则，结合产品特点、研究和评估结果，能够确定变更管理类别的，按照持有人确定的变更管理类别执行。

再次，持有人无法确定变更管理类别的，可在充分研究、评估和必要的验证基础上与省级药品监管部门进行沟通，意见一致的按规定实施；对是否属于审批类变更意见不一致的，持有人应当按照审批类变更，向药审中心提出补充申请；对属于备案类变更和报告类变更意见不一致的，持有人应当按照备案类变更，向省级药品监管部门备案。具体沟通程序由各省级药品监督管理部门自行制定。

最后，持有人可以根据管理和生产技术变化对变更管理类别进行调整。其中，降低技术指导原则中明确的变更管理类别，或降低已确认的变更管理类别，应与省级药品监管部门沟通并达成一致意见后实施，意见不一致的，不得降低变更管理类别。

二十一、持有人是否可以将备案类变更报送药审中心进行技术审评？

持有人是药品上市后变更管理类别确认的主体，持有人将技术指导原则中规定为备案类变更升级为审批类变更，报药审中心进行技术审评的，药审中心不得拒收，应按照审批类变更的审评审批、检查检验程序执行，按照技术指导原则进行技术审评，持有人按照药品补充申请收费标准进行缴费。药审中心不予批准的，应抄送持有人所在地省级药品监管部门，持有人不得再就同一变更事项向省级药品监管部门提出备案。

二十二、审批类变更获得批准后的过渡期如何执行？

对于审批类变更实施的过渡期问题一直是业界关注焦点，即审批类变更获得批准后，在药品生产中何时实施。《办法》公开征求到的意见普遍呼吁设置审批类变更执行的过渡期。为回应业界关切，《办法》明确除涉及药品安全性变更之外的审批类变更，允许企业在申报补充申请时承诺变更获批后实施时间，实施时间原则上不晚于获得批准后 6 个月。审批类变更获得批准后，持有人应严格遵守承诺，尽快按照变更后的条件组织生产。

二十三、省级药品监管部门在药品上市后变更管理工作中主要发挥什么样的作用？

做好药品上市后变更监管，保障人民群众用药安全是各级药品监管部门的共同责任，国家药监局与各省级药品监管部门应加强配合，形成监管合力。国家局将加强省级药品监管部门培训，细化统一标准，指导各省级药品监管部门做好药品上市后变更管理工作。省级药品监管部门应落实辖区内药品上市后变更监管责任，根据相关法律法规、规范性文件及技术指导原则细化药品上市后变更管理工作要求，药品生产和注册管理部门应加强配合，互为支撑，将药品上市后变更管理与日常监管、GMP 符合性检查等工作相结合，确保药品上市后监督管理工作平稳有序开展。

二十四、备案类变更的工作程序是什么？

对于药品注册备案事项管理，应由持有人向药审中心或省级药品监管部门备案。备案部门应自备案完成之日起 5 日内在备案系统中将有关备案信息提交国家药监局信息中心，信息中心将相关备案信息在国家药监局官方网站公示。

《办法》同时对省级药品监管部门提出了工作要求，省级药品监管部门应加强监管，根据备案变更事项的风险特点和安全信用情况，自备案完成之日起30日内完成对备案资料的审查，必要时可实施检查与检验。药审中心相关工作具体要求另行制定发布。

二十五、备案的法律意义是什么？

根据我国法律规定和国务院规定，备案不属于行政许可，不存在许可类备案，《办法》规定的备案均为告知性备案，由持有人对备案事项负主体责任。

二十六、备案时限是多少？

备案不是行政许可，持有人按照备案资料要求提交资料进行备案，提交备案资料后即完成备案。

二十七、药品同时发生审批类和备案类关联的变更时，应如何申报？

药品同时发生审批类和备案类关联的变更，或备案类变更是以审批类变更获得批准为前提时，持有人可以将审批类变更和备案类变更合并申报药审中心进行技术审评，备案类变更需按照药品补充申请收费标准缴费。药审中心应按照审批类变更的审评审批、检查检验程序执行，按照技术指导原则要求进行技术审评，技术审评时限按照《药品注册管理办法》第96条执行。持有人也可单独就审批类变更向药审中心提出补充申请，获得批准后，再就备案类变更向省级药品监管部门或药审中心提出备案。

二十八、备案类变更公示后，是否给持有人核发相关凭证？

备案完成后，备案变更的有关信息将在5日内在国家药监局官方网站公示。持有人可以自行查询公示内容，涉及药品批准证明文件及其附件载明的信息变更的，公示内容与药品批准证明文件配合使用。

二十九、综合《办法》全文，与药品注册事项变更内容相比药品生产监管变更事项似乎内容较少，是如何考虑的？

药品上市后变更包括药品注册事项变更和药品生产监管事项变更，《办法》规定的变更管理原则适用于药品全生命周期管理中的变更，具体内容主要明确了药品注册变更事项，涉及的药品生产监管事项变更仅规定了与注册变更事项密切相关的药品生产场地变更，对于其他如空调系统、水系统等变更按照《药品生产监督管理办法》《药品生产质量管理规范》等相关规定实施，《办法》中不再赘述。

三十、《办法》第 23 条规定具体是如何考虑的？

国家药监局一直以来对药品上市后变更严格监管，严厉打击药品上市后非法变更，在再注册工作中也明确了涉及工艺变更的工作要求。2010 年 8 月 13 日《关于药品再注册审查有关问题处理意见的函》（食药监注函〔2010〕168 号）规定“对再注册申报工艺与原批准工艺相比发生变更的，若工艺变更不影响药品质量，请生产企业报省级药品监管部门备案后，再予再注册；若工艺变更可能影响药品质量，请药品生产企业按照《药品注册管理办法》的相关规定报补充申请，待批准后再予再注册。”

截至 2021 年 1 月 5 日，国家药监局官方网站数据库中有效的国产药品共 156816 个，进口药品共 3826 个，大部分为获批 5 年以上并通过再注册的药品。按照前述药品再注册的要求，通过再注册的药品，其申报工艺合法性已经经省级监管部门审查。对新修订《药品管理法》和《药品注册管理办法》实施前，持有人或生产企业按照法定程序申报的工艺变更，不需按照新的变更管理规定及技术要求重新申报，不因新的变更管理规定及技术要求的变化视为非法。

4.1.4 药品上市许可持有人变更申报资料要求

（国家药监局2021年第8号公告附件4）

一、药品注册证书等复印件

包括申报药品历次获得的批准文件（药品注册证书、药品补充申请批件、药品再注册批件），相应文件应当能够清晰说明该品种完整的历史演变过程和目前状况。

二、证明性文件

（一）申请药品上市许可持有人名称、注册地址变更

1. 境内生产药品，应当提交变更前后药品上市许可持有人的《药品生产许可证》及其变更记录页、营业执照的复印件。

2. 境外生产药品，境外持有人指定中国境内的企业代理相关药品注册事项的，应当提供授权委托文书及公证、认证文书，并附中文译本；中国境内注册代理机构的营业执照复印件。

境外生产药品，应当提交有关国家或地区主管部门出具的允许药品上市许可持有人变更的证明文件，以及公证、认证文书，并附中文译本。

（二）药品上市许可持有人主体变更的

1. 境内生产药品，应当提交有关变更前后药品上市许可持有人的《药品生产许可证》及其变更记录页、营业执照的复印件，以及药品上市许可持有人变更协议原件（涉及商业秘密的应当隐去）。

2. 境外生产药品，境外持有人指定中国境内的企业代理相关药品注册事项的，应当提供授权委托文书及公证、认证文书，并附中文译本；中国境内注册代理机构的营业执照复印件。

境外生产药品，应当提交有关国家或地区主管部门出具的允许药品上市许可持有人变更的证明文件，以及公证、认证文书，并附中文译本。

三、申请人承诺

受让方对拟转让药品的生产场地、处方、生产工艺、质量标准等应当与原药品一致、不发生变更的承诺。

四、其他

国家药监局规定的其他文件。

4.2 已上市中药变更事项及申报资料要求

（国家药监局2021年第19号通告附件）

国家药监局关于发布《已上市中药变更事项及申报资料要求》的通告

（2021 年第 19 号）

为配合《药品注册管理办法》实施，国家药品监督管理局组织制定了《已上市中药变更事项及申报资料要求》，现予发布。本通告自发布之日起实施。

特此通告。

附件：已上市中药变更事项及申报资料要求

国家药监局

2021年2月23日

已上市中药变更事项及申报资料要求

根据《药品注册管理办法》和《药品上市后变更管理办法（试行）》规定，药品上市后的变更，按照其对药品安全性、有效性和质量可控性的风险和产生影响的程度，实行分类管理，分为审批类变更、备案类变更和报告类变更。其中，国家药品监督管理部门审批类变更事项需要按以下分类提出补充申请，备案类变更和报告类变更按以下分类进行备案或报告。

一、已上市中药变更事项

（一）国家药品监督管理部门审批的补充申请事项

1. 药品上市许可持有人的变更。

2. 变更适用人群范围。

3. 变更用法用量。

4. 替代或减去国家药品标准或药品注册标准处方中毒性药味或处于濒危状态的药味。

5. 变更药品说明书中安全性等内容。

6. 变更药品规格。

7. 下列变更事项中属于重大变更的情形：

7.1 变更生产工艺；

7.2 变更制剂处方中的辅料；

7.3 变更药品注册标准；

7.4 变更药品包装材料和容器；

7.5 变更药品有效期或贮藏条件。

8. 其他。

（二）国家或省级药品监督管理部门备案事项

9. 下列变更事项中属于中等变更的情形：

9.1 变更药品包装规格；

9.2 变更生产工艺；

9.3 变更制剂处方中的辅料；

9.4 变更药品注册标准；

9.5 变更药品包装材料和容器；

9.6 变更药品有效期或贮藏条件。

10. 国家药品监督管理部门规定统一按要求补充完善说明书的变更。

11. 根据药品说明书内容变更标签相应内容。

12. 药品分包装及其变更。

13. 变更药品上市许可持有人名称、生产企业名称、生产地址名称（药品上市许可持有人未发生变更）。

14. 其他。

其中境内生产药品报持有人所在地省级药品监督管理部门备案，境外生产药品报国家药品监督管理局药品审评中心备案。

（三）报告事项

15. 下列变更事项中属于微小变更的情形：

15.1 变更药品包装规格；

15.2 变更生产工艺；

15.3 变更制剂处方中的辅料；

15.4 变更药品包装材料和容器。

16. 其他。

二、申报资料项目及要求

药品上市许可持有人应根据所申请事项，按以下编号及顺序提交申报资料，不适用的项目应注明不适用并说明理由。报告事项按照国家药品监督管理部门公布的有关报告类的相关规定执行。

（一）药品注册证书及其附件的复印件

包括申报药品历次获得的批准文件，应能够清晰了解该品种完整的历史演变过程和目前状况。如药品注册证书、补充申请批准通知书（批件）、药品标准制修订件等。附件包括上述批件的附件，如药品的质量标准、生产工艺、说明书、标签及其他附件。

（二）证明性文件

1. 境内持有人及境内生产企业的《药品生产许可证》及其变更记录页、营业执照。

2. 境外持有人指定中国境内的企业法人办理相关药品注册事项的，应当提供委托文书、公证文书及其中文译文，以及注册代理机构的营业执照复印件。境外生产药品注册代理机构发生变更的，应提供境外持有人解除原委托代理注册关系的文书、公证文书及其中文译文。

3. 境外已上市药品应当提交境外上市国家或者地区药品管理机构出具的允许药品变更的证明文件及其公证认证文书、中文译文。具体格式要求参见中药相关受理审查指南。除涉及药品上市许可持有人、药品规格、生产企业及生产场地的变更外，境外上市国家或者地区药品管理机构不能出具有关证明文件的，可以依据当地法律法规的规定做出说明。

（三）检查相关信息

包括药品研制情况信息表、药品生产情况信息表、现场主文件清单、药品注册临床试验研究信息表、临床试验信息表、质量标准、生产工艺、标准复核意见及样品检验报告。

（四）立题目的和依据

需要详细说明药品变更的目的和依据。

（五）修订的药品说明书样稿，并附详细修订说明

包含国家药品监督管理部门批准上市以来历次变更说明书的情况说明，现行最新版说明书样稿。

（六）修订的药品标签样稿，并附详细修订说明

（七）药学研究资料

按照国家药品监督管理部门公布的已上市中药药学变更相关技术指导原

则开展研究，根据相关技术指导原则对各类变更事项的具体要求，分别提供部分或全部药学研究试验资料和必要的原注册申请相关资料。

（八）药理毒理研究资料

根据变更事项的类别，提供相应的药理毒理试验资料和/或文献资料。

（九）临床研究资料

根据临床相关变更事项的类别，提供以下临床研究资料和/或文献资料。

变更事项需临床试验数据提供支持依据的，应先申请临床试验，提供拟进行临床试验的计划和方案。

拟同时申请减免临床试验的，需要提供既往开展的循证等级较高、质量较好的临床研究资料（如有，需提供完整的临床研究总结报告），支持申请事项的相关国内外文献资料，其他支持性证据及相关证明性文件。

（十）产品安全性相关资料综述

产品安全性相关资料包括上市后安全性研究及相关文献资料，国家不良反应监测中心反馈的不良反应数据，企业自发收集到的不良反应数据，相关临床研究、临床应用、文献报道等，以及境内外各种渠道收集到的关于本品不良反应的详细情况等。

产品安全性相关资料综述，指根据变更内容对以上安全性相关资料进行总结，为变更提供支持性证据。

三、相关申请事项说明

对于同时申报多种变更情形的，一般应按最高技术要求的情形进行研究、申报，且需要同时满足所有申请事项所需条件。如，增加功能主治的同时变更适用人群范围或用法用量者，需要按改良型新药申请注册；增加适用人群范围的同时增加使用剂量或疗程者，一般应按新药的要求进行非临床安全性试验和临床试验。不同申报事项的申报资料需完整。

（一）变更适用人群范围

变更适用人群范围是指在原功能主治范围基本不变、给药途径和剂型保持一致的情况下，增加、限定或删除适用人群范围。

该项申请一般应该提供申报资料 1 ～ 10 中除药学研究资料外的全部申报资料，若同时涉及药学问题或变更的，应按照相关技术指导原则开展研究，提供相应的药学研究资料。

立题目的和依据：应重点说明拟变更前后不同适用人群范围同一功能主治的疾病特点、治疗现状和临床需求，以及中医药理论、现有药品安全性和有效性证据对变更后适用人群可能的安全性和有效性支持情况。对适用人群范围进行限定或删除的，应说明限定或删除该适用人群范围的合理性。

变更适用人群范围者，应开展临床试验。临床试验一般按新药要求；根据增加适用人群范围的情况和已有的药品有效性、安全性证据支持程度，至少应开展针对新适用人群范围且满足安全性评价要求的足够暴露量的确证性临床试验。申请临床试验时，应根据适用人群范围变化情况，提供支持该项变更的药理毒理研究资料，如支持新适用人群范围的毒理学试验资料和 / 或文献资料；提供拟进行的新适用人群范围的临床试验计划和方案及相关资料。

（二）变更用法用量

变更用法用量是指在功能主治和适用人群范围及给药途径不变的前提下，变更使用剂量、用药方案（变更用法、疗程）等。

该项申请一般应该提供申报资料 1 ～ 10 中除药学研究资料外的全部申报资料，若同时涉及药学问题或变更的，应按照相关技术指导原则开展研究，提供相应的药学研究资料。

立题目的和依据：应重点说明变更用法用量的理由和合理性。

如变更用法用量涉及使用剂量增加或疗程延长者，申请临床试验时，应提供支持变更的毒理学试验资料和 / 或文献资料，临床试验按新药要求；用药周期缩短或使用剂量降低者，至少应进行变更前后对照的确证性临床试验，以说明剂量变更的合理性。如变更用法用量缺乏临床使用经验数据支持，应进行剂量探索研究。

其他用法用量的变更（如变更溶媒、滴速、服药时间、服药间隔，明确给药方案等），应进行相关的临床试验和/或提供文献资料以说明变更的合理性。

（三）替代或减去国家药品标准或药品注册标准处方中毒性药味或处于濒危状态的药味

替代或减去国家药品标准或药品注册标准处方中毒性药味或处于濒危状态药味，仅指申请人自行要求进行替代或减去药味的情形。

该项申请一般应该提供申报资料 1 ～ 10 的全部资料。

立题目的和依据：原制剂功能主治的安全性、有效性证据资料；替代或减去处方中涉及毒性药味或处于濒危状态的药味的必要性、可行性；替代或减去处方中处于濒危状态的药味者，应提供中药资源评估报告以及相关的证明性文件等；替代或减去处方中毒性药味者，应提供原制剂不良反应等所有安全性信息和研究资料，并分析与毒性药味可能的关系；替代药味的功能主治、选择依据等。

应根据毒性药味或处于濒危状态的药味以及替代药味的情况，提供相应的药理毒理研究资料和临床试验资料。如替代毒性药味或处于濒危状态的药味，需要提供药效学和毒理学对比试验资料及文献资料；如减去毒性药味或处于濒危状态的药味，需要提供药效学对比试验资料；临床方面应进行对比研究。如果替代药味未被国家药品标准、药品注册标准以及省、自治区、直辖市药材标准收载，还应根据新药材要求进行相关研究。

（四）变更药品说明书中安全性等内容

变更药品说明书中安全性等内容，包括修订警示语、【不良反应】【禁忌】【注意事项】【药理毒理】，及特殊人群用药信息、【药物相互作用】等项目。

如修订警示语、【不良反应】【禁忌】【注意事项】【药理毒理】以及特殊人群用药信息、【药物相互作用】等涉及安全性的项目，应提供申报资料4～10中与变更事项相关的资料，至少应包括立题目的与依据（申报资料4），申请变更的说明书和标签样稿，原批准说明书和标签实样、修订说明、修订前后对比表（申报资料5～6），以及产品安全性相关资料综述（申报资料10）。上市许可持有人需重点评估变更对药品安全性、有效性、临床使用等各方面的潜在影响，并对所有药品不良反应进行评价、分析，将针对性的措施反映在说明书相关项目中。

如修订【药理毒理】项，应根据说明书撰写的相关要求进行修订，并提供相应的支持性资料。

4.3 关于药品变更生产企业名称和变更生产场地审批事宜的通知

（食药监注函〔2003〕74号）

各省、自治区、直辖市药品监督管理局：

国家约品监督管理局于2002年12月4日下发的《关于实施<药品注册管理办法>（试行）有关事项的通知》（国药监注〔2002〕437号）规定：2002年12月1日以后变更药品生产企业名称、药品生产企业内部变更药品生产场地的补充申请，在国家药品监督管理局统一换发药品批准文号工作全部结束以前，暂由国家药品监督管理局审批。鉴于目前药品批准文号换发工作基本结束，经研究，现将上述补充申请的有关事宜通知如下：

一、自2003年9月1日起，凡已换发批准文号的药品变更生产企业名称、药品生产企业内部变更药品生产场地，由所在地省级药品监督管理局按照《药品注册管理办法》补充申请的规定审批。符合规定的，由省级药品监督管理局核发《药品补充申请批件》，并于5日内将申请表、批件（含附件）及其电子版报药品注册司备案。药品注册司收到备案文件20日内没有提出异议的，省级药品监督管理局可以通知申请人执行该补充申请。

2003年9月1日前国家药品监督管理局已受理的相关申请，由药品注册司继续审批。

二、尚未换发批准文号的药品，其变更生产企业名称和生产企业内部变更药品生产场地的补充申请暂不办理。

三、厂外车间经批准独立为药品生产企业后，相关药品变更事项的审批，按照药品注册司《关于部分车间独立为药品生产企业后品种归属问题的复函》（食药监注函〔2003〕56号）执行。

四、上述“药品变更生产企业名称”系指申请人所持有的《药品生产许可证》所载明的企业名称发生变更，而生产地址保持不变；“企业内部变更生产场地”系指药品在该企业与其厂外车间或其分厂之间的品种调整。其中涉及生产场地变更的补充申请，申请人应当按照相关规定和技术要求完成试制工作，省级药品监督管理局应当对试制情况和生产条件进行现场考核并抽取连续三个批号的检验用样品，向确定的药品检验所发出检验通知，药品检验所应当按照有关规定进行样品检验并出具检验报告书。

五、集团内生产企业进行药品品种调整的申请，仍按照国家药品监督管理局《关于集团内生产企业进行药品品种调整有关事宜的通知》（国药监注〔2002〕14 号）执行。鉴于集团内生产企业药品品种调整的申请涉及的品种可能较多，样品的检验时间较长，省级药品监督管理局在收到申请人提出集团内药品品种调整的申请后，可以在进行现场考核和样品检验的同时，先行提出审核意见，连同其他相关资料报国家食品药品监督管理局。符合规定的，国家食品药品监督管理局以《药品补充申请批件》的形式批复同意调整，并将该批件发至省级药品监督管理局。省级药品监督管理局根据现场考核和三批样品检验报告书的意见，决定申请人生产的药品能否出厂销售。申请人应当确保药品的质量，并对调整后生产的药品进行稳定性考察，以进一步确定药品的有效期。

特此通知。

国家食品药品监督管理局药品注册司

2003 年 8 月 25 日

05
其　他

5.1 中华人民共和国中医药法

（2016年12月25日第十二届全国人大常委会第二十五次会议通过）

第一章　总　则

第一条　为了继承和弘扬中医药，保障和促进中医药事业发展，保护人民健康，制定本法。

第二条　本法所称中医药，是包括汉族和少数民族医药在内的我国各民族医药的统称，是反映中华民族对生命、健康和疾病的认识，具有悠久历史传统和独特理论及技术方法的医药学体系。

第三条　中医药事业是我国医药卫生事业的重要组成部分。国家大力发展中医药事业，实行中西医并重的方针，建立符合中医药特点的管理制度，充分发挥中医药在我国医药卫生事业中的作用。

发展中医药事业应当遵循中医药发展规律，坚持继承和创新相结合，保持和发挥中医药特色和优势，运用现代科学技术，促进中医药理论和实践的发展。

国家鼓励中医西医相互学习，相互补充，协调发展，发挥各自优势，促进中西医结合。

第四条　县级以上人民政府应当将中医药事业纳入国民经济和社会发展规划，建立健全中医药管理体系，统筹推进中医药事业发展。

第五条　国务院中医药主管部门负责全国的中医药管理工作。国务院其他有关部门在各自职责范围内负责与中医药管理有关的工作。

县级以上地方人民政府中医药主管部门负责本行政区域的中医药管理工作。县级以上地方人民政府其他有关部门在各自职责范围内负责与中医药管理有关的工作。

第六条　国家加强中医药服务体系建设，合理规划和配置中医药服务资源，为公民获得中医药服务提供保障。

国家支持社会力量投资中医药事业，支持组织和个人捐赠、资助中医药事业。

第七条 国家发展中医药教育，建立适应中医药事业发展需要、规模适宜、结构合理、形式多样的中医药教育体系，培养中医药人才。

第八条 国家支持中医药科学研究和技术开发，鼓励中医药科学技术创新，推广应用中医药科学技术成果，保护中医药知识产权，提高中医药科学技术水平。

第九条 国家支持中医药对外交流与合作，促进中医药的国际传播和应用。

第十条 对在中医药事业中做出突出贡献的组织和个人，按照国家有关规定给予表彰、奖励。

第二章　中医药服务

第十一条 县级以上人民政府应当将中医医疗机构建设纳入医疗机构设置规划，举办规模适宜的中医医疗机构，扶持有中医药特色和优势的医疗机构发展。

合并、撤销政府举办的中医医疗机构或者改变其中医医疗性质，应当征求上一级人民政府中医药主管部门的意见。

第十二条 政府举办的综合医院、妇幼保健机构和有条件的专科医院、社区卫生服务中心、乡镇卫生院，应当设置中医药科室。

县级以上人民政府应当采取措施，增强社区卫生服务站和村卫生室提供中医药服务的能力。

第十三条 国家支持社会力量举办中医医疗机构。

社会力量举办的中医医疗机构在准入、执业、基本医疗保险、科研教学、医务人员职称评定等方面享有与政府举办的中医医疗机构同等的权利。

第十四条 举办中医医疗机构应当按照国家有关医疗机构管理的规定办理审批手续，并遵守医疗机构管理的有关规定。

举办中医诊所的，将诊所的名称、地址、诊疗范围、人员配备情况等报所在地县级人民政府中医药主管部门备案后即可开展执业活动。中医诊所应当将本诊所的诊疗范围、中医医师的姓名及其执业范围在诊所的明显位置公示，不得超出备案范围开展医疗活动。具体办法由国务院中医药主管部门拟订，报国务院卫生行政部门审核、发布。

第十五条 从事中医医疗活动的人员应当依照《中华人民共和国执业医师法》的规定，通过中医医师资格考试取得中医医师资格，并进行执业注册。中医医师资格考试的内容应当体现中医药特点。

以师承方式学习中医或者经多年实践，医术确有专长的人员，由至少两名中医医师推荐，经省、自治区、直辖市人民政府中医药主管部门组织实践技能和效果考核合格后，即可取得中医医师资格；按照考核内容进行执业注册后，即可在注册的执业范围内，以个人开业的方式或者在医疗机构内从事中医医疗活动。国务院中医药主管部门应当根据中医药技术方法的安全风险拟订本款规定人员的分类考核办法，报国务院卫生行政部门审核、发布。

第十六条 中医医疗机构配备医务人员应当以中医药专业技术人员为主，主要提供中医药服务；经考试取得医师资格的中医医师按照国家有关规定，经培训、考核合格后，可以在执业活动中采用与其专业相关的现代科学技术方法。在医疗活动中采用现代科学技术方法的，应当有利于保持和发挥中医药特色和优势。

社区卫生服务中心、乡镇卫生院、社区卫生服务站以及有条件的村卫生室应当合理配备中医药专业技术人员，并运用和推广适宜的中医药技术方法。

第十七条 开展中医药服务，应当以中医药理论为指导，运用中医药技术方法，并符合国务院中医药主管部门制定的中医药服务基本要求。

第十八条 县级以上人民政府应当发展中医药预防、保健服务，并按照国家有关规定将其纳入基本公共卫生服务项目统筹实施。

县级以上人民政府应当发挥中医药在突发公共卫生事件应急工作中的作用，加强中医药应急物资、设备、设施、技术与人才资源储备。

医疗卫生机构应当在疾病预防与控制中积极运用中医药理论和技术方法。

第十九条 医疗机构发布中医医疗广告，应当经所在地省、自治区、直辖市人民政府中医药主管部门审查批准；未经审查批准，不得发布。发布的中医医疗广告内容应当与经审查批准的内容相符合，并符合《中华人民共和国广告法》的有关规定。

第二十条 县级以上人民政府中医药主管部门应当加强对中医药服务的监督检查，并将下列事项作为监督检查的重点：

（一）中医医疗机构、中医医师是否超出规定的范围开展医疗活动；

（二）开展中医药服务是否符合国务院中医药主管部门制定的中医药服务基本要求；

（三）中医医疗广告发布行为是否符合本法的规定。

中医药主管部门依法开展监督检查，有关单位和个人应当予以配合，不得拒绝或者阻挠。

第三章 中药保护与发展

第二十一条 国家制定中药材种植养殖、采集、贮存和初加工的技术规范、标准，加强对中药材生产流通全过程的质量监督管理，保障中药材质量安全。

第二十二条 国家鼓励发展中药材规范化种植养殖，严格管理农药、肥料等农业投入品的使用，禁止在中药材种植过程中使用剧毒、高毒农药，支持中药材良种繁育，提高中药材质量。

第二十三条 国家建立道地中药材评价体系，支持道地中药材品种选育，扶持道地中药材生产基地建设，加强道地中药材生产基地生态环境保护，鼓励采取地理标志产品保护等措施保护道地中药材。

前款所称道地中药材，是指经过中医临床长期应用优选出来的，产在特定地域，与其他地区所产同种中药材相比，品质和疗效更好，且质量稳定，具有较高知名度的中药材。

第二十四条 国务院药品监督管理部门应当组织并加强对中药材质量的

监测，定期向社会公布监测结果。国务院有关部门应当协助做好中药材质量监测有关工作。

采集、贮存中药材以及对中药材进行初加工，应当符合国家有关技术规范、标准和管理规定。

国家鼓励发展中药材现代流通体系，提高中药材包装、仓储等技术水平，建立中药材流通追溯体系。药品生产企业购进中药材应当建立进货查验记录制度。中药材经营者应当建立进货查验和购销记录制度，并标明中药材产地。

第二十五条 国家保护药用野生动植物资源，对药用野生动植物资源实行动态监测和定期普查，建立药用野生动植物资源种质基因库，鼓励发展人工种植养殖，支持依法开展珍贵、濒危药用野生动植物的保护、繁育及其相关研究。

第二十六条 在村医疗机构执业的中医医师、具备中药材知识和识别能力的乡村医生，按照国家有关规定可以自种、自采地产中药材并在其执业活动中使用。

第二十七条 国家保护中药饮片传统炮制技术和工艺，支持应用传统工艺炮制中药饮片，鼓励运用现代科学技术开展中药饮片炮制技术研究。

第二十八条 对市场上没有供应的中药饮片，医疗机构可以根据本医疗机构医师处方的需要，在本医疗机构内炮制、使用。医疗机构应当遵守中药饮片炮制的有关规定，对其炮制的中药饮片的质量负责，保证药品安全。医疗机构炮制中药饮片，应当向所在地设区的市级人民政府药品监督管理部门备案。

根据临床用药需要，医疗机构可以凭本医疗机构医师的处方对中药饮片进行再加工。

第二十九条 国家鼓励和支持中药新药的研制和生产。

国家保护传统中药加工技术和工艺，支持传统剂型中成药的生产，鼓励运用现代科学技术研究开发传统中成药。

第三十条 生产符合国家规定条件的来源于古代经典名方的中药复方制剂，在申请药品批准文号时，可以仅提供非临床安全性研究资料。具体管理办法由国务院药品监督管理部门会同中医药主管部门制定。

前款所称古代经典名方，是指至今仍广泛应用、疗效确切、具有明显特色与优势的古代中医典籍所记载的方剂。具体目录由国务院中医药主管部门会同药品监督管理部门制定。

第三十一条 国家鼓励医疗机构根据本医疗机构临床用药需要配制和使用中药制剂，支持应用传统工艺配制中药制剂，支持以中药制剂为基础研制中药新药。

医疗机构配制中药制剂，应当依照《中华人民共和国药品管理法》的规定取得医疗机构制剂许可证，或者委托取得药品生产许可证的药品生产企业、取得医疗机构制剂许可证的其他医疗机构配制中药制剂。委托配制中药制剂，应当向委托方所在地省、自治区、直辖市人民政府药品监督管理部门备案。

医疗机构对其配制的中药制剂的质量负责；委托配制中药制剂的，委托方和受托方对所配制的中药制剂的质量分别承担相应责任。

第三十二条 医疗机构配制的中药制剂品种，应当依法取得制剂批准文号。但是，仅应用传统工艺配制的中药制剂品种，向医疗机构所在地省、自治区、直辖市人民政府药品监督管理部门备案后即可配制，不需要取得制剂批准文号。

医疗机构应当加强对备案的中药制剂品种的不良反应监测，并按照国家有关规定进行报告。药品监督管理部门应当加强对备案的中药制剂品种配制、使用的监督检查。

第四章 中医药人才培养

第三十三条 中医药教育应当遵循中医药人才成长规律，以中医药内容为主，体现中医药文化特色，注重中医药经典理论和中医药临床实践、现代教育方式和传统教育方式相结合。

第三十四条 国家完善中医药学校教育体系，支持专门实施中医药教育的高等学校、中等职业学校和其他教育机构的发展。

中医药学校教育的培养目标、修业年限、教学形式、教学内容、教学评价及学术水平评价标准等，应当体现中医药学科特色，符合中医药学科发展规律。

第三十五条 国家发展中医药师承教育，支持有丰富临床经验和技术专长的中医医师、中药专业技术人员在执业、业务活动中带徒授业，传授中医药理论和技术方法，培养中医药专业技术人员。

第三十六条 国家加强对中医医师和城乡基层中医药专业技术人员的培养和培训。

国家发展中西医结合教育，培养高层次的中西医结合人才。

第三十七条 县级以上地方人民政府中医药主管部门应当组织开展中医药继续教育，加强对医务人员，特别是城乡基层医务人员中医药基本知识和技能的培训。

中医药专业技术人员应当按照规定参加继续教育，所在机构应当为其接受继续教育创造条件。

第五章　中医药科学研究

第三十八条 国家鼓励科研机构、高等学校、医疗机构和药品生产企业等，运用现代科学技术和传统中医药研究方法，开展中医药科学研究，加强中西医结合研究，促进中医药理论和技术方法的继承和创新。

第三十九条 国家采取措施支持对中医药古籍文献、著名中医药专家的学术思想和诊疗经验以及民间中医药技术方法的整理、研究和利用。

国家鼓励组织和个人捐献有科学研究和临床应用价值的中医药文献、秘方、验方、诊疗方法和技术。

第四十条 国家建立和完善符合中医药特点的科学技术创新体系、评价体系和管理体制，推动中医药科学技术进步与创新。

第四十一条 国家采取措施，加强对中医药基础理论和辨证论治方法，常见病、多发病、慢性病和重大疑难疾病、重大传染病的中医药防治，以及其他对中医药理论和实践发展有重大促进作用的项目的科学研究。

第六章　中医药传承与文化传播

第四十二条　对具有重要学术价值的中医药理论和技术方法，省级以上人民政府中医药主管部门应当组织遴选本行政区域内的中医药学术传承项目和传承人，并为传承活动提供必要的条件。传承人应当开展传承活动，培养后继人才，收集整理并妥善保存相关的学术资料。属于非物质文化遗产代表性项目的，依照《中华人民共和国非物质文化遗产法》的有关规定开展传承活动。

第四十三条　国家建立中医药传统知识保护数据库、保护名录和保护制度。

中医药传统知识持有人对其持有的中医药传统知识享有传承使用的权利，对他人获取、利用其持有的中医药传统知识享有知情同意和利益分享等权利。

国家对经依法认定属于国家秘密的传统中药处方组成和生产工艺实行特殊保护。

第四十四条　国家发展中医养生保健服务，支持社会力量举办规范的中医养生保健机构。中医养生保健服务规范、标准由国务院中医药主管部门制定。

第四十五条　县级以上人民政府应当加强中医药文化宣传，普及中医药知识，鼓励组织和个人创作中医药文化和科普作品。

第四十六条　开展中医药文化宣传和知识普及活动，应当遵守国家有关规定。任何组织或者个人不得对中医药作虚假、夸大宣传，不得冒用中医药名义牟取不正当利益。

广播、电视、报刊、互联网等媒体开展中医药知识宣传，应当聘请中医药专业技术人员进行。

第七章　保障措施

第四十七条　县级以上人民政府应当为中医药事业发展提供政策支持和

条件保障，将中医药事业发展经费纳入本级财政预算。

县级以上人民政府及其有关部门制定基本医疗保险支付政策、药物政策等医药卫生政策，应当有中医药主管部门参加，注重发挥中医药的优势，支持提供和利用中医药服务。

第四十八条 县级以上人民政府及其有关部门应当按照法定价格管理权限，合理确定中医医疗服务的收费项目和标准，体现中医医疗服务成本和专业技术价值。

第四十九条 县级以上地方人民政府有关部门应当按照国家规定，将符合条件的中医医疗机构纳入基本医疗保险定点医疗机构范围，将符合条件的中医诊疗项目、中药饮片、中成药和医疗机构中药制剂纳入基本医疗保险基金支付范围。

第五十条 国家加强中医药标准体系建设，根据中医药特点对需要统一的技术要求制定标准并及时修订。

中医药国家标准、行业标准由国务院有关部门依据职责制定或者修订，并在其网站上公布，供公众免费查阅。

国家推动建立中医药国际标准体系。

第五十一条 开展法律、行政法规规定的与中医药有关的评审、评估、鉴定活动，应当成立中医药评审、评估、鉴定的专门组织，或者有中医药专家参加。

第五十二条 国家采取措施，加大对少数民族医药传承创新、应用发展和人才培养的扶持力度，加强少数民族医疗机构和医师队伍建设，促进和规范少数民族医药事业发展。

第八章 法律责任

第五十三条 县级以上人民政府中医药主管部门及其他有关部门未履行本法规定的职责的，由本级人民政府或者上级人民政府有关部门责令改正；情节严重的，对直接负责的主管人员和其他直接责任人员，依法给予处分。

第五十四条 违反本法规定，中医诊所超出备案范围开展医疗活动的，由所在地县级人民政府中医药主管部门责令改正，没收违法所得，并处一万元以上三万元以下罚款；情节严重的，责令停止执业活动。

中医诊所被责令停止执业活动的，其直接负责的主管人员自处罚决定作出之日起五年内不得在医疗机构内从事管理工作。医疗机构聘用上述不得从事管理工作的人员从事管理工作的，由原发证部门吊销执业许可证或者由原备案部门责令停止执业活动。

第五十五条 违反本法规定，经考核取得医师资格的中医医师超出注册的执业范围从事医疗活动的，由县级以上人民政府中医药主管部门责令暂停六个月以上一年以下执业活动，并处一万元以上三万元以下罚款；情节严重的，吊销执业证书。

第五十六条 违反本法规定，举办中医诊所、炮制中药饮片、委托配制中药制剂应当备案而未备案，或者备案时提供虚假材料的，由中医药主管部门和药品监督管理部门按照各自职责分工责令改正，没收违法所得，并处三万元以下罚款，向社会公告相关信息；拒不改正的，责令停止执业活动或者责令停止炮制中药饮片、委托配制中药制剂活动，其直接责任人员五年内不得从事中医药相关活动。

医疗机构应用传统工艺配制中药制剂未依照本法规定备案，或者未按照备案材料载明的要求配制中药制剂的，按生产假药给予处罚。

第五十七条 违反本法规定，发布的中医医疗广告内容与经审查批准的内容不相符的，由原审查部门撤销该广告的审查批准文件，一年内不受理该医疗机构的广告审查申请。

违反本法规定，发布中医医疗广告有前款规定以外违法行为的，依照《中华人民共和国广告法》的规定给予处罚。

第五十八条 违反本法规定，在中药材种植过程中使用剧毒、高毒农药的，依照有关法律、法规规定给予处罚；情节严重的，可以由公安机关对其直接负责的主管人员和其他直接责任人员处五日以上十五日以下拘留。

第五十九条 违反本法规定，造成人身、财产损害的，依法承担民事责任；构成犯罪的，依法追究刑事责任。

第九章　附　则

第六十条　中医药的管理，本法未作规定的，适用《中华人民共和国执业医师法》《中华人民共和国药品管理法》等相关法律、行政法规的规定。

军队的中医药管理，由军队卫生主管部门依照本法和军队有关规定组织实施。

第六十一条　民族自治地方可以根据《中华人民共和国民族区域自治法》和本法的有关规定，结合实际，制定促进和规范本地方少数民族医药事业发展的办法。

第六十二条　盲人按照国家有关规定取得盲人医疗按摩人员资格的，可以以个人开业的方式或者在医疗机构内提供医疗按摩服务。

第六十三条　本法自 2017 年 7 月 1 日起施行。

5.2 中共中央 国务院关于促进中医药传承创新发展的意见

（2019年10月20日）

中医药学是中华民族的伟大创造，是中国古代科学的瑰宝，也是打开中华文明宝库的钥匙，为中华民族繁衍生息作出了巨大贡献，对世界文明进步产生了积极影响。党和政府高度重视中医药工作，特别是党的十八大以来，以习近平同志为核心的党中央把中医药工作摆在更加突出的位置，中医药改革发展取得显著成绩。同时也要看到，中西医并重方针仍需全面落实，遵循中医药规律的治理体系亟待健全，中医药发展基础和人才建设还比较薄弱，中药材质量良莠不齐，中医药传承不足、创新不够、作用发挥不充分，迫切需要深入实施中医药法，采取有效措施解决以上问题，切实把中医药这一祖先留给我们的宝贵财富继承好、发展好、利用好。

传承创新发展中医药是新时代中国特色社会主义事业的重要内容，是中华民族伟大复兴的大事，对于坚持中西医并重、打造中医药和西医药相互补充协调发展的中国特色卫生健康发展模式，发挥中医药原创优势、推动我国生命科学实现创新突破，弘扬中华优秀传统文化、增强民族自信和文化自信，促进文明互鉴和民心相通、推动构建人类命运共同体具有重要意义。为深入贯彻习近平新时代中国特色社会主义思想和党的十九大精神，认真落实习近平总书记关于中医药工作的重要论述，促进中医药传承创新发展，现提出如下意见。

一、健全中医药服务体系

（一）加强中医药服务机构建设。发挥中医药整体医学和健康医学优势，建成以国家中医医学中心、区域中医医疗中心为龙头，各级各类中医医疗机构和其他医疗机构中医科室为骨干，基层医疗卫生机构为基础，融预防保健、疾病治疗和康复于一体的中医药服务体系，提供覆盖全民和全生命周期的中医药服务。遵循中医药发展规律，规范中医医院科室设置，修订中医医院设置和建设标准，健全评价和绩效考核制度，强化以中医药服务为主的办院模式和服务功能，建立健全体现中医药特点的现代医院管理制度。大力发展中医诊所、门诊部和特色专科医院，鼓励连锁经营。提供中医养生保健服务的企业登记经营范围使用“中医养生保健服务（非医疗）”规范表述。到2022年，基本实现县办中医医疗机构全覆盖，力争实现全部社区卫生服务中心和乡镇卫生院设置中医馆、配备中医医师。

（二）筑牢基层中医药服务阵地。扩大农村订单定向免费培养中医专业医学生规模，在全科医生特设岗位计划中积极招收中医医师，鼓励实行中医药人员“县管乡用”，鼓励退休中医医师到基层提供服务，放宽长期服务基层的中医医师职称晋升条件。健全全科医生和乡村医生中医药知识与技能培训机制。支持中医医院牵头组建医疗联合体。各级中医医院要加强对基层中医药服务的指导。

（三）以信息化支撑服务体系建设。实施“互联网+中医药健康服务”行动，建立以中医电子病历、电子处方等为重点的基础数据库，鼓励依托医疗机构发展互联网中医医院，开发中医智能辅助诊疗系统，推动开展线上线下一体化服务和远程医疗服务。依托现有资源建设国家和省级中医药数据中心。加快建立国家中医药综合统计制度。健全中医药综合监管信息系统，综合运用抽查抽检、定点监测、违法失信惩戒等手段，实现精准高效监管。

二、发挥中医药在维护和促进人民健康中的独特作用

（四）彰显中医药在疾病治疗中的优势。加强中医优势专科建设，做优做强骨伤、肛肠、儿科、皮科、妇科、针灸、推拿以及心脑血管病、肾病、周围血管病等专科专病，及时总结形成诊疗方案，巩固扩大优势，带动特色发展。加快中医药循证医学中心建设，用3年左右时间，筛选50个中医治疗优

势病种和100项适宜技术、100个疗效独特的中药品种，及时向社会发布。聚焦癌症、心脑血管病、糖尿病、感染性疾病、老年痴呆和抗生素耐药问题等，开展中西医协同攻关，到2022年形成并推广50个左右中西医结合诊疗方案。建立综合医院、专科医院中西医会诊制度，将中医纳入多学科会诊体系。建立有效机制，更好发挥中医药在流感等新发突发传染病防治和公共卫生事件应急处置中的作用。

（五）强化中医药在疾病预防中的作用。结合实施健康中国行动，促进中医治未病健康工程升级。在国家基本公共卫生服务项目中丰富中医治未病内容，鼓励家庭医生提供中医治未病签约服务，到2022年在重点人群和慢性病患者中推广20个中医治未病干预方案。大力普及中医养生保健知识和太极拳、健身气功（如八段锦）等养生保健方法，推广体现中医治未病理念的健康工作和生活方式。

（六）提升中医药特色康复能力。促进中医药、中华传统体育与现代康复技术融合，发展中国特色康复医学。实施中医药康复服务能力提升工程。依托现有资源布局一批中医康复中心，加强中医医院康复科建设，在其他医院推广中医康复技术。针对心脑血管病、糖尿病等慢性病和伤残等，制定推广一批中医康复方案，推动研发一批中医康复器具。大力开展培训，推动中医康复技术进社区、进家庭、进机构。

三、大力推动中药质量提升和产业高质量发展

（七）加强中药材质量控制。强化中药材道地产区环境保护，修订中药材生产质量管理规范，推行中药材生态种植、野生抚育和仿生栽培。加强珍稀濒危野生药用动植物保护，支持珍稀濒危中药材替代品的研究和开发利用。严格农药、化肥、植物生长调节剂等使用管理，分区域、分品种完善中药材农药残留、重金属限量标准。制定中药材种子种苗管理办法。规划道地药材基地建设，引导资源要素向道地产区汇集，推进规模化、规范化种植。探索制定实施中药材生产质量管理规范的激励政策。倡导中医药企业自建或以订

单形式联建稳定的中药材生产基地，评定一批国家、省级道地药材良种繁育和生态种植基地。健全中药材第三方质量检测体系。加强中药材交易市场监管。深入实施中药材产业扶贫行动。到2022年，基本建立道地药材生产技术标准体系、等级评价制度。

（八）促进中药饮片和中成药质量提升。加快修订《中华人民共和国药典》中药标准（一部），由国务院药品监督管理部门会同中医药主管部门组织专家承担有关工作，建立最严谨标准。健全中药饮片标准体系，制定实施全国中药饮片炮制规范。改善市场竞争环境，促进中药饮片优质优价。加强中成药质量控制，促进现代信息技术在中药生产中的应用，提高智能制造水平。探索建立以临床价值为导向的评估路径，综合运用循证医学等方法，加大中成药上市后评价工作力度，建立与公立医院药品采购、基本药物遴选、医保目录调整等联动机制，促进产业升级和结构调整。

（九）改革完善中药注册管理。建立健全符合中医药特点的中药安全、疗效评价方法和技术标准。及时完善中药注册分类，制定中药审评审批管理规定，实施基于临床价值的优先审评审批制度。加快构建中医药理论、人用经验和临床试验相结合的中药注册审评证据体系，优化基于古代经典名方、名老中医方、医疗机构制剂等具有人用经验的中药新药审评技术要求，加快中药新药审批。鼓励运用新技术新工艺以及体现临床应用优势的新剂型改进已上市中药品种，优化已上市中药变更技术要求。优化和规范医疗机构中药制剂备案管理。国务院中医药主管部门、药品监督管理部门要牵头组织制定古代经典名方目录中收载方剂的关键信息考证意见。

（十）加强中药质量安全监管。以中药饮片监管为抓手，向上下游延伸，落实中药生产企业主体责任，建立多部门协同监管机制，探索建立中药材、中药饮片、中成药生产流通使用全过程追溯体系，用5年左右时间，逐步实现中药重点品种来源可查、去向可追、责任可究。强化中成药质量监管及合理使用，加强上市产品市场抽检，严厉打击中成药非法添加化学品违法行为。加强中药注射剂不良反应监测。推进中药企业诚信体系建设，将其纳入全国信用信息共享平台和国家企业信用信息公示系统，加大失信联合惩戒力度。完善中药质量安全监管法律制度，加大对制假制劣行为的责任追究力度。

四、加强中医药人才队伍建设

（十一）改革人才培养模式。强化中医思维培养，改革中医药院校教育，调整优化学科专业结构，强化中医药专业主体地位，提高中医类专业经典课程比重，开展中医药经典能力等级考试，建立早跟师、早临床学习制度。加大省部局共建中医药院校投入力度。将中医课程列入临床医学类专业必修课，提高临床类别医师中医药知识和技能水平。完善中医医师规范化培训模式。改革完善中西医结合教育，培养高层次中西医结合人才。鼓励西医学习中医，允许临床类别医师通过考核后提供中医服务，参加中西医结合职称评聘。允许中西医结合专业人员参加临床类别全科医生规范化培训。

（十二）优化人才成长途径。通过学科专科建设、重大科研平台建设和重大项目实施等，培养造就一批高水平中医临床人才和多学科交叉的中医药创新型领军人才，支持组建一批高层次创新团队。支持中医药院校与其他高等学校联合培养高层次复合型中医药人才。建立高年资中医医师带徒制度，与职称评审、评优评先等挂钩。制定中医师承教育管理办法。经国务院中医药主管部门认可的师承教育继承人，符合条件者可按同等学力申请中医专业学位。大力培养中药材种植、中药炮制、中医药健康服务等技术技能人才。完善确有专长人员考核办法，加大中医（专长）医师培训力度，支持中医医院设置中医（专长）医师岗位，促进民间特色技术疗法的传承发展。

（十三）健全人才评价激励机制。落实允许医疗卫生机构突破现行事业单位工资调控水平、允许医疗服务收入扣除成本并按规定提取各项基金后主要用于人员奖励的要求，完善公立中医医疗机构薪酬制度。改革完善中医药职称评聘制度，注重业务能力和工作实绩，克服唯学历、唯资历、唯论文等倾向。国家重大人才工程、院士评选等加大对中医药人才的支持力度，研究在中国工程院医药卫生学部单设中医药组。研究建立中医药人才表彰奖励制度，加强国家中医药传承创新表彰，建立中医药行业表彰长效机制，注重发现和推介中青年骨干人才和传承人。各种表彰奖励评选向基层一线和艰苦地区倾斜。

五、促进中医药传承与开放创新发展

（十四）挖掘和传承中医药宝库中的精华精髓。加强典籍研究利用，编撰中华医藏，制定中医药典籍、技术和方药名录，建立国家中医药古籍和传统知识数字图书馆，研究制定中医药传统知识保护条例。加快推进活态传承，完善学术传承制度，加强名老中医学术经验、老药工传统技艺传承，实现数字化、影像化记录。收集筛选民间中医药验方、秘方和技法，建立合作开发和利益分享机制。推进中医药博物馆事业发展，实施中医药文化传播行动，把中医药文化贯穿国民教育始终，中小学进一步丰富中医药文化教育，使中医药成为群众促进健康的文化自觉。

（十五）加快推进中医药科研和创新。围绕国家战略需求及中医药重大科学问题，建立多学科融合的科研平台。在中医药重点领域建设国家重点实验室，建立一批国家临床医学研究中心、国家工程研究中心和技术创新中心。在中央财政科技计划（专项、基金等）框架下，研究设立国家中医药科技研发专项、关键技术装备重大专项和国际大科学计划，深化基础理论、诊疗规律、作用机理研究和诠释，开展防治重大、难治、罕见疾病和新发突发传染病等临床研究，加快中药新药创制研究，研发一批先进的中医器械和中药制药设备。支持鼓励儿童用中成药创新研发。研究实施科技创新工程。支持企业、医疗机构、高等学校、科研机构等协同创新，以产业链、服务链布局创新链，完善中医药产学研一体化创新模式。加强中医药产业知识产权保护和运用。健全赋予中医药科研机构和人员更大自主权的管理制度，建立知识产权和科技成果转化权益保障机制。改革完善中医药科研组织、验收和评价体系，避免简单套用相关科研评价方法。突出中医药特点和发展需求，建立科技主管部门与中医药主管部门协同联动的中医药科研规划和管理机制。

（十六）推动中医药开放发展。将中医药纳入构建人类命运共同体和“一带一路”国际合作重要内容，实施中医药国际合作专项。推动中医中药国际标准制定，积极参与国际传统医学相关规则制定。推动中医药文化海外传播。大力发展中医药服务贸易。鼓励社会力量建设一批高质量中医药海外中心、国际合作基地和服务出口基地。研究推动现有中药交易平台稳步开展国际交易。打造粤港澳大湾区中医药高地。加强与台湾地区中医药交流合作，促进两岸中医药融合发展。

六、改革完善中医药管理体制机制

（十七）完善中医药价格和医保政策。以临床价值为导向，以中医优势服务、特色服务为重点，加大政策支持力度，完善医疗服务价格形成机制。医疗服务价格调整时重点考虑中医等体现医务人员技术劳务价值的医疗服务价格。健全符合中医药特点的医保支付方式。完善与国际疾病分类相衔接的中医病证分类等编码体系。分批遴选中医优势明显、治疗路径清晰、费用明确的病种实施按病种付费，合理确定付费标准。通过对部分慢性病病种等实行按人头付费、完善相关技术规范等方式，鼓励引导基层医疗卫生机构提供适宜的中医药服务。及时将符合条件的中医医疗机构纳入医保定点医疗机构。积极将适宜的中医医疗服务项目和中药按规定纳入医保范围。鼓励商业保险机构开发中医治未病等保险产品。研究取消中药饮片加成相关工作。

（十八）完善投入保障机制。建立持续稳定的中医药发展多元投入机制，在卫生健康投入中统筹安排中医药事业发展经费并加大支持力度。加大对中医药事业发展投资力度，改善中医医院办院条件，扩大优质服务供给。切实保障公立中医医院投入责任落实。鼓励地方设立政府引导、社会资本参与、市场化运作的中医药发展基金。引导商业保险机构投资中医药服务产业。

（十九）健全中医药管理体制。完善中医药工作跨部门协调机制，强化国务院中医药工作部际联席会议办公室统筹职能，协调做好中药发展规划、标准制定、质量管理等工作，促进中医中药协调发展。各级卫生健康、药品监督管理等各相关部门要坚持中西医并重，制定实施中医药相关政策措施要充分听取并吸纳中医药主管部门意见。完善中医药服务监管机制。依据中医药法有关规定建立健全中医药管理体系，省市县都要明确承担中医药管理职能的机构，合理配置人员力量。

（二十）加强组织实施。地方各级党委和政府要结合实际制定落实举措，将本意见实施情况纳入党委和政府绩效考核。围绕以较低费用取得较大健康收益目标，规划建设一批国家中医药综合改革示范区，鼓励在服务模式、产业发展、质量监管等方面先行先试。推动中央主要新闻单位、重点新闻网站等各类媒体加大对中医药文化宣传力度，加强和规范中医药防病治病知识传播普及，营造珍视、热爱、发展中医药的社会氛围。

进一步加强军队中医药工作，大力开展新时代军事卫勤新型中医诊疗装备研发和新药物、新疗法挖掘创新工作，持续深化基层部队中医药服务能力提升工程，提高军队中医药整体保障水平。

少数民族医药是中医药的重要组成部分，有关地方可根据本意见，制定和完善促进本地区少数民族医药发展的相关政策举措。

5.3 关于加快中医药特色发展的若干政策措施

（国办发〔2021〕3号发布）

国务院办公厅印发关于加快中医药特色发展若干政策措施的通知

国办发〔2021〕3号

各省、自治区、直辖市人民政府，国务院各部委、各直属机构：

《关于加快中医药特色发展的若干政策措施》已经国务院同意，现印发给你们，请认真贯彻执行。

国务院办公厅

2021年1月22日

关于加快中医药特色发展的若干政策措施

党的十八大以来，以习近平同志为核心的党中央把中医药工作摆在突出位置，中医药改革发展取得显著成绩。新冠肺炎疫情发生后，中医药全面参与疫情防控救治，作出了重要贡献。但也要看到，中医药仍然一定程度存在高质量供给不够、人才总量不足、创新体系不完善、发展特色不突出等问题。要坚持以习近平新时代中国特色社会主义思想为指导，全面贯彻落实党的十九大和十九届二中、三中、四中、五中全会精神，进一步落实《中共中央国务院关于促进中医药传承创新发展的意见》和全国中医药大会部署，遵循中医药发展规律，认真总结中医药防治新冠肺炎经验做法，破解存在的问题，更好发挥中医药特色和比较优势，推动中医药和西医药相互补充、协调发展。为此，现提出如下政策措施。

一、夯实中医药人才基础

（一）提高中医药教育整体水平。建立以中医药课程为主线、先中后西的中医药类专业课程体系，增设中医疫病课程。支持中医药院校加强中医药传统文化功底深厚、热爱中医的优秀学生选拔培养。强化中医思维培养和中医临床技能培训，并作为学生学业评价主要内容。加强“双一流”建设对中医药院校和学科的支持。布局建设100个左右中医药类一流本科专业建设点。推进高职中医药类高水平专业群建设。强化高校附属医院中医临床教学职能。（教育部、国家发展改革委、国家中医药局负责，排第一位的为牵头单位，下同）

（二）坚持发展中医药师承教育。增加多层次的师承教育项目，扩大师带徒范围和数量，将师承教育贯穿临床实践教学全过程。长期坚持推进名老中医药专家学术经验继承、优秀中医临床人才研修、传承工作室建设等项目。绩效工资分配对承担带徒任务的中医医师适当倾斜。在全国老中医药专家学术经验继承工作中，按程序支持符合条件的继承人以医古文代替外语作为同等学力申请中医专业学位考试科目。（国家中医药局、人力资源社会保障部、教育部、国家卫生健康委、各省级人民政府负责）

（三）加强中医药人才评价和激励。鼓励各地结合实际，建立中医药优秀人才评价和激励机制。将中医药学才能、医德医风作为中医药人才主要评价标准，将会看病、看好病作为中医医师的主要评价内容。在院士评选、国家重大人才工程等高层次人才评选中，探索中医药人才单列计划、单独评价。（人力资源社会保障部、国家卫生健康委、国家中医药局、工程院、中科院、各省级人民政府分别负责）

二、提高中药产业发展活力

（四）优化中药审评审批管理。加快推进中药审评审批机制改革，加强技术支撑能力建设，提升中药注册申请技术指导水平和注册服务能力，强化部门横向联动，建立科技、医疗、中医药等部门推荐符合条件的中药新药进入快速审评审批通道的有效机制。以中医临床需求为导向，加快推进国家重大科技项目成果转化。统筹内外部技术评估力量，探索授予第三方中医药研究平台专业资质、承担国家级中医药技术评估工作。增加第三方中药新药注册检验机构数量。（国家药监局、国家卫生健康委、科技部、国家中医药局负责）

（五）完善中药分类注册管理。尊重中药研发规律，完善中药注册分类和申报要求。优化具有人用经验的中药新药审评审批，对符合条件的中药创新药、中药改良型新药、古代经典名方、同名同方药等，研究依法依规实施豁免非临床安全性研究及部分临床试验的管理机制。充分利用数据科学等现代技术手段，建立中医药理论、人用经验、临床试验“三结合”的中药注册审评证据体系，积极探索建立中药真实世界研究证据体系。优化古代经典名方中药复方制剂注册审批。完善中药新药全过程质量控制的技术研究指导原则体系。（国家药监局、国家卫生健康委、国家中医药局负责）

三、增强中医药发展动力

（六）保障落实政府投入。各级政府作为公立中医医院的办医主体，落实对公立中医医院基本建设、设备购置、重点学科发展、人才培养等政府投入政策。支持通过地方政府专项债券等渠道，推进符合条件的公立中医医院建设项目。（国家发展改革委、财政部、国家卫生健康委、国家中医药局、各省级人民政府负责）

（七）多方增加社会投入。鼓励有条件、有实力、有意愿的地方先行一步，灵活运用地方规划、用地、价格、保险、融资支持政策，鼓励、引导社会投入，提高中医临床竞争力，打造中医药健康服务高地和学科、产业集聚区。将符合条件的中医诊所纳入医联体建设。鼓励有条件的中医诊所组建团队开展家庭医生签约服务，按规定收取签约服务费。鼓励街道社区为提供家庭医生服务的中医诊所无偿提供诊疗场所。（国家中医药局、国家卫生健康委、各省级人民政府负责）

（八）加强融资渠道支持。积极支持符合条件的中医药企业上市融资和发行公司信用类债券。鼓励社会资本发起设立中医药产业投资基金，加大对中医药产业的长期投资力度。鼓励各级政府依法合规支持融资担保机构加大对中医药领域中小企业银行贷款的担保力度。支持信用服务机构提升中医药行业信用信息归集和加工能力，鼓励金融机构创新金融产品，支持中医药特色发展。（国家发展改革委、人民银行、银保监会、证监会、各省级人民政府负责）

四、完善中西医结合制度

（九）创新中西医结合医疗模式。在综合医院、传染病医院、专科医院等逐步推广"有机制、有团队、有措施、有成效"的中西医结合医疗模式。强化临床科室中医医师配备，打造中西医结合团队，开展中西医联合诊疗，"宜中则中、宜西则西"，逐步建立中西医多学科诊疗体系。鼓励科室间、院间和医联体内部开展中西医协作。将中西医结合工作成效纳入医院等级评审和绩效考核。对医院临床医师开展中医药专业知识轮训，使其具备本科室专业领域的常规中医诊疗能力。（国家卫生健康委、国家中医药局负责）

（十）健全中西医协同疫病防治机制。中医药系统人员第一时间全面参与公共卫生应急处置，中医药防治举措全面融入应急预案和技术方案。建立国家中医药应对重大公共卫生事件和疫病防治骨干人才库，建设国家中医疫病防治和紧急医学救援队伍，强化重大传染病防控理论技术方法和相关现代医学技术培训。探索疾病预防控制机构建立中医药部门和专家队伍。（国家卫生健康委、国家中医药局负责）

（十一）完善西医学习中医制度。2021 级起，将中医药课程列为本科临床医学类专业必修课和毕业实习内容，增加课程学时。在高职临床医学专业中开设中医基础与适宜技术必修课程。允许攻读中医专业学位的临床医学类专业学生参加中西医结合医师资格考试和中医医师规范化培训。试点开展九年制中西医结合教育。加强临床医学类专业住院医师规范化培训基地中医药科室建设，逐步增加中医药知识技能培训内容。临床、口腔、公共卫生类别医师接受必要的中医药继续教育。研究实施西医学习中医重大专项，用10—15年时间，培养相当数量的高层次中西医结合人才和能够提供中西医结合服务的全科医生。（教育部、国家卫生健康委、国家中医药局分别负责）

（十二）提高中西医结合临床研究水平。开展中西医结合学科（专科）建设。开展重大疑难疾病、传染病、慢性病等中西医联合攻关。逐步建立中西医结合临床疗效评价标准，遴选形成优势病种目录。开展试点示范，力争用5年时间形成100个左右中西医结合诊疗方案。（科技部、国家卫生健康委、国家中医药局负责）

五、实施中医药发展重大工程

（十三）实施中医药特色人才培养工程。依托现有资源和资金渠道，用5—10年时间，评选表彰300名左右国医大师和全国名中医，培育500名左右岐黄学者、3000名左右中医药优秀人才、10万名左右中医药骨干人才，强化地方、机构培养责任，建立人才培养经费的中央、地方、机构分担机制。开展中医药卓越师资培养，重点加强中医基础、经典、临床师资培训。加强高校附属医院、中医规范化培训基地等人才培养平台建设。支持建设一批中医基础类、经典类、疫病防治类和中药炮制类、鉴定类高水平学科。开展基层中医药知识技能培训。（国家中医药局、教育部、国家卫生健康委、各省级人民政府负责）

（十四）加强中医医疗服务体系建设。省、委（局）共建一批中医（含中西医结合）方向的国家医学中心和区域医疗中心。加快打造中医临床能力强、中医药文化氛围浓郁、功能布局优化的中医药传承创新中心。推动省域、市域优质中医资源扩容和均衡布局，建设优势病种特色鲜明的中医医院和科室。依托高水平中医医院建设国家中医疫病防治基地，打造一批紧急医学救援基地，加强中医医院感染科、肺病科、发热门诊、可转换传染病区、可转换重症监护室等建设。打造中西医协同“旗舰”医院、“旗舰”科室、“旗舰”基层医疗卫生机构。（国家发展改革委、教育部、国家卫生健康委、国家中医药局、各省级人民政府负责）

（十五）加强中医药科研平台建设。有序推动中医重点领域生物安全三级实验室建设。围绕中医理论、中药资源、中药创新、中医药疗效评价等重点领域建设国家重点实验室。加强服务于中医药技术装备发展和成果转化应用示范的国家科技创新基地建设。聚焦中医优势病种和特色疗法等建设 10 ～ 20 个中医类国家临床医学研究中心。建设一批服务于应对突发公共卫生事件的中医药科研支撑平台。（国家中医药局、国家发展改革委、教育部、科技部、国家卫生健康委、中科院负责）

（十六）实施名医堂工程。以优势中医医疗机构和团队为依托，建立一批名医堂执业平台。国医大师、名老中医、岐黄学者等名医团队入驻名医堂的，实行创业扶持、品牌保护、自主执业、自主运营、自主培养、自负盈亏综合政策，打造一批名医团队运营的精品中医机构。鼓励和支持有经验的社会力量兴办连锁经营的名医堂，突出特色和品牌，打造一流就医环境，提供一流中医药服务。（国家中医药局、国家发展改革委负责）

（十七）实施中医药产学研医政联合攻关工程。依托高水平研究机构、高等院校、中医医院以及中药创新企业，建设一批代表国家水平的中医药研究和科技成果孵化转化基地，解决制约中医药发展的重大科技问题，制定一批中医特色诊疗方案，转化形成一批中医药先进装备、中药新药。支持中医医院与企业、科研机构、学校加强协作、共享资源，促进优秀研究成果投入市场应用。探索运用区块链等技术加强中医药临床效果搜集和客观评价。（科技部、国家发展改革委、教育部、工业和信息化部、国家卫生健康委、国家中医药局负责）

（十八）实施道地中药材提升工程。加强道地药材良种繁育基地和生产基地建设。制定中药材采收、产地初加工、生态种植、野生抚育、仿野生栽培技术规范，推进中药材规范化种植，鼓励发展中药材种植专业合作社和联合社。推动建设一批标准化、集约化、规模化和产品信息可追溯的现代中药材物流基地，培育一批符合中药材现代化物流体系标准的初加工与仓储物流中心。引导医疗机构、制药企业、中药饮片厂采购有质量保证、可溯源的中药材。深入实施中药标准化项目。加强中药材质量安全风险评估与风险监测，促进快速检测装备研发和技术创新，建设第三方检测平台。（农业农村部、国家林草局、工业和信息化部、商务部、市场监管总局、国家中医药局负责）

（十九）建设国家中医药综合改革示范区。改革体制机制，充分调动地方积极性、主动性、创造性，补短板、强弱项、扬优势，加快建立健全中医药法规、发展政策举措、管理体系、评价体系和标准体系，提升中医药治理体系和治理能力现代化水平，打造 3 ～ 5 个中医药事业产业高质量发展的排头兵。（国家中医药局、国家发展改革委、国家卫生健康委、工业和信息化部、国家药监局负责）

（二十）实施中医药开放发展工程。制定“十四五”中医药“一带一路”发展规划。鼓励和支持社会力量采取市场化方式，与有合作潜力和意愿的国家共同建设一批友好中医医院、中医药产业园。发展“互联网 + 中医药贸易”，为来华接受中医药服务人员提供签证便利。协调制定国际传统医药标准和监管规则，支持国际传统医药科技合作。（国家发展改革委、商务部、外交部、海关总署、国家药监局、国家中医药局分别负责）

六、提高中医药发展效益

（二十一）完善中医药服务价格政策。建立以临床价值和技术劳务价值为主要依据的中医医疗服务卫生技术评估体系，优化中医医疗服务价格政策。落实医疗服务价格动态调整机制，每年开展调价评估，符合启动条件的及时调整价格，充分考虑中医医疗服务特点，完善分级定价政策，重点将功能疗效明显、患者广泛接受、特色优势突出、体现劳务价值、应用历史悠久的中医医疗服务项目纳入调价范围。医疗机构炮制使用的中药饮片、中药制剂实行自主定价，符合条件的按规定纳入医保支付范围。（国家医保局、国家卫生健康委、国家中医药局负责）

（二十二）健全中医药医保管理措施。大力支持将疗效和成本有优势的中医医疗服务项目纳入基本医疗保险支付范围，综合考虑有效性、经济性等因素，按规定合理确定目录甲乙分类。探索符合中医药特点的医保支付方式，发布中医优势病种，鼓励实行中西医同病同效同价。一般中医药诊疗项目继续按项目付费。鼓励商业保险公司推出中医药特色健康保险产品，建立保险公司与中医药机构的信息对接机制。支持保险公司、中医药机构合作开展健康管理服务。加强纳入基本医疗保险支付范围的中医药服务和费用监管。（国家医保局、国家卫生健康委、银保监会、国家中医药局负责）

（二十三）合理开展中医非基本服务。在公立中医医疗机构基本医疗服务总量满足人民群众需要、基本医疗费用保持平稳的基础上，支持其提供商业医疗保险覆盖的非基本医疗服务。探索有条件的地方对完成公益性服务绩效好的公立中医医疗机构放宽特需医疗服务比例限制，允许公立中医医疗机构在政策范围内自主设立国际医疗部，自主决定国际医疗的服务量、项目、价格，收支结余主要用于改善职工待遇、加强专科建设和医院建设发展。（国家卫生健康委、国家中医药局、银保监会、各省级人民政府分别负责）

七、营造中医药发展良好环境

（二十四）加强中医药知识产权保护。制定中药领域发明专利审查指导意见，进一步提高中医药领域专利审查质量，推进中药技术国际专利申请。完善中药商业秘密保护制度，强化适宜性保密，提升保密内容商业价值，加强国际保护。在地理标志保护机制下，做好道地药材标志保护和运用。探索将具有独特炮制方法的中药饮片纳入中药品种保护范围。（市场监管总局、国家知识产权局、国家中医药局、国家药监局分别负责）

（二十五）优化中医药科技管理。加强国家中医药科技研发工作，加强中医药科研方法学、疗效评价、伦理审查等研究。鼓励各省（自治区、直辖市）设立中医药科技专项，由中医药管理部门统筹实施。加强中医药科技活动规律研究，推进中医药科技评价体系建设。（科技部、国家中医药局负责）

（二十六）加强中医药文化传播。切实加强中医药文化宣传，使中医药成为群众促进健康的文化自觉。在中华优秀传统文化传承发展工程中增设中医药专项。加强传统医药类非物质文化遗产保护传承。建设国家中医药博物馆。支持改善一批中医药院校、科研机构的中医药古籍保护条件，提高利用能力。实施中医药文化传播行动，持续开展中小学中医药文化教育，打造中医药文化传播平台及优质产品。（中央宣传部、教育部、国家发展改革委、文化和旅游部、国家卫生健康委、广电总局、国家中医药局、国家文物局负责）

（二十七）提高中医药法治化水平。推动制修订相关法律法规和规章，加强地方性法规建设。加强中药监管队伍建设，提升中药审评和监管现代化水平。建立不良执业记录制度，将提供中医药健康服务的机构及其人员诚信经营和执业情况纳入统一信用信息平台，并将相关企业行政许可、行政处罚等信息通过“信用中国”网站、国家企业信用信息公示系统依法公示。（司法部、国家卫生健康委、市场监管总局、国家中医药局、国家药监局分别负责）

（二十八）加强对中医药工作的组织领导。充分发挥国务院中医药工作部际联席会议作用，及时研究解决重大问题。卫生健康行政部门要在工作全局中一体谋划、一体推进、一体落实、一体考核中医药工作，加强中医药传承创新、中西医结合，全面落实中医药参与健康中国行动、基本医疗卫生制度建设、优质高效医疗卫生服务体系建设等，在资源配置、政策机制、制度安排等方面向中医药倾斜。中医药管理部门要加大中医药标准制定、科学研究、人才培养、应急救治、文化宣传等工作力度。有关部门要各司其职，扎实推动各项工作落实。各地要进一步加强中医药管理机构建设。有关地方可结合实际进一步完善支持本地区少数民族医药发展的政策举措。（各有关部门、各省级人民政府分别负责）

5.4 中华人民共和国药品管理法

（2019年8月26日第十三届全国人大常委会第十二次会议第二次修订）

根据2015年4月24日第十二届全国人大常委会第十四次会议《关于修改〈中华人民共和国药品管理法〉的决定》第二次修正
根据2013年12月28日第十二届全国人大常委会第六次会议《关于修改〈中华人民共和国海洋环境保护法〉等七部法律的决定》第一次修正
2001年2月28日第九届全国人大常委会第二十次会议第一次修订
1984年9月20日第六届全国人大常委会第七次会议通过

第一章　总　则

第一条　为了加强药品管理，保证药品质量，保障公众用药安全和合法权益，保护和促进公众健康，制定本法。

第二条　在中华人民共和国境内从事药品研制、生产、经营、使用和监督管理活动，适用本法。

本法所称药品，是指用于预防、治疗、诊断人的疾病，有目的地调节人的生理机能并规定有适应证或者功能主治、用法和用量的物质，包括中药、化学药和生物制品等。

第三条　药品管理应当以人民健康为中心，坚持风险管理、全程管控、社会共治的原则，建立科学、严格的监督管理制度，全面提升药品质量，保障药品的安全、有效、可及。

第四条　国家发展现代药和传统药，充分发挥其在预防、医疗和保健中的作用。

国家保护野生药材资源和中药品种，鼓励培育道地中药材。

第五条　国家鼓励研究和创制新药，保护公民、法人和其他组织研究、开发新药的合法权益。

第六条 国家对药品管理实行药品上市许可持有人制度。药品上市许可持有人依法对药品研制、生产、经营、使用全过程中药品的安全性、有效性和质量可控性负责。

第七条 从事药品研制、生产、经营、使用活动，应当遵守法律、法规、规章、标准和规范，保证全过程信息真实、准确、完整和可追溯。

第八条 国务院药品监督管理部门主管全国药品监督管理工作。国务院有关部门在各自职责范围内负责与药品有关的监督管理工作。国务院药品监督管理部门配合国务院有关部门，执行国家药品行业发展规划和产业政策。

省、自治区、直辖市人民政府药品监督管理部门负责本行政区域内的药品监督管理工作。设区的市级、县级人民政府承担药品监督管理职责的部门（以下称药品监督管理部门）负责本行政区域内的药品监督管理工作。县级以上地方人民政府有关部门在各自职责范围内负责与药品有关的监督管理工作。

第九条 县级以上地方人民政府对本行政区域内的药品监督管理工作负责，统一领导、组织、协调本行政区域内的药品监督管理工作以及药品安全突发事件应对工作，建立健全药品监督管理工作机制和信息共享机制。

第十条 县级以上人民政府应当将药品安全工作纳入本级国民经济和社会发展规划，将药品安全工作经费列入本级政府预算，加强药品监督管理能力建设，为药品安全工作提供保障。

第十一条 药品监督管理部门设置或者指定的药品专业技术机构，承担依法实施药品监督管理所需的审评、检验、核查、监测与评价等工作。

第十二条 国家建立健全药品追溯制度。国务院药品监督管理部门应当制定统一的药品追溯标准和规范，推进药品追溯信息互通互享，实现药品可追溯。

国家建立药物警戒制度，对药品不良反应及其他与用药有关的有害反应进行监测、识别、评估和控制。

第十三条 各级人民政府及其有关部门、药品行业协会等应当加强药品安全宣传教育，开展药品安全法律法规等知识的普及工作。

新闻媒体应当开展药品安全法律法规等知识的公益宣传，并对药品违法行为进行舆论监督。有关药品的宣传报道应当全面、科学、客观、公正。

第十四条　药品行业协会应当加强行业自律，建立健全行业规范，推动行业诚信体系建设，引导和督促会员依法开展药品生产经营等活动。

第十五条　县级以上人民政府及其有关部门对在药品研制、生产、经营、使用和监督管理工作中做出突出贡献的单位和个人，按照国家有关规定给予表彰、奖励。

第二章　药品研制和注册

第十六条　国家支持以临床价值为导向、对人的疾病具有明确或者特殊疗效的药物创新，鼓励具有新的治疗机理、治疗严重危及生命的疾病或者罕见病、对人体具有多靶向系统性调节干预功能等的新药研制，推动药品技术进步。

国家鼓励运用现代科学技术和传统中药研究方法开展中药科学技术研究和药物开发，建立和完善符合中药特点的技术评价体系，促进中药传承创新。

国家采取有效措施，鼓励儿童用药品的研制和创新，支持开发符合儿童生理特征的儿童用药品新品种、剂型和规格，对儿童用药品予以优先审评审批。

第十七条　从事药品研制活动，应当遵守药物非临床研究质量管理规范、药物临床试验质量管理规范，保证药品研制全过程持续符合法定要求。

药物非临床研究质量管理规范、药物临床试验质量管理规范由国务院药品监督管理部门会同国务院有关部门制定。

第十八条　开展药物非临床研究，应当符合国家有关规定，有与研究项目相适应的人员、场地、设备、仪器和管理制度，保证有关数据、资料和样品的真实性。

第十九条　开展药物临床试验，应当按照国务院药品监督管理部门的规定如实报送研制方法、质量指标、药理及毒理试验结果等有关数据、资料和样品，经国务院药品监督管理部门批准。国务院药品监督管理部门应当自受理临床试验申请之日起六十个工作日内决定是否同意并通知临床试验申办者，逾期未通知的，视为同意。其中，开展生物等效性试验的，报国务院药品监督管理部门备案。

开展药物临床试验，应当在具备相应条件的临床试验机构进行。药物临床试验机构实行备案管理，具体办法由国务院药品监督管理部门、国务院卫生健康主管部门共同制定。

第二十条 开展药物临床试验，应当符合伦理原则，制定临床试验方案，经伦理委员会审查同意。

伦理委员会应当建立伦理审查工作制度，保证伦理审查过程独立、客观、公正，监督规范开展药物临床试验，保障受试者合法权益，维护社会公共利益。

第二十一条 实施药物临床试验，应当向受试者或者其监护人如实说明和解释临床试验的目的和风险等详细情况，取得受试者或者其监护人自愿签署的知情同意书，并采取有效措施保护受试者合法权益。

第二十二条 药物临床试验期间，发现存在安全性问题或者其他风险的，临床试验申办者应当及时调整临床试验方案、暂停或者终止临床试验，并向国务院药品监督管理部门报告。必要时，国务院药品监督管理部门可以责令调整临床试验方案、暂停或者终止临床试验。

第二十三条 对正在开展临床试验的用于治疗严重危及生命且尚无有效治疗手段的疾病的药物，经医学观察可能获益，并且符合伦理原则的，经审查、知情同意后可以在开展临床试验的机构内用于其他病情相同的患者。

第二十四条 在中国境内上市的药品，应当经国务院药品监督管理部门批准，取得药品注册证书；但是，未实施审批管理的中药材和中药饮片除外。实施审批管理的中药材、中药饮片品种目录由国务院药品监督管理部门会同国务院中医药主管部门制定。

申请药品注册，应当提供真实、充分、可靠的数据、资料和样品，证明药品的安全性、有效性和质量可控性。

第二十五条 对申请注册的药品，国务院药品监督管理部门应当组织药学、医学和其他技术人员进行审评，对药品的安全性、有效性和质量可控性以及申请人的质量管理、风险防控和责任赔偿等能力进行审查；符合条件的，颁发药品注册证书。

国务院药品监督管理部门在审批药品时，对化学原料药一并审评审批，对相关辅料、直接接触药品的包装材料和容器一并审评，对药品的质量标准、生产工艺、标签和说明书一并核准。

本法所称辅料，是指生产药品和调配处方时所用的赋形剂和附加剂。

第二十六条 对治疗严重危及生命且尚无有效治疗手段的疾病以及公共卫生方面急需的药品，药物临床试验已有数据显示疗效并能预测其临床价值的，可以附条件批准，并在药品注册证书中载明相关事项。

第二十七条 国务院药品监督管理部门应当完善药品审评审批工作制度，加强能力建设，建立健全沟通交流、专家咨询等机制，优化审评审批流程，提高审评审批效率。

批准上市药品的审评结论和依据应当依法公开，接受社会监督。对审评审批中知悉的商业秘密应当保密。

第二十八条 药品应当符合国家药品标准。经国务院药品监督管理部门核准的药品质量标准高于国家药品标准的，按照经核准的药品质量标准执行；没有国家药品标准的，应当符合经核准的药品质量标准。

国务院药品监督管理部门颁布的《中华人民共和国药典》和药品标准为国家药品标准。

国务院药品监督管理部门会同国务院卫生健康主管部门组织药典委员会，负责国家药品标准的制定和修订。

国务院药品监督管理部门设置或者指定的药品检验机构负责标定国家药品标准品、对照品。

第二十九条 列入国家药品标准的药品名称为药品通用名称。已经作为药品通用名称的，该名称不得作为药品商标使用。

第三章　药品上市许可持有人

第三十条　药品上市许可持有人是指取得药品注册证书的企业或者药品研制机构等。

药品上市许可持有人应当依照本法规定，对药品的非临床研究、临床试验、生产经营、上市后研究、不良反应监测及报告与处理等承担责任。其他从事药品研制、生产、经营、储存、运输、使用等活动的单位和个人依法承担相应责任。

药品上市许可持有人的法定代表人、主要负责人对药品质量全面负责。

第三十一条　药品上市许可持有人应当建立药品质量保证体系，配备专门人员独立负责药品质量管理。

药品上市许可持有人应当对受托药品生产企业、药品经营企业的质量管理体系进行定期审核，监督其持续具备质量保证和控制能力。

第三十二条　药品上市许可持有人可以自行生产药品，也可以委托药品生产企业生产。

药品上市许可持有人自行生产药品的，应当依照本法规定取得药品生产许可证；委托生产的，应当委托符合条件的药品生产企业。药品上市许可持有人和受托生产企业应当签订委托协议和质量协议，并严格履行协议约定的义务。

国务院药品监督管理部门制定药品委托生产质量协议指南，指导、监督药品上市许可持有人和受托生产企业履行药品质量保证义务。

血液制品、麻醉药品、精神药品、医疗用毒性药品、药品类易制毒化学品不得委托生产；但是，国务院药品监督管理部门另有规定的除外。

第三十三条　药品上市许可持有人应当建立药品上市放行规程，对药品生产企业出厂放行的药品进行审核，经质量受权人签字后方可放行。不符合国家药品标准的，不得放行。

第三十四条　药品上市许可持有人可以自行销售其取得药品注册证书的

药品，也可以委托药品经营企业销售。药品上市许可持有人从事药品零售活动的，应当取得药品经营许可证。

药品上市许可持有人自行销售药品的，应当具备本法第五十二条规定的条件；委托销售的，应当委托符合条件的药品经营企业。药品上市许可持有人和受托经营企业应当签订委托协议，并严格履行协议约定的义务。

第三十五条 药品上市许可持有人、药品生产企业、药品经营企业委托储存、运输药品的，应当对受托方的质量保证能力和风险管理能力进行评估，与其签订委托协议，约定药品质量责任、操作规程等内容，并对受托方进行监督。

第三十六条 药品上市许可持有人、药品生产企业、药品经营企业和医疗机构应当建立并实施药品追溯制度，按照规定提供追溯信息，保证药品可追溯。

第三十七条 药品上市许可持有人应当建立年度报告制度，每年将药品生产销售、上市后研究、风险管理等情况按照规定向省、自治区、直辖市人民政府药品监督管理部门报告。

第三十八条 药品上市许可持有人为境外企业的，应当由其指定的在中国境内的企业法人履行药品上市许可持有人义务，与药品上市许可持有人承担连带责任。

第三十九条 中药饮片生产企业履行药品上市许可持有人的相关义务，对中药饮片生产、销售实行全过程管理，建立中药饮片追溯体系，保证中药饮片安全、有效、可追溯。

第四十条 经国务院药品监督管理部门批准，药品上市许可持有人可以转让药品上市许可。受让方应当具备保障药品安全性、有效性和质量可控性的质量管理、风险防控和责任赔偿等能力，履行药品上市许可持有人义务。

第四章 药品生产

第四十一条 从事药品生产活动，应当经所在地省、自治区、直辖市人民政府药品监督管理部门批准，取得药品生产许可证。无药品生产许可证的，不得生产药品。

药品生产许可证应当标明有效期和生产范围，到期重新审查发证。

第四十二条 从事药品生产活动，应当具备以下条件：

（一）有依法经过资格认定的药学技术人员、工程技术人员及相应的技术工人；

（二）有与药品生产相适应的厂房、设施和卫生环境；

（三）有能对所生产药品进行质量管理和质量检验的机构、人员及必要的仪器设备；

（四）有保证药品质量的规章制度，并符合国务院药品监督管理部门依据本法制定的药品生产质量管理规范要求。

第四十三条 从事药品生产活动，应当遵守药品生产质量管理规范，建立健全药品生产质量管理体系，保证药品生产全过程持续符合法定要求。

药品生产企业的法定代表人、主要负责人对本企业的药品生产活动全面负责。

第四十四条 药品应当按照国家药品标准和经药品监督管理部门核准的生产工艺进行生产。生产、检验记录应当完整准确，不得编造。

中药饮片应当按照国家药品标准炮制；国家药品标准没有规定的，应当按照省、自治区、直辖市人民政府药品监督管理部门制定的炮制规范炮制。省、自治区、直辖市人民政府药品监督管理部门制定的炮制规范应当报国务院药品监督管理部门备案。不符合国家药品标准或者不按照省、自治区、直辖市人民政府药品监督管理部门制定的炮制规范炮制的，不得出厂、销售。

第四十五条 生产药品所需的原料、辅料，应当符合药用要求、药品生产质量管理规范的有关要求。

生产药品，应当按照规定对供应原料、辅料等的供应商进行审核，保证购进、使用的原料、辅料等符合前款规定要求。

第四十六条 直接接触药品的包装材料和容器，应当符合药用要求，符合保障人体健康、安全的标准。

对不合格的直接接触药品的包装材料和容器，由药品监督管理部门责令停止使用。

第四十七条 药品生产企业应当对药品进行质量检验。不符合国家药品标准的，不得出厂。

药品生产企业应当建立药品出厂放行规程，明确出厂放行的标准、条件。符合标准、条件的，经质量受权人签字后方可放行。

第四十八条 药品包装应当适合药品质量的要求，方便储存、运输和医疗使用。

发运中药材应当有包装。在每件包装上，应当注明品名、产地、日期、供货单位，并附有质量合格的标志。

第四十九条 药品包装应当按照规定印有或者贴有标签并附有说明书。

标签或者说明书应当注明药品的通用名称、成分、规格、上市许可持有人及其地址、生产企业及其地址、批准文号、产品批号、生产日期、有效期、适应证或者功能主治、用法、用量、禁忌、不良反应和注意事项。标签、说明书中的文字应当清晰，生产日期、有效期等事项应当显著标注，容易辨识。

麻醉药品、精神药品、医疗用毒性药品、放射性药品、外用药品和非处方药的标签、说明书，应当印有规定的标志。

第五十条 药品上市许可持有人、药品生产企业、药品经营企业和医疗机构中直接接触药品的工作人员，应当每年进行健康检查。患有传染病或者其他可能污染药品的疾病的，不得从事直接接触药品的工作。

第五章 药品经营

第五十一条 从事药品批发活动，应当经所在地省、自治区、直辖市人民政府药品监督管理部门批准，取得药品经营许可证。从事药品零售活动，应当经所在地县级以上地方人民政府药品监督管理部门批准，取得药品经营许可证。无药品经营许可证的，不得经营药品。

药品经营许可证应当标明有效期和经营范围，到期重新审查发证。

药品监督管理部门实施药品经营许可，除依据本法第五十二条规定的条件外，还应当遵循方便群众购药的原则。

第五十二条 从事药品经营活动应当具备以下条件：

（一）有依法经过资格认定的药师或者其他药学技术人员；

（二）有与所经营药品相适应的营业场所、设备、仓储设施和卫生环境；

（三）有与所经营药品相适应的质量管理机构或者人员；

（四）有保证药品质量的规章制度，并符合国务院药品监督管理部门依据本法制定的药品经营质量管理规范要求。

第五十三条 从事药品经营活动，应当遵守药品经营质量管理规范，建立健全药品经营质量管理体系，保证药品经营全过程持续符合法定要求。

国家鼓励、引导药品零售连锁经营。从事药品零售连锁经营活动的企业总部，应当建立统一的质量管理制度，对所属零售企业的经营活动履行管理责任。

药品经营企业的法定代表人、主要负责人对本企业的药品经营活动全面负责。

第五十四条 国家对药品实行处方药与非处方药分类管理制度。具体办法由国务院药品监督管理部门会同国务院卫生健康主管部门制定。

第五十五条 药品上市许可持有人、药品生产企业、药品经营企业和医疗机构应当从药品上市许可持有人或者具有药品生产、经营资格的企业购进药品；但是，购进未实施审批管理的中药材除外。

第五十六条 药品经营企业购进药品，应当建立并执行进货检查验收制度，验明药品合格证明和其他标识；不符合规定要求的，不得购进和销售。

第五十七条 药品经营企业购销药品，应当有真实、完整的购销记录。购销记录应当注明药品的通用名称、剂型、规格、产品批号、有效期、上市许可持有人、生产企业、购销单位、购销数量、购销价格、购销日期及国务院药品监督管理部门规定的其他内容。

第五十八条 药品经营企业零售药品应当准确无误，并正确说明用法、用量和注意事项；调配处方应当经过核对，对处方所列药品不得擅自更改或者代用。对有配伍禁忌或者超剂量的处方，应当拒绝调配；必要时，经处方医师更正或者重新签字，方可调配。

药品经营企业销售中药材，应当标明产地。

依法经过资格认定的药师或者其他药学技术人员负责本企业的药品管理、处方审核和调配、合理用药指导等工作。

第五十九条 药品经营企业应当制定和执行药品保管制度，采取必要的冷藏、防冻、防潮、防虫、防鼠等措施，保证药品质量。

药品入库和出库应当执行检查制度。

第六十条 城乡集市贸易市场可以出售中药材，国务院另有规定的除外。

第六十一条 药品上市许可持有人、药品经营企业通过网络销售药品，应当遵守本法药品经营的有关规定。具体管理办法由国务院药品监督管理部门会同国务院卫生健康主管部门等部门制定。

疫苗、血液制品、麻醉药品、精神药品、医疗用毒性药品、放射性药品、药品类易制毒化学品等国家实行特殊管理的药品不得在网络上销售。

第六十二条 药品网络交易第三方平台提供者应当按照国务院药品监督管理部门的规定，向所在地省、自治区、直辖市人民政府药品监督管理部门备案。

第三方平台提供者应当依法对申请进入平台经营的药品上市许可持有人、药品经营企业的资质等进行审核，保证其符合法定要求，并对发生在平台的药品经营行为进行管理。

第三方平台提供者发现进入平台经营的药品上市许可持有人、药品经营企业有违反本法规定行为的，应当及时制止并立即报告所在地县级人民政府药品监督管理部门；发现严重违法行为的，应当立即停止提供网络交易平台服务。

第六十三条 新发现和从境外引种的药材，经国务院药品监督管理部门批准后，方可销售。

第六十四条 药品应当从允许药品进口的口岸进口，并由进口药品的企业向口岸所在地药品监督管理部门备案。海关凭药品监督管理部门出具的进口药品通关单办理通关手续。无进口药品通关单的，海关不得放行。

口岸所在地药品监督管理部门应当通知药品检验机构按照国务院药品监督管理部门的规定对进口药品进行抽查检验。

允许药品进口的口岸由国务院药品监督管理部门会同海关总署提出，报国务院批准。

第六十五条 医疗机构因临床急需进口少量药品的，经国务院药品监督管理部门或者国务院授权的省、自治区、直辖市人民政府批准，可以进口。进口的药品应当在指定医疗机构内用于特定医疗目的。

个人自用携带入境少量药品，按照国家有关规定办理。

第六十六条 进口、出口麻醉药品和国家规定范围内的精神药品，应当持有国务院药品监督管理部门颁发的进口准许证、出口准许证。

第六十七条 禁止进口疗效不确切、不良反应大或者因其他原因危害人体健康的药品。

第六十八条 国务院药品监督管理部门对下列药品在销售前或者进口时，应当指定药品检验机构进行检验；未经检验或者检验不合格的，不得销售或者进口：

（一）首次在中国境内销售的药品；

（二）国务院药品监督管理部门规定的生物制品；

（三）国务院规定的其他药品。

第六章　医疗机构药事管理

第六十九条 医疗机构应当配备依法经过资格认定的药师或者其他药学技术人员，负责本单位的药品管理、处方审核和调配、合理用药指导等工作。非药学技术人员不得直接从事药剂技术工作。

第七十条 医疗机构购进药品，应当建立并执行进货检查验收制度，验明药品合格证明和其他标识；不符合规定要求的，不得购进和使用。

第七十一条 医疗机构应当有与所使用药品相适应的场所、设备、仓储设施和卫生环境，制定和执行药品保管制度，采取必要的冷藏、防冻、防潮、防虫、防鼠等措施，保证药品质量。

第七十二条 医疗机构应当坚持安全有效、经济合理的用药原则，遵循药品临床应用指导原则、临床诊疗指南和药品说明书等合理用药，对医师处方、用药医嘱的适宜性进行审核。

医疗机构以外的其他药品使用单位，应当遵守本法有关医疗机构使用药品的规定。

第七十三条 依法经过资格认定的药师或者其他药学技术人员调配处方，应当进行核对，对处方所列药品不得擅自更改或者代用。对有配伍禁忌或者超剂量的处方，应当拒绝调配；必要时，经处方医师更正或者重新签字，方可调配。

第七十四条 医疗机构配制制剂，应当经所在地省、自治区、直辖市人民政府药品监督管理部门批准，取得医疗机构制剂许可证。无医疗机构制剂许可证的，不得配制制剂。

医疗机构制剂许可证应当标明有效期，到期重新审查发证。

第七十五条 医疗机构配制制剂，应当有能够保证制剂质量的设施、管理制度、检验仪器和卫生环境。

医疗机构配制制剂，应当按照经核准的工艺进行，所需的原料、辅料和包装材料等应当符合药用要求。

第七十六条 医疗机构配制的制剂，应当是本单位临床需要而市场上没有供应的品种，并应当经所在地省、自治区、直辖市人民政府药品监督管理部门批准；但是，法律对配制中药制剂另有规定的除外。

医疗机构配制的制剂应当按照规定进行质量检验；合格的，凭医师处方在本单位使用。经国务院药品监督管理部门或者省、自治区、直辖市人民政府药品监督管理部门批准，医疗机构配制的制剂可以在指定的医疗机构之间调剂使用。

医疗机构配制的制剂不得在市场上销售。

第七章　药品上市后管理

第七十七条　药品上市许可持有人应当制定药品上市后风险管理计划，主动开展药品上市后研究，对药品的安全性、有效性和质量可控性进行进一步确证，加强对已上市药品的持续管理。

第七十八条　对附条件批准的药品，药品上市许可持有人应当采取相应风险管理措施，并在规定期限内按照要求完成相关研究；逾期未按照要求完成研究或者不能证明其获益大于风险的，国务院药品监督管理部门应当依法处理，直至注销药品注册证书。

第七十九条　对药品生产过程中的变更，按照其对药品安全性、有效性和质量可控性的风险和产生影响的程度，实行分类管理。属于重大变更的，应当经国务院药品监督管理部门批准，其他变更应当按照国务院药品监督管理部门的规定备案或者报告。

药品上市许可持有人应当按照国务院药品监督管理部门的规定，全面评估、验证变更事项对药品安全性、有效性和质量可控性的影响。

第八十条　药品上市许可持有人应当开展药品上市后不良反应监测，主动收集、跟踪分析疑似药品不良反应信息，对已识别风险的药品及时采取风险控制措施。

第八十一条　药品上市许可持有人、药品生产企业、药品经营企业和医疗机构应当经常考察本单位所生产、经营、使用的药品质量、疗效和不良反应。发现疑似不良反应的，应当及时向药品监督管理部门和卫生健康主管部门报告。具体办法由国务院药品监督管理部门会同国务院卫生健康主管部门制定。

对已确认发生严重不良反应的药品，由国务院药品监督管理部门或者省、自治区、直辖市人民政府药品监督管理部门根据实际情况采取停止生产、销售、使用等紧急控制措施，并应当在五日内组织鉴定，自鉴定结论作出之日起十五日内依法作出行政处理决定。

第八十二条 药品存在质量问题或者其他安全隐患的，药品上市许可持有人应当立即停止销售，告知相关药品经营企业和医疗机构停止销售和使用，召回已销售的药品，及时公开召回信息，必要时应当立即停止生产，并将药品召回和处理情况向省、自治区、直辖市人民政府药品监督管理部门和卫生健康主管部门报告。药品生产企业、药品经营企业和医疗机构应当配合。

药品上市许可持有人依法应当召回药品而未召回的，省、自治区、直辖市人民政府药品监督管理部门应当责令其召回。

第八十三条 药品上市许可持有人应当对已上市药品的安全性、有效性和质量可控性定期开展上市后评价。必要时，国务院药品监督管理部门可以责令药品上市许可持有人开展上市后评价或者直接组织开展上市后评价。

经评价，对疗效不确切、不良反应大或者因其他原因危害人体健康的药品，应当注销药品注册证书。

已被注销药品注册证书的药品，不得生产或者进口、销售和使用。

已被注销药品注册证书、超过有效期等的药品，应当由药品监督管理部门监督销毁或者依法采取其他无害化处理等措施。

第八章 药品价格和广告

第八十四条 国家完善药品采购管理制度，对药品价格进行监测，开展成本价格调查，加强药品价格监督检查，依法查处价格垄断、哄抬价格等药品价格违法行为，维护药品价格秩序。

第八十五条 依法实行市场调节价的药品，药品上市许可持有人、药品生产企业、药品经营企业和医疗机构应当按照公平、合理和诚实信用、质价相符的原则制定价格，为用药者提供价格合理的药品。

药品上市许可持有人、药品生产企业、药品经营企业和医疗机构应当遵守国务院药品价格主管部门关于药品价格管理的规定，制定和标明药品零售价格，禁止暴利、价格垄断和价格欺诈等行为。

第八十六条 药品上市许可持有人、药品生产企业、药品经营企业和医疗机构应当依法向药品价格主管部门提供其药品的实际购销价格和购销数量等资料。

第八十七条 医疗机构应当向患者提供所用药品的价格清单，按照规定如实公布其常用药品的价格，加强合理用药管理。具体办法由国务院卫生健康主管部门制定。

第八十八条 禁止药品上市许可持有人、药品生产企业、药品经营企业和医疗机构在药品购销中给予、收受回扣或者其他不正当利益。

禁止药品上市许可持有人、药品生产企业、药品经营企业或者代理人以任何名义给予使用其药品的医疗机构的负责人、药品采购人员、医师、药师等有关人员财物或者其他不正当利益。禁止医疗机构的负责人、药品采购人员、医师、药师等有关人员以任何名义收受药品上市许可持有人、药品生产企业、药品经营企业或者代理人给予的财物或者其他不正当利益。

第八十九条 药品广告应当经广告主所在地省、自治区、直辖市人民政府确定的广告审查机关批准；未经批准的，不得发布。

第九十条 药品广告的内容应当真实、合法，以国务院药品监督管理部门核准的药品说明书为准，不得含有虚假的内容。

药品广告不得含有表示功效、安全性的断言或者保证；不得利用国家机关、科研单位、学术机构、行业协会或者专家、学者、医师、药师、患者等的名义或者形象作推荐、证明。

非药品广告不得有涉及药品的宣传。

第九十一条 药品价格和广告，本法未作规定的，适用《中华人民共和国价格法》《中华人民共和国反垄断法》《中华人民共和国反不正当竞争法》《中华人民共和国广告法》等的规定。

第九章 药品储备和供应

第九十二条 国家实行药品储备制度，建立中央和地方两级药品储备。

发生重大灾情、疫情或者其他突发事件时，依照《中华人民共和国突发事件应对法》的规定，可以紧急调用药品。

第九十三条 国家实行基本药物制度，遴选适当数量的基本药物品种，加强组织生产和储备，提高基本药物的供给能力，满足疾病防治基本用药需求。

第九十四条 国家建立药品供求监测体系，及时收集和汇总分析短缺药品供求信息，对短缺药品实行预警，采取应对措施。

第九十五条 国家实行短缺药品清单管理制度。具体办法由国务院卫生健康主管部门会同国务院药品监督管理部门等部门制定。

药品上市许可持有人停止生产短缺药品的，应当按照规定向国务院药品监督管理部门或者省、自治区、直辖市人民政府药品监督管理部门报告。

第九十六条 国家鼓励短缺药品的研制和生产，对临床急需的短缺药品、防治重大传染病和罕见病等疾病的新药予以优先审评审批。

第九十七条 对短缺药品，国务院可以限制或者禁止出口。必要时，国务院有关部门可以采取组织生产、价格干预和扩大进口等措施，保障药品供应。

药品上市许可持有人、药品生产企业、药品经营企业应当按照规定保障药品的生产和供应。

第十章 监督管理

第九十八条 禁止生产（包括配制，下同）、销售、使用假药、劣药。

有下列情形之一的，为假药：

（一）药品所含成分与国家药品标准规定的成分不符；

（二）以非药品冒充药品或者以他种药品冒充此种药品；

（三）变质的药品；

（四）药品所标明的适应证或者功能主治超出规定范围。

有下列情形之一的，为劣药：

（一）药品成分的含量不符合国家药品标准；

（二）被污染的药品；

（三）未标明或者更改有效期的药品；

（四）未注明或者更改产品批号的药品；

（五）超过有效期的药品；

（六）擅自添加防腐剂、辅料的药品；

（七）其他不符合药品标准的药品。

禁止未取得药品批准证明文件生产、进口药品；禁止使用未按照规定审评、审批的原料药、包装材料和容器生产药品。

第九十九条 药品监督管理部门应当依照法律、法规的规定对药品研制、生产、经营和药品使用单位使用药品等活动进行监督检查，必要时可以对为药品研制、生产、经营、使用提供产品或者服务的单位和个人进行延伸检查，有关单位和个人应当予以配合，不得拒绝和隐瞒。

药品监督管理部门应当对高风险的药品实施重点监督检查。

对有证据证明可能存在安全隐患的，药品监督管理部门根据监督检查情况，应当采取告诫、约谈、限期整改以及暂停生产、销售、使用、进口等措施，并及时公布检查处理结果。

药品监督管理部门进行监督检查时，应当出示证明文件，对监督检查中知悉的商业秘密应当保密。

第一百条 药品监督管理部门根据监督管理的需要，可以对药品质量进行抽查检验。抽查检验应当按照规定抽样，并不得收取任何费用；抽样应当购买样品。所需费用按照国务院规定列支。

对有证据证明可能危害人体健康的药品及其有关材料，药品监督管理部门可以查封、扣押，并在七日内作出行政处理决定；药品需要检验的，应当自检验报告书发出之日起十五日内作出行政处理决定。

第一百零一条 国务院和省、自治区、直辖市人民政府的药品监督管理部门应当定期公告药品质量抽查检验结果；公告不当的，应当在原公告范围内予以更正。

第一百零二条 当事人对药品检验结果有异议的，可以自收到药品检验结果之日起七日内向原药品检验机构或者上一级药品监督管理部门设置或者指定的药品检验机构申请复验，也可以直接向国务院药品监督管理部门设置或者指定的药品检验机构申请复验。受理复验的药品检验机构应当在国务院药品监督管理部门规定的时间内作出复验结论。

第一百零三条 药品监督管理部门应当对药品上市许可持有人、药品生产企业、药品经营企业和药物非临床安全性评价研究机构、药物临床试验机构等遵守药品生产质量管理规范、药品经营质量管理规范、药物非临床研究质量管理规范、药物临床试验质量管理规范等情况进行检查，监督其持续符合法定要求。

第一百零四条 国家建立职业化、专业化药品检查员队伍。检查员应当熟悉药品法律法规，具备药品专业知识。

第一百零五条 药品监督管理部门建立药品上市许可持有人、药品生产企业、药品经营企业、药物非临床安全性评价研究机构、药物临床试验机构和医疗机构药品安全信用档案，记录许可颁发、日常监督检查结果、违法行为查处等情况，依法向社会公布并及时更新；对有不良信用记录的，增加监督检查频次，并可以按照国家规定实施联合惩戒。

第一百零六条 药品监督管理部门应当公布本部门的电子邮件地址、电话，接受咨询、投诉、举报，并依法及时答复、核实、处理。对查证属实的举报，按照有关规定给予举报人奖励。

药品监督管理部门应当对举报人的信息予以保密，保护举报人的合法权益。举报人举报所在单位的，该单位不得以解除、变更劳动合同或者其他方式对举报人进行打击报复。

第一百零七条 国家实行药品安全信息统一公布制度。国家药品安全总体情况、药品安全风险警示信息、重大药品安全事件及其调查处理信息和国务院确定需要统一公布的其他信息由国务院药品监督管理部门统一公布。药品安全风险警示信息和重大药品安全事件及其调查处理信息的影响限于特定区域的，也可以由有关省、自治区、直辖市人民政府药品监督管理部门公布。未经授权不得发布上述信息。

公布药品安全信息，应当及时、准确、全面，并进行必要的说明，避免误导。

任何单位和个人不得编造、散布虚假药品安全信息。

第一百零八条 县级以上人民政府应当制定药品安全事件应急预案。药品上市许可持有人、药品生产企业、药品经营企业和医疗机构等应当制定本单位的药品安全事件处置方案，并组织开展培训和应急演练。

发生药品安全事件，县级以上人民政府应当按照应急预案立即组织开展应对工作；有关单位应当立即采取有效措施进行处置，防止危害扩大。

第一百零九条 药品监督管理部门未及时发现药品安全系统性风险，未及时消除监督管理区域内药品安全隐患的，本级人民政府或者上级人民政府药品监督管理部门应当对其主要负责人进行约谈。

地方人民政府未履行药品安全职责，未及时消除区域性重大药品安全隐患的，上级人民政府或者上级人民政府药品监督管理部门应当对其主要负责人进行约谈。

被约谈的部门和地方人民政府应当立即采取措施，对药品监督管理工作进行整改。

约谈情况和整改情况应当纳入有关部门和地方人民政府药品监督管理工作评议、考核记录。

第一百一十条 地方人民政府及其药品监督管理部门不得以要求实施药品检验、审批等手段限制或者排斥非本地区药品上市许可持有人、药品生产企业生产的药品进入本地区。

第一百一十一条 药品监督管理部门及其设置或者指定的药品专业技术机构不得参与药品生产经营活动，不得以其名义推荐或者监制、监销药品。

药品监督管理部门及其设置或者指定的药品专业技术机构的工作人员不得参与药品生产经营活动。

第一百一十二条 国务院对麻醉药品、精神药品、医疗用毒性药品、放射性药品、药品类易制毒化学品等有其他特殊管理规定的，依照其规定。

第一百一十三条 药品监督管理部门发现药品违法行为涉嫌犯罪的，应当及时将案件移送公安机关。

对依法不需要追究刑事责任或者免予刑事处罚，但应当追究行政责任的，公安机关、人民检察院、人民法院应当及时将案件移送药品监督管理部门。

公安机关、人民检察院、人民法院商请药品监督管理部门、生态环境主管部门等部门提供检验结论、认定意见以及对涉案药品进行无害化处理等协助的，有关部门应当及时提供，予以协助。

第十一章　法律责任

第一百一十四条　违反本法规定，构成犯罪的，依法追究刑事责任。

第一百一十五条　未取得药品生产许可证、药品经营许可证或者医疗机构制剂许可证生产、销售药品的，责令关闭，没收违法生产、销售的药品和违法所得，并处违法生产、销售的药品（包括已售出和未售出的药品，下同）货值金额十五倍以上三十倍以下的罚款；货值金额不足十万元的，按十万元计算。

第一百一十六条　生产、销售假药的，没收违法生产、销售的药品和违法所得，责令停产停业整顿，吊销药品批准证明文件，并处违法生产、销售的药品货值金额十五倍以上三十倍以下的罚款；货值金额不足十万元的，按十万元计算；情节严重的，吊销药品生产许可证、药品经营许可证或者医疗机构制剂许可证，十年内不受理其相应申请；药品上市许可持有人为境外企业的，十年内禁止其药品进口。

第一百一十七条　生产、销售劣药的，没收违法生产、销售的药品和违法所得，并处违法生产、销售的药品货值金额十倍以上二十倍以下的罚款；违法生产、批发的药品货值金额不足十万元的，按十万元计算，违法零售的药品货值金额不足一万元的，按一万元计算；情节严重的，责令停产停业整顿直至吊销药品批准证明文件、药品生产许可证、药品经营许可证或者医疗机构制剂许可证。

生产、销售的中药饮片不符合药品标准，尚不影响安全性、有效性的，责令限期改正，给予警告；可以处十万元以上五十万元以下的罚款。

第一百一十八条　生产、销售假药，或者生产、销售劣药且情节严重的，对法定代表人、主要负责人、直接负责的主管人员和其他责任人员，没收违法行为发生期间自本单位所获收入，并处所获收入百分之三十以上三倍以下的罚款，终身禁止从事药品生产经营活动，并可以由公安机关处五日以上十五日以下的拘留。

对生产者专门用于生产假药、劣药的原料、辅料、包装材料、生产设备予以没收。

第一百一十九条 药品使用单位使用假药、劣药的，按照销售假药、零售劣药的规定处罚；情节严重的，法定代表人、主要负责人、直接负责的主管人员和其他责任人员有医疗卫生人员执业证书的，还应当吊销执业证书。

第一百二十条 知道或者应当知道属于假药、劣药或者本法第一百二十四条第一款第一项至第五项规定的药品，而为其提供储存、运输等便利条件的，没收全部储存、运输收入，并处违法收入一倍以上五倍以下的罚款；情节严重的，并处违法收入五倍以上十五倍以下的罚款；违法收入不足五万元的，按五万元计算。

第一百二十一条 对假药、劣药的处罚决定，应当依法载明药品检验机构的质量检验结论。

第一百二十二条 伪造、变造、出租、出借、非法买卖许可证或者药品批准证明文件的，没收违法所得，并处违法所得一倍以上五倍以下的罚款；情节严重的，并处违法所得五倍以上十五倍以下的罚款，吊销药品生产许可证、药品经营许可证、医疗机构制剂许可证或者药品批准证明文件，对法定代表人、主要负责人、直接负责的主管人员和其他责任人员，处二万元以上二十万元以下的罚款，十年内禁止从事药品生产经营活动，并可以由公安机关处五日以上十五日以下的拘留；违法所得不足十万元的，按十万元计算。

第一百二十三条 提供虚假的证明、数据、资料、样品或者采取其他手段骗取临床试验许可、药品生产许可、药品经营许可、医疗机构制剂许可或者药品注册等许可的，撤销相关许可，十年内不受理其相应申请，并处五十万元以上五百万元以下的罚款；情节严重的，对法定代表人、主要负责人、直接负责的主管人员和其他责任人员，处二万元以上二十万元以下的罚款，十年内禁止从事药品生产经营活动，并可以由公安机关处五日以上十五日以下的拘留。

第一百二十四条 违反本法规定，有下列行为之一的，没收违法生产、进口、销售的药品和违法所得以及专门用于违法生产的原料、辅料、包装材料和生产设备，责令停产停业整顿，并处违法生产、进口、销售的药品货值金额十五倍以上三十倍以下的罚款；货值金额不足十万元的，按十万元计算；情节严重的，吊销药品批准证明文件直至吊销药品生产许可证、药品经营许可证或者医疗机构制剂许可证，对法定代表人、主要负责人、直接负责的主管人员和其他责任人员，没收违法行为发生期间自本单位所获收入，并处所获收入百分之三十以上三倍以下的罚款，十年直至终身禁止从事药品生产经营活动，并可以由公安机关处五日以上十五日以下的拘留：

（一）未取得药品批准证明文件生产、进口药品；

（二）使用采取欺骗手段取得的药品批准证明文件生产、进口药品；

（三）使用未经审评审批的原料药生产药品；

（四）应当检验而未经检验即销售药品；

（五）生产、销售国务院药品监督管理部门禁止使用的药品；

（六）编造生产、检验记录；

（七）未经批准在药品生产过程中进行重大变更。

销售前款第一项至第三项规定的药品，或者药品使用单位使用前款第一项至第五项规定的药品的，依照前款规定处罚；情节严重的，药品使用单位的法定代表人、主要负责人、直接负责的主管人员和其他责任人员有医疗卫生人员执业证书的，还应当吊销执业证书。

未经批准进口少量境外已合法上市的药品，情节较轻的，可以依法减轻或者免予处罚。

第一百二十五条 违反本法规定，有下列行为之一的，没收违法生产、销售的药品和违法所得以及包装材料、容器，责令停产停业整顿，并处五十万元以上五百万元以下的罚款；情节严重的，吊销药品批准证明文件、药品生产许可证、药品经营许可证，对法定代表人、主要负责人、直接负责的主管人员和其他责任人员处二万元以上二十万元以下的罚款，十年直至终身禁止从事药品生产经营活动：

（一）未经批准开展药物临床试验；

（二）使用未经审评的直接接触药品的包装材料或者容器生产药品，或者销售该类药品；

（三）使用未经核准的标签、说明书。

第一百二十六条 除本法另有规定的情形外，药品上市许可持有人、药品生产企业、药品经营企业、药物非临床安全性评价研究机构、药物临床试验机构等未遵守药品生产质量管理规范、药品经营质量管理规范、药物非临床研究质量管理规范、药物临床试验质量管理规范等的，责令限期改正，给予警告；逾期不改正的，处十万元以上五十万元以下的罚款；情节严重的，处五十万元以上二百万元以下的罚款，责令停产停业整顿直至吊销药品批准证明文件、药品生产许可证、药品经营许可证等，药物非临床安全性评价研究机构、药物临床试验机构等五年内不得开展药物非临床安全性评价研究、药物临床试验，对法定代表人、主要负责人、直接负责的主管人员和其他责任人员，没收违法行为发生期间自本单位所获收入，并处所获收入百分之十以上百分之五十以下的罚款，十年直至终身禁止从事药品生产经营等活动。

第一百二十七条 违反本法规定，有下列行为之一的，责令限期改正，给予警告；逾期不改正的，处十万元以上五十万元以下的罚款：

（一）开展生物等效性试验未备案；

（二）药物临床试验期间，发现存在安全性问题或者其他风险，临床试验申办者未及时调整临床试验方案、暂停或者终止临床试验，或者未向国务院药品监督管理部门报告；

（三）未按照规定建立并实施药品追溯制度；

（四）未按照规定提交年度报告；

（五）未按照规定对药品生产过程中的变更进行备案或者报告；

（六）未制定药品上市后风险管理计划；

（七）未按照规定开展药品上市后研究或者上市后评价。

第一百二十八条 除依法应当按照假药、劣药处罚的外，药品包装未按照规定印有、贴有标签或者附有说明书，标签、说明书未按照规定注明相关信息或者印有规定标志的，责令改正，给予警告；情节严重的，吊销药品注册证书。

第一百二十九条 违反本法规定，药品上市许可持有人、药品生产企业、药品经营企业或者医疗机构未从药品上市许可持有人或者具有药品生产、经营资格的企业购进药品的，责令改正，没收违法购进的药品和违法所得，并处违法购进药品货值金额两倍以上十倍以下的罚款；情节严重的，并处货值金额十倍以上三十倍以下的罚款，吊销药品批准证明文件、药品生产许可证、药品经营许可证或者医疗机构执业许可证；货值金额不足五万元的，按五万元计算。

第一百三十条 违反本法规定，药品经营企业购销药品未按照规定进行记录，零售药品未正确说明用法、用量等事项，或者未按照规定调配处方的，责令改正，给予警告；情节严重的，吊销药品经营许可证。

第一百三十一条 违反本法规定，药品网络交易第三方平台提供者未履行资质审核、报告、停止提供网络交易平台服务等义务的，责令改正，没收违法所得，并处二十万元以上二百万元以下的罚款；情节严重的，责令停业整顿，并处二百万元以上五百万元以下的罚款。

第一百三十二条 进口已获得药品注册证书的药品，未按照规定向允许药品进口的口岸所在地药品监督管理部门备案的，责令限期改正，给予警告；逾期不改正的，吊销药品注册证书。

第一百三十三条 违反本法规定，医疗机构将其配制的制剂在市场上销售的，责令改正，没收违法销售的制剂和违法所得，并处违法销售制剂货值金额两倍以上五倍以下的罚款；情节严重的，并处货值金额五倍以上十五倍以下的罚款；货值金额不足五万元的，按五万元计算。

第一百三十四条 药品上市许可持有人未按照规定开展药品不良反应监测或者报告疑似药品不良反应的，责令限期改正，给予警告；逾期不改正的，责令停产停业整顿，并处十万元以上一百万元以下的罚款。

药品经营企业未按照规定报告疑似药品不良反应的，责令限期改正，给予警告；逾期不改正的，责令停产停业整顿，并处五万元以上五十万元以下的罚款。

医疗机构未按照规定报告疑似药品不良反应的，责令限期改正，给予警告；逾期不改正的，处五万元以上五十万元以下的罚款。

第一百三十五条 药品上市许可持有人在省、自治区、直辖市人民政府药品监督管理部门责令其召回后，拒不召回的，处应召回药品货值金额五倍以上十倍以下的罚款；货值金额不足十万元的，按十万元计算；情节严重的，吊销药品批准证明文件、药品生产许可证、药品经营许可证，对法定代表人、主要负责人、直接负责的主管人员和其他责任人员，处二万元以上二十万元以下的罚款。药品生产企业、药品经营企业、医疗机构拒不配合召回的，处十万元以上五十万元以下的罚款。

第一百三十六条 药品上市许可持有人为境外企业的，其指定的在中国境内的企业法人未依照本法规定履行相关义务的，适用本法有关药品上市许可持有人法律责任的规定。

第一百三十七条 有下列行为之一的，在本法规定的处罚幅度内从重处罚：

（一）以麻醉药品、精神药品、医疗用毒性药品、放射性药品、药品类易制毒化学品冒充其他药品，或者以其他药品冒充上述药品；

（二）生产、销售以孕产妇、儿童为主要使用对象的假药、劣药；

（三）生产、销售的生物制品属于假药、劣药；

（四）生产、销售假药、劣药，造成人身伤害后果；

（五）生产、销售假药、劣药，经处理后再犯；

（六）拒绝、逃避监督检查，伪造、销毁、隐匿有关证据材料，或者擅自动用查封、扣押物品。

第一百三十八条 药品检验机构出具虚假检验报告的，责令改正，给予警告，对单位并处二十万元以上一百万元以下的罚款；对直接负责的主管人员和其他直接责任人员依法给予降级、撤职、开除处分，没收违法所得，并处五万元以下的罚款；情节严重的，撤销其检验资格。药品检验机构出具的检验结果不实，造成损失的，应当承担相应的赔偿责任。

第一百三十九条 本法第一百一十五条至第一百三十八条规定的行政处罚，由县级以上人民政府药品监督管理部门按照职责分工决定；撤销许可、吊销许可证件的，由原批准、发证的部门决定。

第一百四十条 药品上市许可持有人、药品生产企业、药品经营企业或者医疗机构违反本法规定聘用人员的，由药品监督管理部门或者卫生健康主管部门责令解聘，处五万元以上二十万元以下的罚款。

第一百四十一条 药品上市许可持有人、药品生产企业、药品经营企业或者医疗机构在药品购销中给予、收受回扣或者其他不正当利益的，药品上市许可持有人、药品生产企业、药品经营企业或者代理人给予使用其药品的医疗机构的负责人、药品采购人员、医师、药师等有关人员财物或者其他不正当利益的，由市场监督管理部门没收违法所得，并处三十万元以上三百万元以下的罚款；情节严重的，吊销药品上市许可持有人、药品生产企业、药品经营企业营业执照，并由药品监督管理部门吊销药品批准证明文件、药品生产许可证、药品经营许可证。

药品上市许可持有人、药品生产企业、药品经营企业在药品研制、生产、经营中向国家工作人员行贿的，对法定代表人、主要负责人、直接负责的主管人员和其他责任人员终身禁止从事药品生产经营活动。

第一百四十二条 药品上市许可持有人、药品生产企业、药品经营企业的负责人、采购人员等有关人员在药品购销中收受其他药品上市许可持有人、药品生产企业、药品经营企业或者代理人给予的财物或者其他不正当利益的，没收违法所得，依法给予处罚；情节严重的，五年内禁止从事药品生产经营活动。

医疗机构的负责人、药品采购人员、医师、药师等有关人员收受药品上市许可持有人、药品生产企业、药品经营企业或者代理人给予的财物或者其他不正当利益的，由卫生健康主管部门或者本单位给予处分，没收违法所得；情节严重的，还应当吊销其执业证书。

第一百四十三条 违反本法规定，编造、散布虚假药品安全信息，构成违反治安管理行为的，由公安机关依法给予治安管理处罚。

第一百四十四条 药品上市许可持有人、药品生产企业、药品经营企业或者医疗机构违反本法规定，给用药者造成损害的，依法承担赔偿责任。

因药品质量问题受到损害的，受害人可以向药品上市许可持有人、药品生产企业请求赔偿损失，也可以向药品经营企业、医疗机构请求赔偿损失。接到受害人赔偿请求的，应当实行首负责任制，先行赔付；先行赔付后，可以依法追偿。

生产假药、劣药或者明知是假药、劣药仍然销售、使用的，受害人或者其近亲属除请求赔偿损失外，还可以请求支付价款十倍或者损失三倍的赔偿金；增加赔偿的金额不足一千元的，为一千元。

第一百四十五条 药品监督管理部门或者其设置、指定的药品专业技术机构参与药品生产经营活动的，由其上级主管机关责令改正，没收违法收入；情节严重的，对直接负责的主管人员和其他直接责任人员依法给予处分。

药品监督管理部门或者其设置、指定的药品专业技术机构的工作人员参与药品生产经营活动的，依法给予处分。

第一百四十六条 药品监督管理部门或者其设置、指定的药品检验机构在药品监督检验中违法收取检验费用的，由政府有关部门责令退还，对直接负责的主管人员和其他直接责任人员依法给予处分；情节严重的，撤销其检验资格。

第一百四十七条 违反本法规定，药品监督管理部门有下列行为之一的，应当撤销相关许可，对直接负责的主管人员和其他直接责任人员依法给予处分：

（一）不符合条件而批准进行药物临床试验；

（二）对不符合条件的药品颁发药品注册证书；

（三）对不符合条件的单位颁发药品生产许可证、药品经营许可证或者医疗机构制剂许可证。

第一百四十八条 违反本法规定，县级以上地方人民政府有下列行为之一的，对直接负责的主管人员和其他直接责任人员给予记过或者记大过处分；情节严重的，给予降级、撤职或者开除处分：

（一）瞒报、谎报、缓报、漏报药品安全事件；

（二）未及时消除区域性重大药品安全隐患，造成本行政区域内发生特别重大药品安全事件，或者连续发生重大药品安全事件；

（三）履行职责不力，造成严重不良影响或者重大损失。

第一百四十九条 违反本法规定，药品监督管理等部门有下列行为之一的，对直接负责的主管人员和其他直接责任人员给予记过或者记大过处分；情节较重的，给予降级或者撤职处分；情节严重的，给予开除处分：

（一）瞒报、谎报、缓报、漏报药品安全事件；

（二）对发现的药品安全违法行为未及时查处；

（三）未及时发现药品安全系统性风险，或者未及时消除监督管理区域内药品安全隐患，造成严重影响；

（四）其他不履行药品监督管理职责，造成严重不良影响或者重大损失。

第一百五十条 药品监督管理人员滥用职权、徇私舞弊、玩忽职守的，依法给予处分。

查处假药、劣药违法行为有失职、渎职行为的，对药品监督管理部门直接负责的主管人员和其他直接责任人员依法从重给予处分。

第一百五十一条 本章规定的货值金额以违法生产、销售药品的标价计算；没有标价的，按照同类药品的市场价格计算。

第十二章 附 则

第一百五十二条 中药材种植、采集和饲养的管理，依照有关法律、法规的规定执行。

第一百五十三条 地区性民间习用药材的管理办法，由国务院药品监督管理部门会同国务院中医药主管部门制定。

第一百五十四条 中国人民解放军和中国人民武装警察部队执行本法的具体办法，由国务院、中央军事委员会依据本法制定。

第一百五十五条 本法自 2019 年 12 月 1 日起施行。

5.5 中华人民共和国药品管理法实施条例

（2002年8月4日中华人民共和国国务院令第360号公布）

根据2016年2月6日国务院第666号令《国务院关于修改部分行政法规的决定》修订

第一章　总　则

第一条　根据《中华人民共和国药品管理法》（以下简称《药品管理法》），制定本条例。

第二条　国务院药品监督管理部门设置国家药品检验机构。

省、自治区、直辖市人民政府药品监督管理部门可以在本行政区域内设置药品检验机构。地方药品检验机构的设置规划由省、自治区、直辖市人民政府药品监督管理部门提出，报省、自治区、直辖市人民政府批准。

国务院和省、自治区、直辖市人民政府的药品监督管理部门可以根据需要，确定符合药品检验条件的检验机构承担药品检验工作。

第二章　药品生产企业管理

第三条　开办药品生产企业，申办人应当向拟办企业所在地省、自治区、直辖市人民政府药品监督管理部门提出申请。省、自治区、直辖市人民政府药品监督管理部门应当自收到申请之日起30个工作日内，依据《药品管理法》第八条规定的开办条件组织验收；验收合格的，发给《药品生产许可证》。

第四条　药品生产企业变更《药品生产许可证》许可事项的，应当在许可事项发生变更30日前，向原发证机关申请《药品生产许可证》变更登记；

未经批准，不得变更许可事项。原发证机关应当自收到申请之日起15个工作日内作出决定。

第五条 省级以上人民政府药品监督管理部门应当按照《药品生产质量管理规范》和国务院药品监督管理部门规定的实施办法和实施步骤，组织对药品生产企业的认证工作；符合《药品生产质量管理规范》的，发给认证证书。其中，生产注射剂、放射性药品和国务院药品监督管理部门规定的生物制品的药品生产企业的认证工作，由国务院药品监督管理部门负责。

《药品生产质量管理规范》认证证书的格式由国务院药品监督管理部门统一规定。

第六条 新开办药品生产企业、药品生产企业新建药品生产车间或者新增生产剂型的，应当自取得药品生产证明文件或者经批准正式生产之日起30日内，按照规定向药品监督管理部门申请《药品生产质量管理规范》认证。受理申请的药品监督管理部门应当自收到企业申请之日起6个月内，组织对申请企业是否符合《药品生产质量管理规范》进行认证；认证合格的，发给认证证书。

第七条 国务院药品监督管理部门应当设立《药品生产质量管理规范》认证检查员库。《药品生产质量管理规范》认证检查员必须符合国务院药品监督管理部门规定的条件。进行《药品生产质量管理规范》认证，必须按照国务院药品监督管理部门的规定，从《药品生产质量管理规范》认证检查员库中随机抽取认证检查员组成认证检查组进行认证检查。

第八条 《药品生产许可证》有效期为5年。有效期届满，需要继续生产药品的，持证企业应当在许可证有效期届满前6个月，按照国务院药品监督管理部门的规定申请换发《药品生产许可证》。

药品生产企业终止生产药品或者关闭的，《药品生产许可证》由原发证部门缴销。

第九条 药品生产企业生产药品所使用的原料药，必须具有国务院药品监督管理部门核发的药品批准文号或者进口药品注册证书、医药产品注册证书；但是，未实施批准文号管理的中药材、中药饮片除外。

第十条 依据《药品管理法》第十三条规定，接受委托生产药品的，受托方必须是持有与其受托生产的药品相适应的《药品生产质量管理规范》认证证书的药品生产企业。

疫苗、血液制品和国务院药品监督管理部门规定的其他药品，不得委托生产。

第三章 药品经营企业管理

第十一条 开办药品批发企业，申办人应当向拟办企业所在地省、自治区、直辖市人民政府药品监督管理部门提出申请。省、自治区、直辖市人民政府药品监督管理部门应当自收到申请之日起30个工作日内，依据国务院药品监督管理部门规定的设置标准作出是否同意筹建的决定。申办人完成拟办企业筹建后，应当向原审批部门申请验收。原审批部门应当自收到申请之日起30个工作日内，依据《药品管理法》第十五条规定的开办条件组织验收；符合条件的，发给《药品经营许可证》。

第十二条 开办药品零售企业，申办人应当向拟办企业所在地设区的市级药品监督管理机构或者省、自治区、直辖市人民政府药品监督管理部门直接设置的县级药品监督管理机构提出申请。受理申请的药品监督管理机构应当自收到申请之日起30个工作日内，依据国务院药品监督管理部门的规定，结合当地常住人口数量、地域、交通状况和实际需要进行审查，作出是否同意筹建的决定。申办人完成拟办企业筹建后，应当向原审批机构申请验收。原审批机构应当自收到申请之日起15个工作日内，依据《药品管理法》第十五条规定的开办条件组织验收；符合条件的，发给《药品经营许可证》。

第十三条 省、自治区、直辖市人民政府药品监督管理部门和设区的市级药品监督管理机构负责组织药品经营企业的认证工作。药品经营企业应当按照国务院药品监督管理部门规定的实施办法和实施步骤，通过省、自治区、直辖市人民政府药品监督管理部门或者设区的市级药品监督管理机构组织的《药品经营质量管理规范》的认证，取得认证证书。《药品经营质量管理规范》

认证证书的格式由国务院药品监督管理部门统一规定。

新开办药品批发企业和药品零售企业，应当自取得《药品经营许可证》之日起 30 日内，向发给其《药品经营许可证》的药品监督管理部门或者药品监督管理机构申请《药品经营质量管理规范》认证。受理申请的药品监督管理部门或者药品监督管理机构应当自收到申请之日起 3 个月内，按照国务院药品监督管理部门的规定，组织对申请认证的药品批发企业或者药品零售企业是否符合《药品经营质量管理规范》进行认证；认证合格的，发给认证证书。

第十四条 省、自治区、直辖市人民政府药品监督管理部门应当设立《药品经营质量管理规范》认证检查员库。《药品经营质量管理规范》认证检查员必须符合国务院药品监督管理部门规定的条件。进行《药品经营质量管理规范》认证，必须按照国务院药品监督管理部门的规定，从《药品经营质量管理规范》认证检查员库中随机抽取认证检查员组成认证检查组进行认证检查。

第十五条 国家实行处方药和非处方药分类管理制度。国家根据非处方药品的安全性，将非处方药分为甲类非处方药和乙类非处方药。

经营处方药、甲类非处方药的药品零售企业，应当配备执业药师或者其他依法经资格认定的药学技术人员。经营乙类非处方药的药品零售企业，应当配备经设区的市级药品监督管理机构或者省、自治区、直辖市人民政府药品监督管理部门直接设置的县级药品监督管理机构组织考核合格的业务人员。

第十六条 药品经营企业变更《药品经营许可证》许可事项的，应当在许可事项发生变更30日前，向原发证机关申请《药品经营许可证》变更登记；未经批准，不得变更许可事项。原发证机关应当自收到企业申请之日起 15 个工作日内作出决定。

第十七条 《药品经营许可证》有效期为 5 年。有效期届满，需要继续经营药品的，持证企业应当在许可证有效期届满前 6 个月，按照国务院药品监督管理部门的规定申请换发《药品经营许可证》。

药品经营企业终止经营药品或者关闭的，《药品经营许可证》由原发证机关缴销。

第十八条 交通不便的边远地区城乡集市贸易市场没有药品零售企业的，当地药品零售企业经所在地县（市）药品监督管理机构批准并到工商行政管理部门办理登记注册后，可以在该城乡集市贸易市场内设点并在批准经营的药品范围内销售非处方药品。

第十九条 通过互联网进行药品交易的药品生产企业、药品经营企业、医疗机构及其交易的药品，必须符合《药品管理法》和本条例的规定。互联网药品交易服务的管理办法，由国务院药品监督管理部门会同国务院有关部门制定。

第四章 医疗机构的药剂管理

第二十条 医疗机构设立制剂室，应当向所在地省、自治区、直辖市人民政府卫生行政部门提出申请，经审核同意后，报同级人民政府药品监督管理部门审批；省、自治区、直辖市人民政府药品监督管理部门验收合格的，予以批准，发给《医疗机构制剂许可证》。

省、自治区、直辖市人民政府卫生行政部门和药品监督管理部门应当在各自收到申请之日起 30 个工作日内，作出是否同意或者批准的决定。

第二十一条 医疗机构变更《医疗机构制剂许可证》许可事项的，应当在许可事项发生变更 30 日前，依照本条例第二十条的规定向原审核、批准机关申请《医疗机构制剂许可证》变更登记；未经批准，不得变更许可事项。原审核、批准机关应当在各自收到申请之日起 15 个工作日内作出决定。

医疗机构新增配制剂型或者改变配制场所的，应当经所在地省、自治区、直辖市人民政府药品监督管理部门验收合格后，依照前款规定办理《医疗机构制剂许可证》变更登记。

第二十二条 《医疗机构制剂许可证》有效期为 5 年。有效期届满，需要继续配制制剂的，医疗机构应当在许可证有效期届满前 6 个月，按照国务院药品监督管理部门的规定申请换发《医疗机构制剂许可证》。

医疗机构终止配制制剂或者关闭的，《医疗机构制剂许可证》由原发证机关缴销。

第二十三条 医疗机构配制制剂，必须按照国务院药品监督管理部门的规定报送有关资料和样品，经所在地省、自治区、直辖市人民政府药品监督管理部门批准，并发给制剂批准文号后，方可配制。

第二十四条 医疗机构配制的制剂不得在市场上销售或者变相销售，不得发布医疗机构制剂广告。

发生灾情、疫情、突发事件或者临床急需而市场没有供应时，经国务院或者省、自治区、直辖市人民政府的药品监督管理部门批准，在规定期限内，医疗机构配制的制剂可以在指定的医疗机构之间调剂使用。

国务院药品监督管理部门规定的特殊制剂的调剂使用以及省、自治区、直辖市之间医疗机构制剂的调剂使用，必须经国务院药品监督管理部门批准。

第二十五条 医疗机构审核和调配处方的药剂人员必须是依法经资格认定的药学技术人员。

第二十六条 医疗机构购进药品，必须有真实、完整的药品购进记录。药品购进记录必须注明药品的通用名称、剂型、规格、批号、有效期、生产厂商、供货单位、购货数量、购进价格、购货日期以及国务院药品监督管理部门规定的其他内容。

第二十七条 医疗机构向患者提供的药品应当与诊疗范围相适应，并凭执业医师或者执业助理医师的处方调配。

计划生育技术服务机构采购和向患者提供药品，其范围应当与经批准的服务范围相一致，并凭执业医师或者执业助理医师的处方调配。

个人设置的门诊部、诊所等医疗机构不得配备常用药品和急救药品以外的其他药品。常用药品和急救药品的范围和品种，由所在地的省、自治区、直辖市人民政府卫生行政部门会同同级人民政府药品监督管理部门规定。

第五章 药品管理

第二十八条 药物非临床安全性评价研究机构必须执行《药物非临床研

究质量管理规范》，药物临床试验机构必须执行《药物临床试验质量管理规范》。《药物非临床研究质量管理规范》、《药物临床试验质量管理规范》由国务院药品监督管理部门分别商国务院科学技术行政部门和国务院卫生行政部门制定。

第二十九条 药物临床试验、生产药品和进口药品，应当符合《药品管理法》及本条例的规定，经国务院药品监督管理部门审查批准；国务院药品监督管理部门可以委托省、自治区、直辖市人民政府药品监督管理部门对申报药物的研制情况及条件进行审查，对申报资料进行形式审查，并对试制的样品进行检验。具体办法由国务院药品监督管理部门制定。

第三十条 研制新药，需要进行临床试验的，应当依照《药品管理法》第二十九条的规定，经国务院药品监督管理部门批准。

药物临床试验申请经国务院药品监督管理部门批准后，申报人应当在经依法认定的具有药物临床试验资格的机构中选择承担药物临床试验的机构，并将该临床试验机构报国务院药品监督管理部门和国务院卫生行政部门备案。

药物临床试验机构进行药物临床试验，应当事先告知受试者或者其监护人真实情况，并取得其书面同意。

第三十一条 生产已有国家标准的药品，应当按照国务院药品监督管理部门的规定，向省、自治区、直辖市人民政府药品监督管理部门或者国务院药品监督管理部门提出申请，报送有关技术资料并提供相关证明文件。省、自治区、直辖市人民政府药品监督管理部门应当自受理申请之日起 30 个工作日内进行审查，提出意见后报送国务院药品监督管理部门审核，并同时将审查意见通知申报方。国务院药品监督管理部门经审核符合规定的，发给药品批准文号。

第三十二条 变更研制新药、生产药品和进口药品已获批准证明文件及其附件中载明事项的，应当向国务院药品监督管理部门提出补充申请；国务院药品监督管理部门经审核符合规定的，应当予以批准。其中，不改变药品内在质量的，应当向省、自治区、直辖市人民政府药品监督管理部门提出补充申请；省、自治区、直辖市人民政府药品监督管理部门经审核符合规定的，应当予以批准，并报国务院药品监督管理部门备案。不改变药品内在质量的补充申请事项由国务院药品监督管理部门制定。

第三十三条 国务院药品监督管理部门根据保护公众健康的要求，可以对药品生产企业生产的新药品种设立不超过5年的监测期；在监测期内，不得批准其他企业生产和进口。

第三十四条 国家对获得生产或者销售含有新型化学成分药品许可的生产者或者销售者提交的自行取得且未披露的试验数据和其他数据实施保护，任何人不得对该未披露的试验数据和其他数据进行不正当的商业利用。

自药品生产者或者销售者获得生产、销售新型化学成分药品的许可证明文件之日起6年内，对其他申请人未经已获得许可的申请人同意，使用前款数据申请生产、销售新型化学成分药品许可的，药品监督管理部门不予许可；但是，其他申请人提交自行取得数据的除外。

除下列情形外，药品监督管理部门不得披露本条第一款规定的数据：

（一）公共利益需要；

（二）已采取措施确保该类数据不会被不正当地进行商业利用。

第三十五条 申请进口的药品，应当是在生产国家或者地区获得上市许可的药品；未在生产国家或者地区获得上市许可的，经国务院药品监督管理部门确认该药品品种安全、有效而且临床需要的，可以依照《药品管理法》及本条例的规定批准进口。

进口药品，应当按照国务院药品监督管理部门的规定申请注册。国外企业生产的药品取得《进口药品注册证》，中国香港、澳门和台湾地区企业生产的药品取得《医药产品注册证》后，方可进口。

第三十六条 医疗机构因临床急需进口少量药品的，应当持《医疗机构执业许可证》向国务院药品监督管理部门提出申请；经批准后，方可进口。进口的药品应当在指定医疗机构内用于特定医疗目的。

第三十七条 进口药品到岸后，进口单位应当持《进口药品注册证》或者《医药产品注册证》以及产地证明原件、购货合同副本、装箱单、运单、货运发票、出厂检验报告书、说明书等材料，向口岸所在地药品监督管理部门备案。口岸所在地药品监督管理部门经审查，提交的材料符合要求的，发给《进口药品通关单》。进口单位凭《进口药品通关单》向海关办理报关验放手续。

口岸所在地药品监督管理部门应当通知药品检验机构对进口药品逐批进行抽查检验；但是，有《药品管理法》第四十一条规定情形的除外。

第三十八条 疫苗类制品、血液制品、用于血源筛查的体外诊断试剂以及国务院药品监督管理部门规定的其他生物制品在销售前或者进口时，应当按照国务院药品监督管理部门的规定进行检验或者审核批准；检验不合格或者未获批准的，不得销售或者进口。

第三十九条 国家鼓励培育中药材。对集中规模化栽培养殖、质量可以控制并符合国务院药品监督管理部门规定条件的中药材品种，实行批准文号管理。

第四十条 国务院药品监督管理部门对已批准生产、销售的药品进行再评价，根据药品再评价结果，可以采取责令修改药品说明书，暂停生产、销售和使用的措施；对不良反应大或者其他原因危害人体健康的药品，应当撤销该药品批准证明文件。

第四十一条 国务院药品监督管理部门核发的药品批准文号、《进口药品注册证》《医药产品注册证》的有效期为5年。有效期届满，需要继续生产或者进口的，应当在有效期届满前6个月申请再注册。药品再注册时，应当按照国务院药品监督管理部门的规定报送相关资料。有效期届满，未申请再注册或者经审查不符合国务院药品监督管理部门关于再注册的规定的，注销其药品批准文号、《进口药品注册证》或者《医药产品注册证》。

药品批准文号的再注册由省、自治区、直辖市人民政府药品监督管理部门审批，并报国务院药品监督管理部门备案；《进口药品注册证》《医药产品注册证》的再注册由国务院药品监督管理部门审批。

第四十二条 非药品不得在其包装、标签、说明书及有关宣传资料上进行含有预防、治疗、诊断人体疾病等有关内容的宣传；但是，法律、行政法规另有规定的除外。

第六章　药品包装的管理

第四十三条　药品生产企业使用的直接接触药品的包装材料和容器，必须符合药用要求和保障人体健康、安全的标准，并经国务院药品监督管理部门批准注册。

直接接触药品的包装材料和容器的管理办法、产品目录和药用要求与标准，由国务院药品监督管理部门组织制定并公布。

第四十四条　生产中药饮片，应当选用与药品性质相适应的包装材料和容器；包装不符合规定的中药饮片，不得销售。中药饮片包装必须印有或者贴有标签。

中药饮片的标签必须注明品名、规格、产地、生产企业、产品批号、生产日期，实施批准文号管理的中药饮片还必须注明药品批准文号。

第四十五条　药品包装、标签、说明书必须依照《药品管理法》第五十四条和国务院药品监督管理部门的规定印制。

药品商品名称应当符合国务院药品监督管理部门的规定。

第四十六条　医疗机构配制制剂所使用的直接接触药品的包装材料和容器、制剂的标签和说明书应当符合《药品管理法》第六章和本条例的有关规定，并经省、自治区、直辖市人民政府药品监督管理部门批准。

第七章　药品价格和广告的管理

第四十七条　政府价格主管部门依照《价格法》第二十八条的规定实行药品价格监测时，为掌握、分析药品价格变动和趋势，可以指定部分药品生产企业、药品经营企业和医疗机构作为价格监测定点单位；定点单位应当给予配合、支持，如实提供有关信息资料。

第四十八条　发布药品广告，应当向药品生产企业所在地省、自治区、直辖市人民政府药品监督管理部门报送有关材料。省、自治区、直辖市人民政府药品监督管理部门应当自收到有关材料之日起 10 个工作日内作出是否核发药品广告批准文号的决定；核发药品广告批准文号的，应当同时报国务院药品监督管理部门备案。具体办法由国务院药品监督管理部门制定。

发布进口药品广告，应当依照前款规定向进口药品代理机构所在地省、自治区、直辖市人民政府药品监督管理部门申请药品广告批准文号。

在药品生产企业所在地和进口药品代理机构所在地以外的省、自治区、直辖市发布药品广告的，发布广告的企业应当在发布前向发布地省、自治区、直辖市人民政府药品监督管理部门备案。接受备案的省、自治区、直辖市人民政府药品监督管理部门发现药品广告批准内容不符合药品广告管理规定的，应当交由原核发部门处理。

第四十九条 经国务院或者省、自治区、直辖市人民政府的药品监督管理部门决定，责令暂停生产、销售和使用的药品，在暂停期间不得发布该品种药品广告；已经发布广告的，必须立即停止。

第五十条 未经省、自治区、直辖市人民政府药品监督管理部门批准的药品广告，使用伪造、冒用、失效的药品广告批准文号的广告，或者因其他广告违法活动被撤销药品广告批准文号的广告，发布广告的企业、广告经营者、广告发布者必须立即停止该药品广告的发布。

对违法发布药品广告，情节严重的，省、自治区、直辖市人民政府药品监督管理部门可以予以公告。

第八章　药品监督

第五十一条 药品监督管理部门（含省级人民政府药品监督管理部门依法设立的药品监督管理机构，下同）依法对药品的研制、生产、经营、使用实施监督检查。

第五十二条 药品抽样必须由两名以上药品监督检查人员实施，并按照国务院药品监督管理部门的规定进行抽样；被抽检方应当提供抽检样品，不得拒绝。

药品被抽检单位没有正当理由，拒绝抽查检验的，国务院药品监督管理部门和被抽检单位所在地省、自治区、直辖市人民政府药品监督管理部门可以宣布停止该单位拒绝抽检的药品上市销售和使用。

第五十三条 对有掺杂、掺假嫌疑的药品，在国家药品标准规定的检验方法和检验项目不能检验时，药品检验机构可以补充检验方法和检验项目进行药品检验；经国务院药品监督管理部门批准后，使用补充检验方法和检验项目所得出的检验结果，可以作为药品监督管理部门认定药品质量的依据。

第五十四条 国务院和省、自治区、直辖市人民政府的药品监督管理部门应当根据药品质量抽查检验结果，定期发布药品质量公告。药品质量公告应当包括抽验药品的品名、检品来源、生产企业、生产批号、药品规格、检验机构、检验依据、检验结果、不合格项目等内容。药品质量公告不当的，发布部门应当自确认公告不当之日起 5 日内，在原公告范围内予以更正。

当事人对药品检验机构的检验结果有异议，申请复验的，应当向负责复验的药品检验机构提交书面申请、原药品检验报告书。复验的样品从原药品检验机构留样中抽取。

第五十五条 药品监督管理部门依法对有证据证明可能危害人体健康的药品及其有关证据材料采取查封、扣押的行政强制措施的，应当自采取行政强制措施之日起 7 日内作出是否立案的决定；需要检验的，应当自检验报告书发出之日起 15 日内作出是否立案的决定；不符合立案条件的，应当解除行政强制措施；需要暂停销售和使用的，应当由国务院或者省、自治区、直辖市人民政府的药品监督管理部门作出决定。

第五十六条 药品抽查检验，不得收取任何费用。

当事人对药品检验结果有异议，申请复验的，应当按照国务院有关部门或者省、自治区、直辖市人民政府有关部门的规定，向复验机构预先支付药品检验费用。复验结论与原检验结论不一致的，复验检验费用由原药品检验机构承担。

第五十七条 依据《药品管理法》和本条例的规定核发证书、进行药品注册、药品认证和实施药品审批检验及其强制性检验，可以收取费用。具体收费标准由国务院财政部门、国务院价格主管部门制定。

第九章　法律责任

第五十八条　药品生产企业、药品经营企业有下列情形之一的，由药品监督管理部门依照《药品管理法》第七十九条的规定给予处罚：

（一）开办药品生产企业、药品生产企业新建药品生产车间、新增生产剂型，在国务院药品监督管理部门规定的时间内未通过《药品生产质量管理规范》认证，仍进行药品生产的；

（二）开办药品经营企业，在国务院药品监督管理部门规定的时间内未通过《药品经营质量管理规范》认证，仍进行药品经营的。

第五十九条　违反《药品管理法》第十三条的规定，擅自委托或者接受委托生产药品的，对委托方和受托方均依照《药品管理法》第七十四条的规定给予处罚。

第六十条　未经批准，擅自在城乡集市贸易市场设点销售药品或者在城乡集市贸易市场设点销售的药品超出批准经营的药品范围的，依照《药品管理法》第七十三条的规定给予处罚。

第六十一条　未经批准，医疗机构擅自使用其他医疗机构配制的制剂的，依照《药品管理法》第八十条的规定给予处罚。

第六十二条　个人设置的门诊部、诊所等医疗机构向患者提供的药品超出规定的范围和品种的，依照《药品管理法》第七十三条的规定给予处罚。

第六十三条　医疗机构使用假药、劣药的，依照《药品管理法》第七十四条、第七十五条的规定给予处罚。

第六十四条　违反《药品管理法》第二十九条的规定，擅自进行临床试验的，对承担药物临床试验的机构，依照《药品管理法》第七十九条的规定给予处罚。

第六十五条　药品申报者在申报临床试验时，报送虚假研制方法、质量标准、药理及毒理试验结果等有关资料和样品的，国务院药品监督管理部门对该申报药品的临床试验不予批准，对药品申报者给予警告；情节严重的，3年内不受理该药品申报者申报该品种的临床试验申请。

第六十六条 生产没有国家药品标准的中药饮片，不符合省、自治区、直辖市人民政府药品监督管理部门制定的炮制规范的；医疗机构不按照省、自治区、直辖市人民政府药品监督管理部门批准的标准配制制剂的，依照《药品管理法》第七十五条的规定给予处罚。

第六十七条 药品监督管理部门及其工作人员违反规定，泄露生产者、销售者为获得生产、销售含有新型化学成分药品许可而提交的未披露试验数据或者其他数据，造成申请人损失的，由药品监督管理部门依法承担赔偿责任；药品监督管理部门赔偿损失后，应当责令故意或者有重大过失的工作人员承担部分或者全部赔偿费用，并对直接责任人员依法给予行政处分。

第六十八条 药品生产企业、药品经营企业生产、经营的药品及医疗机构配制的制剂，其包装、标签、说明书违反《药品管理法》及本条例规定的，依照《药品管理法》第八十六条的规定给予处罚。

第六十九条 药品生产企业、药品经营企业和医疗机构变更药品生产经营许可事项，应当办理变更登记手续而未办理的，由原发证部门给予警告，责令限期补办变更登记手续；逾期不补办的，宣布其《药品生产许可证》《药品经营许可证》和《医疗机构制剂许可证》无效；仍从事药品生产经营活动的，依照《药品管理法》第七十三条的规定给予处罚。

第七十条 篡改经批准的药品广告内容的，由药品监督管理部门责令广告主立即停止该药品广告的发布，并由原审批的药品监督管理部门依照《药品管理法》第九十二条的规定给予处罚。

药品监督管理部门撤销药品广告批准文号后，应当自作出行政处理决定之日起5个工作日内通知广告监督管理机关。广告监督管理机关应当自收到药品监督管理部门通知之日起15个工作日内，依照《中华人民共和国广告法》的有关规定作出行政处理决定。

第七十一条 发布药品广告的企业在药品生产企业所在地或者进口药品

代理机构所在地以外的省、自治区、直辖市发布药品广告，未按照规定向发布地省、自治区、直辖市人民政府药品监督管理部门备案的，由发布地的药品监督管理部门责令限期改正；逾期不改正的，停止该药品品种在发布地的广告发布活动。

第七十二条 未经省、自治区、直辖市人民政府药品监督管理部门批准，擅自发布药品广告的，药品监督管理部门发现后，应当通知广告监督管理部门依法查处。

第七十三条 违反《药品管理法》和本条例的规定，有下列行为之一的，由药品监督管理部门在《药品管理法》和本条例规定的处罚幅度内从重处罚：

（一）以麻醉药品、精神药品、医疗用毒性药品、放射性药品冒充其他药品，或者以其他药品冒充上述药品的；

（二）生产、销售以孕产妇、婴幼儿及儿童为主要使用对象的假药、劣药的；

（三）生产、销售的生物制品、血液制品属于假药、劣药的；

（四）生产、销售、使用假药、劣药，造成人员伤害后果的；

（五）生产、销售、使用假药、劣药，经处理后重犯的；

（六）拒绝、逃避监督检查，或者伪造、销毁、隐匿有关证据材料的，或者擅自动用查封、扣押物品的。

第七十四条 药品监督管理部门设置的派出机构，有权作出《药品管理法》和本条例规定的警告、罚款、没收违法生产、销售的药品和违法所得的行政处罚。

第七十五条 药品经营企业、医疗机构未违反《药品管理法》和本条例的有关规定，并有充分证据证明其不知道所销售或者使用的药品是假药、劣药的，应当没收其销售或者使用的假药、劣药和违法所得；但是，可以免除其他行政处罚。

第七十六条 依照《药品管理法》和本条例的规定没收的物品，由药品监督管理部门按照规定监督处理。

第十章　附　则

第七十七条　本条例下列用语的含义：

药品合格证明和其他标识，是指药品生产批准证明文件、药品检验报告书、药品的包装、标签和说明书。

新药，是指未曾在中国境内上市销售的药品。

处方药，是指凭执业医师和执业助理医师处方方可购买、调配和使用的药品。

非处方药，是指由国务院药品监督管理部门公布的，不需要凭执业医师和执业助理医师处方，消费者可以自行判断、购买和使用的药品。

医疗机构制剂，是指医疗机构根据本单位临床需要经批准而配制、自用的固定处方制剂。

药品认证，是指药品监督管理部门对药品研制、生产、经营、使用单位实施相应质量管理规范进行检查、评价并决定是否发给相应认证证书的过程。

药品经营方式，是指药品批发和药品零售。

药品经营范围，是指经药品监督管理部门核准经营药品的品种类别。

药品批发企业，是指将购进的药品销售给药品生产企业、药品经营企业、医疗机构的药品经营企业。

药品零售企业，是指将购进的药品直接销售给消费者的药品经营企业。

第七十八条　《药品管理法》第四十一条中"首次在中国销售的药品"，是指国内或者国外药品生产企业第一次在中国销售的药品，包括不同药品生产企业生产的相同品种。

第七十九条　《药品管理法》第五十九条第二款"禁止药品的生产企业、经营企业或者其代理人以任何名义给予使用其药品的医疗机构的负责人、药品采购人员、医师等有关人员以财物或者其他利益"中的"财物或者其他利益"，是指药品的生产企业、经营企业或者其代理人向医疗机构的负责人、药品采购人员、医师等有关人员提供的目的在于影响其药品采购或者药品处方行为的不正当利益。

第八十条　本条例自 2002 年 9 月 15 日起施行。

5.6 关于确定新药保护期、过渡期或监测期及有关事宜的通知

（国食药监注〔2003〕278号）

各省、自治区、直辖市食品药品监督管理局（药品监督管理局），解放军总后卫生部：

根据国家药品监督管理局《关于<中华人民共和国药品管理法实施条例>实施前已批准生产和临床研究的新药的保护期的通知》（国药监注〔2003〕59号）、我局《关于发布新药监测期期限的通知》（国食药监注〔2003〕141号）的有关规定，现就2002年9月15日以后批准新药的保护期、过渡期或监测期事宜通知如下：

一、对2002年9月15日以来批准的新药，尚未确定保护期、过渡期或监测期的，按其申报与审批情况分别予以确定，并自该新药证书或生产批准之日起生效。具体品种见附件。

二、对处于过渡期内的新药，我局不受理其他申请人同品种的新药或已有国家标准药品申请，省、自治区、直辖市食品药品监督管理局（药品监督管理局）应当将已经收到的申请退回申请人。

三、对没有保护期、过渡期或未设监测期的新药，自其获得药品批准文号之日起，我局不再受理其他申请人同品种的新药申请，省、自治区、直辖市食品药品监督管理局（药品监督管理局）应当将已经收到的申请退回申请人。

四、过渡期内新药技术转让的申报与审批，按照原国家药品监督管理局对新药保护期的相关规定办理。

特此通知

附件：2002 年 9 月 15 日以来尚未确定的新药保护期、过渡期或监测期确定表

国家食品药品监督管理局

二〇〇三年十月十日

5.7 食品药品监管总局关于切实做好实施药品生产质量管理规范有关工作的通知

（食药监药化监〔2015〕277号）

各省、自治区、直辖市食品药品监督管理局：

国家食品药品监督管理总局发布了《关于未通过药品生产质量管理规范（2010年修订）认证企业停止生产和下放无菌药品认证有关事宜的公告》（2015年第285号，以下简称《公告》），为保证《公告》要求落到实处，现将有关事宜通知如下：

一、监督未通过认证企业停产

（一）自2016年1月1日起，未通过《药品生产质量管理规范（2010年修订）》（以下简称药品GMP）认证的药品生产企业（或生产车间）一律停止生产。2015年12月31日前完成生产的药品，可继续销售。2015年12月31日前已完成最终包装的药品，经企业所在地省（区、市）食品药品监督管理局核准后，可继续进行检验，合格后方可销售。

（二）2015年12月31日前已通过药品GMP认证现场检查并已公示的药品生产企业（或生产车间），2016年1月1日后，可继续生产。但是，其产品应在取得《药品GMP证书》后方可销售。

（三）各省（区、市）食品药品监督管理局要对行政区域内应停产企业（或生产车间）逐一进行现场检查，确认其保持停产状态；一旦发现未按规定停产的，按照《中华人民共和国药品管理法》及相关规定严肃查处。要对停产企业的原辅料、包装材料等采取切实有效的管控措施，特别要加强对停产的麻醉药品、精神药品、医疗用毒性药品和放射性药品等特殊药品生产企业的监督管理，防止相关原辅材料流入非法渠道。

（四）未通过药品 GMP 认证的药品生产企业，不予换发《药品生产许可证》。如果正在进行技术改造，可再给一年的过渡期，要求在 2016 年 12 月 31 日前向所在地省（区、市）食品药品监督管理局同时提出换发《药品生产许可证》申请和药品 GMP 认证申请。通过药品 GMP 认证后，予以核发《药品 GMP 证书》和《药品生产许可证》。

（五）未能按期通过药品 GMP 认证、主动放弃全厂（或部分剂型）生产改造的药品生产企业，可以按照《国家食品药品监督管理局、国家发展改革委、工业和信息化部、卫生部关于加快实施新修订药品生产质量管理规范促进医药产业升级有关问题的通知》（国食药监安〔2012〕376 号）规定，在 2016 年 12 月 31 日前提出药品技术转让注册申请，且一个剂型的药品仅限于一次性转让给一家企业，受让方必须是通过相应剂型药品 GMP 认证的药品生产企业。逾期提出申请的，食品药品监督管理部门不予受理。

（六）各省（区、市）食品药品监督管理局要密切关注药品市场供应变化，对于可能出现的药品短缺问题，要及时研判，配合有关部门积极应对、妥善处理。对企业停产可能引发的社会稳定等问题，要及时报告地方政府。

二、药品 GMP 认证下放

（一）2016 年 1 月 1 日起，各省（区、市）食品药品监督管理局负责所有药品 GMP 认证工作。对于通过认证的企业，由各省（区、市）食品药品监督管理局核发《药品 GMP 证书》；对于未通过认证的企业，也应公布现场检查发现的严重缺陷项目、主要缺陷项目。

（二）自《公告》发布之日起，国家食品药品监督管理总局不再受理药品 GMP 认证申请。对于已经受理的认证申请，将继续组织完成现场检查、审核发证。

（三）各省（区、市）食品药品监督管理局要按照《食品药品监管总局关于对取消和下放行政审批事项加强事中事后监管的意见》（食药监法〔2015〕65号）要求，完善监管体系，加强能力建设，加强事中事后监管，保证认证工作质量。

（四）各省（区、市）食品药品监督管理局要通过国家食品药品监管信息平台（数据重构项目）及时、准确上传认证结果信息或做好数据对接，统一对外发布有关信息。

三、加强监督管理

药品GMP认证下放以后，各省（区、市）食品药品监督管理局要切实履行监管责任，保证药品安全有效。

（一）坚持统一标准。根据国家食品药品监督管理总局印发的《无菌药品检查指南》《药品生产现场检查风险评定指导原则》《药品GMP现场检查缺陷项目整改要求》等六个技术指南文件，各省（区、市）食品药品监督管理局要认真对照梳理，严格遵照执行，不得制定与上述技术指南相抵触的规定。要进一步健全认证管理体系，完善认证工作程序，使用规定的信息化平台，确保在统一的质量管理体系下开展检查工作，保证检查质量。

（二）落实属地监管。要严把认证发证关，通过强化检查督促持续合规。必须坚持高标准、严要求，认真组织检查，严格审核把关，各省不得再下放认证事权，确保监督实施药品GMP的一致性、公正性、权威性。

（三）强化监督责任。要加强事中事后监管，加大跟踪检查、飞行检查力度，要提高监督检查的针对性、有效性，提高监督检查发现问题的能力。在督促企业规范生产、持续合规的同时，督促日常监管责任的落实。对认证发证把关不严、未发现企业重大缺陷的，未及时查处违法违规行为的，未落实日常监管责任的，要严肃问责。

（四）建立职业化的检查员队伍。要加强检查员队伍建设和检查能力建设，建立一支与监管对象相适应的职业化检查员队伍，特别是要加强疫苗、血液制品等高风险品种检查员的配备，保证检查员数量与生产企业相匹配。要规范检查员的聘用、培训和考核，检查员必须通过专业技能考试后方能上岗，并进行持续培训。

（五）严厉查处违法违规行为。要对违法犯罪行为，保持高压严打态势，对于严重违法生产行为，坚决依法吊销生产许可；对违反药品 GMP、存在严重缺陷的，坚决停止其药品生产，收回其药品 GMP 证书。企业在确证已经改正错误、纠正违规行为，能够保证持续合规的前提下，方可提出药品 GMP 复查申请。食品药品监督管理部门方可组织再检查、再认证，合格后发还药品 GMP 证书。

（六）落实经费保障。要完善监督经费保障机制，健全检查机构，改善条件设施，给予检查员适当待遇，为公平公正开展检查工作提供保障。要严格按照《药品检查工作纪律与廉政准则》要求，强化廉政教育，严肃检查纪律，树立公正廉洁、权威高效的药品检查队伍形象。

在工作中如有问题，请及时联系国家食品药品监督管理总局药品化妆品监管司。

联系人：叶家辉，010-88330812；

周　乐，010-88330842。

食品药品监管总局

2015 年 12 月 30 日

5.8 研发期间安全性更新报告管理规范（试行）

（国家药监局药审中心2020年第7号通告附件）

国家药监局药审中心关于发布《研发期间安全性更新报告管理规范（试行）》的通告

（2020 年第 7 号）

为规范研发期间安全性更新报告的撰写与管理，根据《药品注册管理办法》相关规定，药审中心组织制定了《研发期间安全性更新报告管理规范（试行）》（见附件），经国家药品监督管理局审核同意，现予发布，自 2020 年 7 月 1 日起施行。

原国家食品药品监督管理局药品审评中心《关于化学药 IND 申请药学研究数据提交事宜的通知》（2012 年 5 月 10 日发布）中要求的《化学药 IND 申请药学研究年度报告（试行）》与研发期间安全性更新报告统一，不再单独提交。

特此通告。

国家药品监督管理局药品审评中心

2020年7月1日

研发期间安全性更新报告管理规范（试行）

第一章　总　则

第一条　为规范研发期间安全性更新报告（以下简称DSUR）的撰写与管理，根据《药品注册管理办法》相关要求，制定本管理规范。

第二条　DSUR的主要目的是药品注册申请人（以下简称申请人，也包括申办者）对报告周期内收集到的与药物（无论上市与否）相关的安全性信息进行全面深入的年度回顾和评估。

第二章　基本原则

第三条　申请人应按照国际人用药品注册技术协调会（以下简称ICH）E2F《研发期间安全性更新报告》（以下简称E2F指导原则）的要求准备、撰写和提交DSUR。

申请人可以委托第三方（如合同研究组织）进行DSUR的准备、撰写和提交工作，但申请人仍对DSUR的内容、质量和提交时间承担主体责任。对于共同开发等涉及多方情况的，申请人应按ICH E2F指导原则“各方的责任”一节对DSUR准备与提交的责任进行划分。

第四条　申请人在准备DSUR时，需要包含与所有剂型和规格、所有适应证以及研究中接受研究药物的患者人群相关的数据（化学药和生物制品应按照相同活性成分，中药按照相同处方进行准备）。如果相关信息无法获得（如申请人尚未获得数据），申请人应在DSUR的前言部分予以解释说明。

第五条　申请人获准开展药物(包括中药、化学药及生物制品)临床试验后均应向国家药品监督管理局药品审评中心（以下简称药品审评中心）提交DSUR。

第六条　DSUR原则上应将药物临床试验在境内或者全球首次获得临床试验许可日期（即“国际研发诞生日”，以下简称DIBD）的月和日，作为年度报告周期的起始日期。首次提交应在境内临床试验获准开展后第一个 DIBD 后两个月内完成，后续提交也应以 DIBD 为基准。

第七条 DSUR 应持续提交至该药物境内最后一个上市许可申请提交，或者在境内不再继续进行研发时为止。最后一次提交时应附说明文件，说明该次提交为在境内的最后一份 DSUR，并说明申请人是否还在其他国家或者地区继续进行临床试验。

第八条 当药物在境内外获得了上市许可，如申请人需要，可以在全球首个获得上市批准日期（即“国际诞生日”，以下简称 IBD）的基础上准备和提交 DSUR。调整后的首次提交，报告周期不应超过一年。

第三章 撰写要求

第九条 申请人在提交 DSUR 时，应包括以下文件：

1. DSUR 全文及附件；

2. 报告周期内申请人认为不影响受试者安全的药物临床试验方案变更或者临床方面的新发现、非临床或者药学的变化或者新发现的支持性资料。

申请人还应视情况（如最后一次提交 DSUR），随 DSUR 提交必要的说明性文件。

第十条 申请人应严格按照 ICH E2F 指导原则要求，逐章节完整撰写 DSUR 及附件。对于无进展 / 无发现的章节或者附件，应在相应项下进行说明，不可省略。

申请人在组织撰写 DSUR 时，应在“区域特有信息”一节中，将报告周期内，结合相关法规、技术指南等要求，对发生的药物临床试验方案变更或者临床方面的新发现、非临床或者药学的变化或者新发现是否可能增加受试者安全性风险的评估结果及申报情况进行总结，并提交支持性资料。DSUR 不应作为新的重要安全性信息的初始报告途径，或者新的安全性问题的检出途径。

第十一条 DSUR 采用中文进行报告，对于“报告周期内严重不良反应行列表”可采用中文或者英文报告。

第十二条 申请人在撰写DSUR时，需在“区域特有信息”项下或者以DSUR区域附件形式提供以下信息：

1. 严重不良反应（SAR）累计汇总表；

2. 报告周期内境内死亡受试者列表；

3. 报告周期内境内因任何不良事件而退出临床试验的受试者列表；

4. 报告周期内发生的药物临床试验方案变更或者临床方面的新发现、非临床或者药学的变化或者新发现总结表；

5. 下一报告周期内总体研究计划概要。

详细撰写要求参见附件1至附件5和附表。

第四章 提交及其他要求

第十三条 申请人可通过药品审评中心网站等规定的途径提交DSUR。经审核，认为需提醒或要求申请人的（如，要求申请人更改DSUR报告周期、补充更正资料或者提醒申请人应加强受试者安全性措施等），药品审评中心将在DSUR提交后一百八十个工作日内通知申请人。申请人应通过药品审评中心网站查询和下载相关通知或者提醒，对于需要补充更正资料的情况，申请人应在收到补正意见之日起的五个工作日内一次性提交补正资料。

第十四条 本管理规范自2020年7月1日起施行。

附件：1. 严重不良反应（SAR）累计汇总

2. 报告周期内死亡受试者列表

3. 报告周期内境内因任何不良事件而退出临床试验的受试者列表

4. 报告周期内发生的药物临床试验方案变更或者临床方面的新发现、非临床或者药学的变化或者新发现总结表

5. 下一报告周期内总体研究计划概要

附件 1

5.8.1 严重不良反应（SAR）累计汇总表

SAR 累计汇总表中应指明自 DIBD 起全部 SAR 的数量，需按照下列方式分类：

1. 系统器官分类（SOC）；

2. 不良反应术语；

3. 治疗组（如适用）。

同时，应对非预期的不良反应术语加以标注。

申请人应参照《E2F DSUR 示例 商业申办者》附录 R1 进行编写。

附件 2

5.8.2 报告周期内境内死亡受试者列表

临床试验过程中境内死亡受试者列表应至少包括：受试者编号、治疗方案（可能仍处于盲态）以及每例受试者死亡的原因。若在对受试者死亡进行的评估中发现任何安全性问题，应根据具体情况在 DSUR 第 18 节“整体安全性评估”中进行说明。

申请人可参照《E2F DSUR 示例 商业申办者》附录 R2 进行编写。若使用该格式，请在“试验编号”项下同时填写该临床试验在“药物临床试验登记与信息公示平台”中的“登记号”（如 CTR20XXXXXX）。

附件 3

5.8.3 报告周期内境内因任何不良事件而退出临床试验的受试者列表

该列表应包括报告周期内境内因任何不良事件而退出临床试验的所有受试者，无论是否与药物相关。若在对受试者退出的评估中发现了任何安全性问题，应根据具体情况在 DSUR 第 18 节“整体安全性评估”中进行说明。

申请人可参照《E2F DSUR 示例 商业申办者》附录 R3 进行编写。若使用该格式，请在“试验编号”项下同时填写该临床试验在“药物临床试验登记与信息公示平台”中的“登记号”（如，CTR20XXXXXX）。

附件 4

5.8.4 报告周期内发生的药物临床试验方案变更或者临床方面的新发现、非临床或者药学的变化或者新发现总结表

申请人应以列表形式，对报告周期内发生的药物临床试验方案变更、非临床或者药学的变化或者新发现进行总结，示例参见附表 1。

对于可能增加受试者安全性风险的，申请人应按照药学的变化或者新发现、非临床的变化或者新发现、药物临床试验方案变更或者临床方面的新发现三种类别，总结已提交的补充申请的受理号、申请事项、承办日期及是否获批（是 / 否 / 在审）。不需提供支持性资料。

对于申请人评估认为不影响受试者安全的，申请人应按照药学的变化或者新发现、非临床的变化或者新发现、药物临床试验方案变更或者临床方面的新发现三种类别，总结其内容、时间、类别，并注明对应支持性资料的申报资料项目编号或者人用药物注册申请通用技术文档（以下简称 CTD）中的模块及章节编号。申请人应参照化学药、生物制品和中药注册分类及申报资料要求、CTD 等要求，准备相应的支持性资料与 DSUR 一并提交。对于报告周期内已提交过的相关资料（如用于沟通交流的资料，因开展后续分期药物临床试验，已在药品审评中心网站提交的药物临床试验方案和支持性资料），应在备注栏中注明提交途径、时间和参考编号（如沟通交流申请编号等），不需重复提交。

附表 1：报告周期内发生的药物临床试验方案变更或者临床方面的新发现、非临床或者药学的变化或者新发现总结表

一、可能增加受试者安全性风险的

1. 药学的变化或者新发现

补充申请受理号	申请事项	承办日期	是否获得批准（是 / 否 / 在审）

2. 非临床的变化或者新发现

补充申请受理号	申请事项	承办日期	是否获得批准（是 / 否 / 在审）

3. 药物临床试验方案变更或者临床方面的新发现

补充申请受理号	申请事项	承办日期	是否获得批准（是 / 否 / 在审）

二、不影响受试者安全的

1. 药学的变化或者新发现

日期	类别	内容的简要总结	支持性资料在申报资料项目编号 / 在 CTD 中模块和章节编号	备注

2. 非临床的变化或者新发现

日期	类别	内容的简要总结	支持性资料在申报资料项目编号 / 在 CTD 中模块和章节编号	备注

3. 药物临床试验方案变更或者临床方面的新发现

日期	类别	内容的简要总结	支持性资料在申报资料项目编号 / 在 CTD 中模块和章节编号	备注

附件 5

5.8.5 下一报告周期内总体研究计划概要

申请人应简要提供以下内容：

一、下一报告周期内临床研究总体计划概要

（一）立题依据；

申请人应简要描述下一报告周期内计划进行的临床试验的立题依据。

（二）拟研究的适应证；

申请人应列出下一报告周期内，计划进行研究的未上市适应证。

（三）评价药物时所遵循的总体路径；

简要描述下一报告周期内，计划开展临床试验的顺序或者对计划研究的患者人群进行简要描述。

（四）下一个报告周期内拟开展的临床试验；

简要描述下一报告周期内，计划开展的临床试验的试验设计（如果没有制定全年的计划，申请人应予以注明）。

（五）预计受试者人数；

下一报告周期内计划开展的临床试验中，估计的受试者人数；

（六）预计的风险。

基于动物的毒理学或者既往人用试验的数据，预计的任何与药物或者相关药物有关的严重或者重度风险。

二、下一报告周期内非临床研究总体计划概要

简要描述下一报告周期内计划新开展或者继续进行的非临床研究。

三、下一报告周期内药学研究总体计划概要

简要描述下一报告周期内计划新开展或者继续进行的药学研究。

5.9 药品不良反应报告和监测管理办法

（2011年5月4日卫生部令第81号发布）

中华人民共和国卫生部令

第81号

《药品不良反应报告和监测管理办法》已于2010年12月13日经卫生部部务会议审议通过，现予以发布，自2011年7月1日起施行。

部长　陈　竺

二〇一一年五月四日

药品不良反应报告和监测管理办法

第一章　总　则

第一条　为加强药品的上市后监管，规范药品不良反应报告和监测，及时、有效控制药品风险，保障公众用药安全，依据《中华人民共和国药品管理法》等有关法律法规，制定本办法。

第二条　在中华人民共和国境内开展药品不良反应报告、监测以及监督管理，适用本办法。

第三条　国家实行药品不良反应报告制度。药品生产企业（包括进口药品的境外制药厂商）、药品经营企业、医疗机构应当按照规定报告所发现的药品不良反应。

第四条 国家食品药品监督管理局主管全国药品不良反应报告和监测工作，地方各级药品监督管理部门主管本行政区域内的药品不良反应报告和监测工作。各级卫生行政部门负责本行政区域内医疗机构与实施药品不良反应报告制度有关的管理工作。

地方各级药品监督管理部门应当建立健全药品不良反应监测机构，负责本行政区域内药品不良反应报告和监测的技术工作。

第五条 国家鼓励公民、法人和其他组织报告药品不良反应。

第二章 职 责

第六条 国家食品药品监督管理局负责全国药品不良反应报告和监测的管理工作，并履行以下主要职责：

（一）与卫生部共同制定药品不良反应报告和监测的管理规定和政策，并监督实施；

（二）与卫生部联合组织开展全国范围内影响较大并造成严重后果的药品群体不良事件的调查和处理，并发布相关信息；

（三）对已确认发生严重药品不良反应或者药品群体不良事件的药品依法采取紧急控制措施，作出行政处理决定，并向社会公布；

（四）通报全国药品不良反应报告和监测情况；

（五）组织检查药品生产、经营企业的药品不良反应报告和监测工作的开展情况，并与卫生部联合组织检查医疗机构的药品不良反应报告和监测工作的开展情况。

第七条 省、自治区、直辖市药品监督管理部门负责本行政区域内药品不良反应报告和监测的管理工作，并履行以下主要职责：

（一）根据本办法与同级卫生行政部门共同制定本行政区域内药品不良反应报告和监测的管理规定，并监督实施；

（二）与同级卫生行政部门联合组织开展本行政区域内发生的影响较大的药品群体不良事件的调查和处理，并发布相关信息；

（三）对已确认发生严重药品不良反应或者药品群体不良事件的药品依法采取紧急控制措施，作出行政处理决定，并向社会公布；

（四）通报本行政区域内药品不良反应报告和监测情况；

（五）组织检查本行政区域内药品生产、经营企业的药品不良反应报告和监测工作的开展情况，并与同级卫生行政部门联合组织检查本行政区域内医疗机构的药品不良反应报告和监测工作的开展情况；

（六）组织开展本行政区域内药品不良反应报告和监测的宣传、培训工作。

第八条 设区的市级、县级药品监督管理部门负责本行政区域内药品不良反应报告和监测的管理工作；与同级卫生行政部门联合组织开展本行政区域内发生的药品群体不良事件的调查，并采取必要控制措施；组织开展本行政区域内药品不良反应报告和监测的宣传、培训工作。

第九条 县级以上卫生行政部门应当加强对医疗机构临床用药的监督管理，在职责范围内依法对已确认的严重药品不良反应或者药品群体不良事件采取相关的紧急控制措施。

第十条 国家药品不良反应监测中心负责全国药品不良反应报告和监测的技术工作，并履行以下主要职责：

（一）承担国家药品不良反应报告和监测资料的收集、评价、反馈和上报，以及全国药品不良反应监测信息网络的建设和维护；

（二）制定药品不良反应报告和监测的技术标准和规范，对地方各级药品不良反应监测机构进行技术指导；

（三）组织开展严重药品不良反应的调查和评价，协助有关部门开展药品群体不良事件的调查；

（四）发布药品不良反应警示信息；

（五）承担药品不良反应报告和监测的宣传、培训、研究和国际交流工作。

第十一条 省级药品不良反应监测机构负责本行政区域内的药品不良反应报告和监测的技术工作，并履行以下主要职责：

（一）承担本行政区域内药品不良反应报告和监测资料的收集、评价、反馈和上报，以及药品不良反应监测信息网络的维护和管理；

（二）对设区的市级、县级药品不良反应监测机构进行技术指导；

（三）组织开展本行政区域内严重药品不良反应的调查和评价，协助有关部门开展药品群体不良事件的调查；

（四）组织开展本行政区域内药品不良反应报告和监测的宣传、培训工作。

第十二条 设区的市级、县级药品不良反应监测机构负责本行政区域内药品不良反应报告和监测资料的收集、核实、评价、反馈和上报；开展本行政区域内严重药品不良反应的调查和评价；协助有关部门开展药品群体不良事件的调查；承担药品不良反应报告和监测的宣传、培训等工作。

第十三条 药品生产、经营企业和医疗机构应当建立药品不良反应报告和监测管理制度。药品生产企业应当设立专门机构并配备专职人员，药品经营企业和医疗机构应当设立或者指定机构并配备专（兼）职人员，承担本单位的药品不良反应报告和监测工作。

第十四条 从事药品不良反应报告和监测的工作人员应当具有医学、药学、流行病学或者统计学等相关专业知识，具备科学分析评价药品不良反应的能力。

第三章　报告与处置

第一节　基本要求

第十五条 药品生产、经营企业和医疗机构获知或者发现可能与用药有关的不良反应，应当通过国家药品不良反应监测信息网络报告；不具备在线报告条件的，应当通过纸质报表报所在地药品不良反应监测机构，由所在地药品不良反应监测机构代为在线报告。

报告内容应当真实、完整、准确。

第十六条 各级药品不良反应监测机构应当对本行政区域内的药品不良反应报告和监测资料进行评价和管理。

第十七条 药品生产、经营企业和医疗机构应当配合药品监督管理部门、卫生行政部门和药品不良反应监测机构对药品不良反应或者群体不良事件的调查，并提供调查所需的资料。

第十八条 药品生产、经营企业和医疗机构应当建立并保存药品不良反应报告和监测档案。

第二节 个例药品不良反应

第十九条 药品生产、经营企业和医疗机构应当主动收集药品不良反应，获知或者发现药品不良反应后应当详细记录、分析和处理，填写《药品不良反应/事件报告表》（见附表1）并报告。

第二十条 新药监测期内的国产药品应当报告该药品的所有不良反应；其他国产药品，报告新的和严重的不良反应。

进口药品自首次获准进口之日起5年内，报告该进口药品的所有不良反应；满5年的，报告新的和严重的不良反应。

第二十一条 药品生产、经营企业和医疗机构发现或者获知新的、严重的药品不良反应应当在15日内报告，其中死亡病例须立即报告；其他药品不良反应应当在30日内报告。有随访信息的，应当及时报告。

第二十二条 药品生产企业应当对获知的死亡病例进行调查，详细了解死亡病例的基本信息、药品使用情况、不良反应发生及诊治情况等，并在15日内完成调查报告，报药品生产企业所在地的省级药品不良反应监测机构。

第二十三条 个人发现新的或者严重的药品不良反应，可以向经治医师报告，也可以向药品生产、经营企业或者当地的药品不良反应监测机构报告，必要时提供相关的病历资料。

第二十四条 设区的市级、县级药品不良反应监测机构应当对收到的药品不良反应报告的真实性、完整性和准确性进行审核。严重药品不良反应报告的审核和评价应当自收到报告之日起3个工作日内完成，其他报告的审核和评价应当在15个工作日内完成。

设区的市级、县级药品不良反应监测机构应当对死亡病例进行调查，详细了解死亡病例的基本信息、药品使用情况、不良反应发生及诊治情况等，自收到报告之日起15个工作日内完成调查报告，报同级药品监督管理部门和卫生行政部门，以及上一级药品不良反应监测机构。

第二十五条 省级药品不良反应监测机构应当在收到下一级药品不良反应监测机构提交的严重药品不良反应评价意见之日起7个工作日内完成评价工作。

对死亡病例，事件发生地和药品生产企业所在地的省级药品不良反应监测机构均应当及时根据调查报告进行分析、评价，必要时进行现场调查，并将评价结果报省级药品监督管理部门和卫生行政部门，以及国家药品不良反应监测中心。

第二十六条 国家药品不良反应监测中心应当及时对死亡病例进行分析、评价，并将评价结果报国家食品药品监督管理局和卫生部。

第三节 药品群体不良事件

第二十七条 药品生产、经营企业和医疗机构获知或者发现药品群体不良事件后，应当立即通过电话或者传真等方式报所在地的县级药品监督管理部门、卫生行政部门和药品不良反应监测机构，必要时可以越级报告；同时填写《药品群体不良事件基本信息表》（见附表2），对每一病例还应当及时填写《药品不良反应/事件报告表》，通过国家药品不良反应监测信息网络报告。

第二十八条 设区的市级、县级药品监督管理部门获知药品群体不良事件后，应当立即与同级卫生行政部门联合组织开展现场调查，并及时将调查结果逐级报至省级药品监督管理部门和卫生行政部门。

省级药品监督管理部门与同级卫生行政部门联合对设区的市级、县级的调查进行督促、指导，对药品群体不良事件进行分析、评价，对本行政区域内发生的影响较大的药品群体不良事件，还应当组织现场调查，评价和调查结果应当及时报国家食品药品监督管理局和卫生部。

对全国范围内影响较大并造成严重后果的药品群体不良事件，国家食品药品监督管理局应当与卫生部联合开展相关调查工作。

第二十九条 药品生产企业获知药品群体不良事件后应当立即开展调查，详细了解药品群体不良事件的发生、药品使用、患者诊治以及药品生产、储存、流通、既往类似不良事件等情况，在7日内完成调查报告，报所在地省级药品监督管理部门和药品不良反应监测机构；同时迅速开展自查，分析事件发生的原因，必要时应当暂停生产、销售、使用和召回相关药品，并报所在地省级药品监督管理部门。

第三十条 药品经营企业发现药品群体不良事件应当立即告知药品生产企业，同时迅速开展自查，必要时应当暂停药品的销售，并协助药品生产企业采取相关控制措施。

第三十一条 医疗机构发现药品群体不良事件后应当积极救治患者，迅速开展临床调查，分析事件发生的原因，必要时可采取暂停药品的使用等紧急措施。

第三十二条 药品监督管理部门可以采取暂停生产、销售、使用或者召回药品等控制措施。卫生行政部门应当采取措施积极组织救治患者。

第四节 境外发生的严重药品不良反应

第三十三条 进口药品和国产药品在境外发生的严重药品不良反应（包括自发报告系统收集的、上市后临床研究发现的、文献报道的），药品生产企业应当填写《境外发生的药品不良反应/事件报告表》（见附表3），自获知之日起30日内报送国家药品不良反应监测中心。国家药品不良反应监测中心要求提供原始报表及相关信息的，药品生产企业应当在5日内提交。

第三十四条 国家药品不良反应监测中心应当对收到的药品不良反应报告进行分析、评价，每半年向国家食品药品监督管理局和卫生部报告，发现提示药品可能存在安全隐患的信息应当及时报告。

第三十五条 进口药品和国产药品在境外因药品不良反应被暂停销售、使用或者撤市的，药品生产企业应当在获知后24小时内书面报国家食品药品监督管理局和国家药品不良反应监测中心。

第五节 定期安全性更新报告

第三十六条 药品生产企业应当对本企业生产药品的不良反应报告和监测资料进行定期汇总分析，汇总国内外安全性信息，进行风险和效益评估，撰写定期安全性更新报告。定期安全性更新报告的撰写规范由国家药品不良反应监测中心负责制定。

第三十七条 设立新药监测期的国产药品，应当自取得批准证明文件之日起每满1年提交一次定期安全性更新报告，直至首次再注册，之后每5年报告一次；其他国产药品，每5年报告一次。

首次进口的药品，自取得进口药品批准证明文件之日起每满一年提交一次定期安全性更新报告，直至首次再注册，之后每5年报告一次。

定期安全性更新报告的汇总时间以取得药品批准证明文件的日期为起点计，上报日期应当在汇总数据截止日期后60日内。

第三十八条 国产药品的定期安全性更新报告向药品生产企业所在地省级药品不良反应监测机构提交。进口药品（包括进口分包装药品）的定期安全性更新报告向国家药品不良反应监测中心提交。

第三十九条 省级药品不良反应监测机构应当对收到的定期安全性更新报告进行汇总、分析和评价，于每年4月1日前将上一年度定期安全性更新报告统计情况和分析评价结果报省级药品监督管理部门和国家药品不良反应监测中心。

第四十条 国家药品不良反应监测中心应当对收到的定期安全性更新报告进行汇总、分析和评价，于每年7月1日前将上一年度国产药品和进口药品的定期安全性更新报告统计情况和分析评价结果报国家食品药品监督管理局和卫生部。

第四章　药品重点监测

第四十一条　药品生产企业应当经常考察本企业生产药品的安全性，对新药监测期内的药品和首次进口5年内的药品，应当开展重点监测，并按要求对监测数据进行汇总、分析、评价和报告；对本企业生产的其他药品，应当根据安全性情况主动开展重点监测。

第四十二条　省级以上药品监督管理部门根据药品临床使用和不良反应监测情况，可以要求药品生产企业对特定药品进行重点监测；必要时，也可以直接组织药品不良反应监测机构、医疗机构和科研单位开展药品重点监测。

第四十三条　省级以上药品不良反应监测机构负责对药品生产企业开展的重点监测进行监督、检查，并对监测报告进行技术评价。

第四十四条　省级以上药品监督管理部门可以联合同级卫生行政部门指定医疗机构作为监测点，承担药品重点监测工作。

第五章　评价与控制

第四十五条　药品生产企业应当对收集到的药品不良反应报告和监测资料进行分析、评价，并主动开展药品安全性研究。

药品生产企业对已确认发生严重不良反应的药品，应当通过各种有效途径将药品不良反应、合理用药信息及时告知医务人员、患者和公众；采取修改标签和说明书，暂停生产、销售、使用和召回等措施，减少和防止药品不良反应的重复发生。对不良反应大的药品，应当主动申请注销其批准证明文件。

药品生产企业应当将药品安全性信息及采取的措施报所在地省级药品监督管理部门和国家食品药品监督管理局。

第四十六条　药品经营企业和医疗机构应当对收集到的药品不良反应报告和监测资料进行分析和评价，并采取有效措施减少和防止药品不良反应的重复发生。

第四十七条 省级药品不良反应监测机构应当每季度对收到的药品不良反应报告进行综合分析，提取需要关注的安全性信息，并进行评价，提出风险管理建议，及时报省级药品监督管理部门、卫生行政部门和国家药品不良反应监测中心。

省级药品监督管理部门根据分析评价结果，可以采取暂停生产、销售、使用和召回药品等措施，并监督检查，同时将采取的措施通报同级卫生行政部门。

第四十八条 国家药品不良反应监测中心应当每季度对收到的严重药品不良反应报告进行综合分析，提取需要关注的安全性信息，并进行评价，提出风险管理建议，及时报国家食品药品监督管理局和卫生部。

第四十九条 国家食品药品监督管理局根据药品分析评价结果，可以要求企业开展药品安全性、有效性相关研究。必要时，应当采取责令修改药品说明书，暂停生产、销售、使用和召回药品等措施，对不良反应大的药品，应当撤销药品批准证明文件，并将有关措施及时通报卫生部。

第五十条 省级以上药品不良反应监测机构根据分析评价工作需要，可以要求药品生产、经营企业和医疗机构提供相关资料，相关单位应当积极配合。

第六章 信息管理

第五十一条 各级药品不良反应监测机构应当对收到的药品不良反应报告和监测资料进行统计和分析，并以适当形式反馈。

第五十二条 国家药品不良反应监测中心应当根据对药品不良反应报告和监测资料的综合分析和评价结果，及时发布药品不良反应警示信息。

第五十三条 省级以上药品监督管理部门应当定期发布药品不良反应报告和监测情况。

第五十四条 下列信息由国家食品药品监督管理局和卫生部统一发布：

（一）影响较大并造成严重后果的药品群体不良事件；

（二）其他重要的药品不良反应信息和认为需要统一发布的信息。

前款规定统一发布的信息，国家食品药品监督管理局和卫生部也可以授权省级药品监督管理部门和卫生行政部门发布。

第五十五条 在药品不良反应报告和监测过程中获取的商业秘密、个人隐私、患者和报告者信息应当予以保密。

第五十六条 鼓励医疗机构、药品生产企业、药品经营企业之间共享药品不良反应信息。

第五十七条 药品不良反应报告的内容和统计资料是加强药品监督管理、指导合理用药的依据。

第七章 法律责任

第五十八条 药品生产企业有下列情形之一的，由所在地药品监督管理部门给予警告，责令限期改正，可以并处五千元以上三万元以下的罚款：

（一）未按照规定建立药品不良反应报告和监测管理制度，或者无专门机构、专职人员负责本单位药品不良反应报告和监测工作的；

（二）未建立和保存药品不良反应监测档案的；

（三）未按照要求开展药品不良反应或者群体不良事件报告、调查、评价和处理的；

（四）未按照要求提交定期安全性更新报告的；

（五）未按照要求开展重点监测的；

（六）不配合严重药品不良反应或者群体不良事件相关调查工作的；

（七）其他违反本办法规定的。

药品生产企业有前款规定第（四）项、第（五）项情形之一的，按照《药品注册管理办法》的规定对相应药品不予再注册。

第五十九条 药品经营企业有下列情形之一的，由所在地药品监督管理部门给予警告，责令限期改正；逾期不改的，处三万元以下的罚款：

（一）无专职或者兼职人员负责本单位药品不良反应监测工作的；

（二）未按照要求开展药品不良反应或者群体不良事件报告、调查、评价和处理的；

（三）不配合严重药品不良反应或者群体不良事件相关调查工作的。

第六十条 医疗机构有下列情形之一的，由所在地卫生行政部门给予警告，责令限期改正；逾期不改的，处三万元以下的罚款。情节严重并造成严重后果的，由所在地卫生行政部门对相关责任人给予行政处分：

（一）无专职或者兼职人员负责本单位药品不良反应监测工作的；

（二）未按照要求开展药品不良反应或者群体不良事件报告、调查、评价和处理的；

（三）不配合严重药品不良反应和群体不良事件相关调查工作的。

药品监督管理部门发现医疗机构有前款规定行为之一的，应当移交同级卫生行政部门处理。

卫生行政部门对医疗机构做出行政处罚决定的，应当及时通报同级药品监督管理部门。

第六十一条 各级药品监督管理部门、卫生行政部门和药品不良反应监测机构及其有关工作人员在药品不良反应报告和监测管理工作中违反本办法，造成严重后果的，依照有关规定给予行政处分。

第六十二条 药品生产、经营企业和医疗机构违反相关规定，给药品使用者造成损害的，依法承担赔偿责任。

第八章 附 则

第六十三条 本办法下列用语的含义：

（一）药品不良反应，是指合格药品在正常用法用量下出现的与用药目的无关的有害反应。

（二）药品不良反应报告和监测，是指药品不良反应的发现、报告、评价和控制的过程。

（三）严重药品不良反应，是指因使用药品引起以下损害情形之一的反应：

1. 导致死亡；

2. 危及生命；

3. 致癌、致畸、致出生缺陷；

4. 导致显著的或者永久的人体伤残或者器官功能的损伤；

5. 导致住院或者住院时间延长；

6. 导致其他重要医学事件，如不进行治疗可能出现上述所列情况的。

（四）新的药品不良反应，是指药品说明书中未载明的不良反应。说明书中已有描述，但不良反应发生的性质、程度、后果或者频率与说明书描述不一致或者更严重的，按照新的药品不良反应处理。

（五）药品群体不良事件，是指同一药品在使用过程中，在相对集中的时间、区域内，对一定数量人群的身体健康或者生命安全造成损害或者威胁，需要予以紧急处置的事件。

同一药品：指同一生产企业生产的同一药品名称、同一剂型、同一规格的药品。

（六）药品重点监测，是指为进一步了解药品的临床使用和不良反应发生情况，研究不良反应的发生特征、严重程度、发生率等，开展的药品安全性监测活动。

第六十四条 进口药品的境外制药厂商可以委托其驻中国境内的办事机构或者中国境内代理机构，按照本办法对药品生产企业的规定，履行药品不良反应报告和监测义务。

第六十五条 卫生部和国家食品药品监督管理局对疫苗不良反应报告和监测另有规定的，从其规定。

第六十六条 医疗机构制剂的不良反应报告和监测管理办法由各省、自治区、直辖市药品监督管理部门会同同级卫生行政部门制定。

第六十七条 本办法自 2011 年 7 月 1 日起施行。国家食品药品监督管理局和卫生部于 2004 年 3 月 4 日公布的《药品不良反应报告和监测管理办法》（国家食品药品监督管理局令第 7 号）同时废止。

5.10 药品不良反应报告和监测检查指南（试行）

（食药监药化监〔2015〕78号附件）

食品药品监管总局关于印发药品不良反应报告和监测检查指南（试行）的通知

食药监药化监〔2015〕78号

各省、自治区、直辖市食品药品监督管理局：

为推动药品生产企业实施药品不良反应报告和监测制度，指导各级食品药品监管部门对企业开展药品不良反应报告和监测工作的检查，根据《药品不良反应报告和监测管理办法》相关要求，总局组织制定了《药品不良反应报告和监测检查指南（试行）》，现印发给你们，请遵照执行。

食品药品监管总局

2015年7月2日

药品不良反应报告和监测检查指南（试行）

药品不良反应报告和监测是药品上市后监管的重要内容，是药品生产企业对其生产的药品进行全生命周期管理的主要内容和重要责任，是药品安全评价的重要依据。为推进药品生产企业开展不良反应报告和监测工作，指导食品药品监督管理部门开展对企业药品不良反应报告和监测工作的检查，制定本检查指南。

本指南适用于食品药品监督管理部门开展对药品生产企业不良反应报告和监测工作的检查。

1. 检查目的

1.1 通过对药品生产企业执行《药品不良反应报告和监测管理办法》情况进行检查，促进企业规范开展药品不良反应报告和监测工作，推进相关工作全面开展。

1.2 确定药品生产企业具备符合法律法规所要求的机构、人员、制度、体系和设施。

1.3 检查药品生产企业是否严格履行报告和监测责任，是否存在可能对公众健康造成威胁的因素和风险。

1.4 必要时，检查结果可作为监管措施的依据。

2. 检查类型

2.1 常规检查：指按计划开展的例行检查，通常为系统性检查，可选取一个或多个特定药品作为实例检查企业药品不良反应报告和监测体系运转情况。常规检查应坚持问题导向，如新药监测期内、首次进口 5 年内的药品为重点检查内容。

常规检查范围包括组织机构、人员管理、质量管理体系、个例药品不良反应、药品群体不良事件、境外发生的严重药品不良反应、定期安全性更新报告、药品重点监测、评价及控制 9 个方面，检查内容参见检查要点（见附件 1）。疫苗生产企业的个例报告、群体不良事件检查内容，参考《全国疑似预防接种异常反应监测方案》（卫办疾控发〔2010〕94 号）有关要求。

2.2 有因检查：指因一个或多个特殊问题，对生产企业开展的针对性检查，以确认生产企业是否存在违反相关法规的行为。启动有因检查原因如下：

2.2.1 药品安全性出现问题：未能及时发现或沟通相关风险，产品撤市或暂停生产、销售时未提前告知等。

2.2.2 报告责任未履行：迟报、瞒报、报告质量差、报告信息不准确等。

2.2.3 未完成监管机构的要求：未按要求开展药品重点监测；未按要求实施相关产品的风险管理计划；未按要求提供资料，或提供的数据信息不符合要求。

2.2.4 其他：延迟实施或没有充分实施整改措施；其他检查（GXPs）发现的相关问题；投诉意见等。

3. 检查计划

制定检查计划前应对企业进行系统风险评估。根据风险大小来决定检查的频率和范围，对以下因素予以重点考虑：

3.1 既往药品不良反应报告和监测检查或其他检查（GXPs）中发现的相关违规问题以及建议的再次检查时间；

3.2 批准上市时有附加安全性条件的药品，例如开展上市后研究、销售量大的药品、市场上替代品较有限的药品。

3.3 从未接受过药品不良反应报告和监测培训的药品生产企业、上市品种较多且销售量大的药品生产企业、首次在中国境内获得药品批准的药品生产企业，组织结构方面发生变化的药品生产企业（例如兼并与收购）。

4. 检查地点

4.1 根据检查目的以及部门实际，确定检查地点。药品生产企业参与实施药品不良反应报告和监测的任何地点都可能被检查，检查的目的是确认这些部门是否具有履行药品不良反应报告和监测工作的能力。

4.2 当药品生产企业主要的药品不良反应报告和监测工作地点、数据库或者药品不良反应监测活动在中国境外开展，而中国境内的工作地点无法有效确认相关工作是否符合现行法律法规时，可以开展境外检查。

5. 检查实施

5.1 准备阶段

5.1.1 通知药品生产企业：在实施现场检查前应当正式通知生产企业检查事宜，并提出需要准备的文件资料和提交时限。常规检查一般应提前 2 个月通知药品生产企业，准备的文件资料通常包括基本信息、组织机构、人员管理、工作程序、培训记录、相关监测工作开展情况等（见附件 2）。

中国境内持有药品批准文号的药品生产企业（包括受进口药品境外制药厂商委托的驻中国境内办事机构或者中国境内代理机构）应该随时做好接受检查的准备，有因检查可能事先不告知；按《生产企业药品不良反应报告和监测检查资料清单》准备资料；确保可以在确定的检查地点接受检查，并在检查中提供检查员所需的信息和 / 或文件、面谈人员及相关问题的解释说明。

5.1.2 制定现场检查方案：在实施现场检查前，应充分了解生产企业基本情况、既往监测工作开展情况、风险因素等，并制定现场检查方案，包括检查目的、具体品种、检查范围、检查时间、地点、日程安排、检查组成员及分工等。

现场检查时间一般为 2 ～ 3 天，可视具体情况适当缩短或延长。检查组一般由 2 名以上检查人员组成，实行检查组长负责制。

5.2 现场检查

5.2.1 启动会议

现场检查开始时，召开由检查人员、生产企业负责人、药品不良反应报告和监测负责人以及相关工作人员参加的启动会议。内容包括确认检查内容、落实检查日程、确定检查期间企业联络人员、以及生产企业介绍药品不良反应报告和监测体系及工作概况等。

5.2.2 开展检查

5.2.2.1 检查方式：查阅文件、人员访谈、计算机系统检查等。

5.2.2.2 检查内容：根据现场检查方案，对生产企业药品不良反应报告和监测体系进行全面检查或者对具体问题开展针对性检查。

5.2.2.3 检查记录：所有检查情况（包括受访人员姓名、职务等）、检查发现的问题均应记录在案。必要时，应将生产企业未按相关法规要求执行情况进行证据保存，并应及时将证据移交企业所在地食品药品监督管理部门。

5.2.2.4 检查组应对现场检查情况进行分析汇总，并客观、公平、公正地对检查中发现的问题进行评估。

5.3 总结会议

现场检查结束时，检查组召开总结会议，并就检查发现的问题向药品生产企业进行反馈。生产企业对检查中发现的问题无异议的，应对问题进行整改。生产企业如对现场检查发现的问题有异议，可做适当解释和说明。对现场检查发现的问题（见附件 3），检查组全体成员、生产企业负责人应签字确认，双方各执一份。

5.4 检查报告

现场检查结束 10 个工作日内，检查组长负责组织完成检查报告，确认签字的相关现场检查资料附后，一并上报检查组织单位。检查报告内容包括以下方面：

5.4.1 检查开展总体情况，例如检查人员组成、检查计划制定、检查地点确认以及开展检查的总体情况等；

5.4.2 企业执行《药品不良反应报告和监测管理办法》的基本情况；

5.4.3 发现的问题；

5.4.4 结论和建议。

5.5 整改及复查

被检查药品生产企业根据检查中发现的问题，制定整改计划，落实整改及预防措施，对紧急和／或重大问题应予以优先处理，整改措施要具有针对性、可评估性、切实可行且时限明确。企业应当于检查结束后 20 个工作日内提交整改计划，并于检查结束后 6 个月内提交整改报告。

必要时，检查组织单位开展复查，以确保药品生产企业的整改及预防措施有效落实。

6. 监管措施

对于检查中发现的不符合《药品不良反应报告和监测管理办法》要求的，食品药品监督管理部门可根据情况采取以下措施：

6.1 约谈企业：与药品生产企业代表进行沟通，说明已确认的违规行为，提出明确的监管要求，如整改及预防措施等。

6.2 警告信：通过书面形式与药品生产企业沟通，说明已确认的违规行为，提醒其严格履行药品不良反应报告和监测的相关职责，或提出明确的监管要求，如整改及预防措施等。

6.3 行政处罚：如遇违反《药品不良反应报告和监测管理办法》要求的，

按照有关规定予以处理。

7. 检查管理

7.1 职责

7.1.1 省、自治区、直辖市食品药品监督管理部门负责组织开展对本行政区域内生产企业药品不良反应报告和监测的检查。

7.1.2 必要时，国家食品药品监督管理总局可以组织开展生产企业药品不良反应报告和监测工作检查。

7.1.3 国家及省、自治区、直辖市药品不良反应监测机构负责配合检查工作的实施。

7.2 检查员资质和培训

检查人员需具备医药学或相关专业大学本科及以上学历（或有相关专业中级以上技术职称），熟悉和掌握药品不良反应报告和监测相关法规，有较强的沟通和团队协作能力。检查人员应该接受必要的培训，以保证具备准备、实施和报告检查工作方面的技能。

7.3 信息共享

检查中发现的相关问题，与药品注册审评、稽查、审核查验、等部门共享信息。

7.4 信息公布

检查结果和监管措施等情况应当及时予以公开。

附件：1. 药品不良反应报告和监测检查要点

2. 药品不良反应报告和监测检查资料清单

3. 药品不良反应报告和监测检查问题清单

附件 1

5.10.1 药品不良反应报告和监测检查要点

类别	编号	内容	要点	《药品不良反应报告和监测管理办法》条款
组织机构	1.1	设立专门机构开展药品不良反应报告和监测工作，具有清晰的组织机构图	审查生产企业整体组织情况（组织结构图、人员数量、职位描述、责任、正式任命等内容）。 需检查的资料： 1 生产企业不良反应监测工作制度文件。 2 组织结构图：包括公司结构、层级关系、附属公司等情况，其中药品不良反应监测部门应该包括名字和职务	第二章第十三条
	1.2	专门机构具有明确的工作职责，包括制定药品不良反应报告和监测制度并监督实施；收集药品不良反应相关信息；死亡、群体以及其他影响较大事件的调查；组织药品不良反应相关教育和培训等	了解生产企业制度文件中是否包括相关职责。 需检查的资料： 生产企业不良反应监测工作制度文件	第二章第十三条
	1.3	建立清晰明确的药品安全问题处理机制，例如可以建立由多个部门参与的药品安全委员会，研究处理有关安全性问题	了解生产企业是否建立了药品安全问题处理机制，例如是否建立了药品安全委员会来处理重大药品安全事件。 需检查的资料： 如果已建立药品安全委员会，了解药品安全委员会组织结构、涉及部门、主要工作和职责、人员情况、委员会会议记录等	第三章第二十二条 第三章第二十九条 第五章第四十五条

续表

类别	编号	内容	要点	《药品不良反应报告和监测管理办法》条款
人员管理	2.1	配备专职人员开展药品不良反应报告和监测工作	检查该企业药品不良反应人员配备情况：是否配备药品不良反应监测联系人（本企业药品不良反应监测总负责人）、药品不良反应部门负责人，专职药品不良反应工作人员、市场等部门的药品不良反应监测员等。 需检查的资料： 药品不良反应部门负责人、药品不良反应专职工作人员、其他部门药品不良反应信息员有关资料，包括聘任时间、资质条件、工作职责、联系方式等	第二章第十三条
	2.2	药品不良反应监测部门工作人员具有明确的工作职责，包括收集、核实、分析、评价和按规定上报各类药品不良反应 / 事件；管理和维护药品不良反应监测数据；提供药品不良反应监测相关技术指导等	核实药品不良反应监测专职人员工作职责。 需检查的资料： 药品不良反应监测负责人及专职人员管理文件（应涵盖具体负责的工作及要求）	第二章第十三条
	2.3	药品不良反应监测部门工作人员具有医学、药学、流行病学或者统计学等相关专业背景	查阅生产企业对药品不良反应专职人员招聘要求、核实专职人员的基本信息包括专业背景、从业时间、职称情况。 需检查的资料： 专职人员专业资质证书，如学历、学位、职称等	第二章第十四条

续表

类别	编号	内容	要点	《药品不良反应报告和监测管理办法》条款
人员管理	2.4	药品不良反应监测部门工作人员接受过药品不良反应报告和监测专业技能培训，具备科学分析评价药品不良反应的能力	了解培训内容情况，评估培训内容是否能够满足监测工作需要，了解监测人员培训内容的掌握情况。 需检查的资料： 1. 药品不良反应监测部门工作人员培训计划：包括人员、职位、人数、培训内容、培训时间等。 2. 培训记录：包括培训时间、培训内容（教材等）、参加人员、人数、员工反馈情况等	第二章第十四条
	2.5	药品不良反应报告相关部门（销售部、市场部、医学部等）人员，接受过药品不良反应监测相关培训，熟悉本单位报告程序及要求	了解生产企业是否开展对相关部门人员的培训工作以及培训内容等。 需检查的资料： 1. 培训计划：包括生产企业培训的人员、职位、人数、培训内容、培训时间等。 2. 培训记录：包括培训时间、培训内容（教材等）、参加人员、人数、员工反馈情况等	第三章第十九条
质量管理体系	3.1	制定药品不良反应报告和监测工作制度，并符合法规要求，如报告和监测管理、培训管理、资料管理等	核实生产企业是否按照法规要求制定了不良反应报告、分析评价、资料管理、工作考核等制度。检查制度的内容、范围是否准确合理。 需检查的资料： 相关制度文件	第二章第十三条

续表

类别	编号	内容	要点	《药品不良反应报告和监测管理办法》条款
质量管理体系	3.2	制定药品不良反应报告和监测工作程序，并符合法规要求，如个例药品不良反应、药品群体不良事件、境外严重药品不良反应、定期安全性更新报告（PSUR）、药品重点监测、评价及控制等	了解生产企业是否建立相关工作程序；工作程序内容是否符合法规要求，是否科学、合理、全面。 该部分检查内容可与各项工作具体实施情况检查相结合。 1. 个例药品不良反应报告处理：不同来源的个例药品不良反应的收集、审核、重复病例筛选、随访或调查、评价、上报，尤其关注新的严重、死亡病例以及文献病例的处理等。 2. 药品群体不良事件处理：不同来源的药品群体不良事件的收集、审核、调查、评价、上报等。重点关注处理程序中报告途径与方式是否正确；如何展开调查、调查报告完成时限、调查后处理等。 3. 境外发生的严重药品不良反应处理：不同来源的境外个例药品不良反应的收集、审核、重复病例筛选、随访、评价、上报等；境外药品撤市、暂停信息的收集、评估、上报、跟踪等。 4. 定期安全性更新报告：准备、撰写、质量控制、评估、上报等。 5. 药品重点监测：计划、启动、实施、跟踪、评估、上报等	第二章第十三条

续表

类别	编号	内容	要点	《药品不良反应报告和监测管理办法》条款
质量管理体系	3.2		6. 药品安全性信号检测：定期数据分析、评估等。 7. 说明书更新程序。 8. 对于药品监管机构提出问题回复程序。 9. 处理医学咨询和投诉程序。 10. 文献检索程序：范围、时限、报告等。 11. 评价与控制：信号发现、评估、跟踪、上报、风险沟通、风险控制等。 12. 数据处理程序：包括数据收集、整理，如有电子收集系统，应描述系统版本、系统的支持和维护等。 13. 资料存档：文件（包括电子文档）的归档和存储程序。 需检查的资料： 上述具体程序文件	第二章第十三条
	3.3	开展质量管理体系内部审核或外部审核	了解生产企业是否建立涵盖药品不良反应监测的质量管理体系；开展内审、外审活动的情况。 需检查的资料： 质量管理体系文件；内审、外审记录及报告等	第二章第十三条

续表

类别	编号	内容	要点	《药品不良反应报告和监测管理办法》条款
个例药品不良反应报告	4.1	主动收集药品不良反应信息并按规定上报。收集途径应广泛，包括销售渠道、投诉、热线电话、文献、上市后研究等	通过查看书面文件或与工作人员交流了解生产企业药品安全性信息收集途径，评估信息来源是否全面；查看具体收集途径的有效性，如电话、网站等；了解如何开展文献检索及报告工作等。 需检查的资料： 个例药品不良反应处理程序 不同途径来源的个例药品不良反应报告各 2 份	第三章第十九条
	4.2	《药品不良反应 / 事件报告表》信息有效，至少包括患者信息、药品信息、不良反应信息、报告人信息等	查看生产企业获知药品不良反应信息的记录情况：《药品不良反应 / 事件报告表》或者内部简化表，但均必须包括患者信息、药品信息、不良反应信息以及报告人信息等内容，以确保报告的有效性。 需检查的资料： 新的、严重、一般《药品不良反应 / 事件报告表》和 / 或内部简表各 5 份	第三章第十九条 疫苗品种参考《全国疑似预防接种异常反应监测方案》“三、报告”部分
	4.3	《药品不良反应 / 事件报告表》填写规范，药品名称、药品不良反应名称、原患疾病、用药原因等术语准确	了解个例不良反应报告有关术语如何进行规范，是否符合要求及工作程序，是否参照《WHO 药品不良反应术语集》规范药品不良反应名称、参照国家疾病代码（ICD）规范原患疾病和用药原因、参照说明书规范药品名称等；查看所提供《药品不良反应 / 事件报告表》或者随机抽取数据库中《药品不良反应 / 事件报告表》相关术语是否规范使用。 需检查的资料： 新的、严重《药品不良反应 / 事件报告表》5 份	第三章第十五条 第三章第十九条 疫苗品种参考《全国疑似预防接种异常反应监测方案》“三、报告”部分

续表

类别	编号	内容	要点	《药品不良反应报告和监测管理办法》条款
个例药品不良反应报告	4.4	《药品不良反应 / 事件报告表》报告类型 、药品不良反应结果、关联性评价等评判合理	了解生产企业如何开展《药品不良反应 / 事件报告表》评价，是否符合工作程序；查看所提供《药品不良反应 / 事件报告表》或者随机抽取数据库中《药品不良反应 / 事件报告表》评价的准确性。 需检查的资料： 新的、严重《药品不良反应 / 事件报告表》5 份	第三章第十九条 疫苗品种参考《全国疑似预防接种异常反应监测方案》“三、报告”部分
	4.5	上报时限：获知新的、严重的《药品不良反应 / 事件报告表》在 15 日内报告，死亡病例立即报告；其他药品不良反应在 30 日内报告	查看死亡病例是否进行调查？调查内容是否全面，是否符合要求或者书面程序？ 需检查的资料： 死亡病例相关的《药品不良反应 / 事件报告表》以及调查报告 3 份	第三章第二十一条 疫苗品种参考《全国疑似预防接种异常反应监测方案》“三、报告”部分
	4.6	对获知的死亡病例进行调查，详细了解死亡病例的基本信息、药品使用情况、不良反应发生及诊治等情况。在 15 日内完成调查报告，报省级药品不良反应监测机构		第三章第二十二条 疫苗品种参考《全国疑似预防接种异常反应监测方案》“三、报告”部分
药品群体不良事件报告	5.1	获知或发现药品群体不良事件信息后，立即通过电话或者传真等最快方式向相关食品药品监督管理部门、药品不良反应监测机构报告	查看生产企业提交群体事件处理的相关资料。 需检查的资料： 案例 1 份	第三章第二十七条 疫苗品种参考《全国疑似预防接种异常反应监测方案》“三、报告”部分

续表

类别	编号	内容	要点	《药品不良反应报告和监测管理办法》条款
药品群体不良事件报告	5.2	规范填写《药品群体不良事件基本信息表》、《药品不良反应/事件报告表》，通过国家药品不良反应监测信息网络报告	查看信息填写是否规范、上报是否符合要求。 需检查的资料： 同上	第三章第二十七条 疫苗品种参考《全国疑似预防接种异常反应监测方案》“三、报告”部分
	5.3	立即开展调查，详细了解药品群体不良事件的发生、药品使用、患者诊治以及药品生产、储存、流通、既往类似不良事件等情况。在7日内完成调查报告，向所在地省级食品药品监督管理部门和药品不良反应监测机构报告	查看调查内容、上报时间等是否符合要求。 需检查的资料： 同上	第三章第二十九条 疫苗品种参考《全国疑似预防接种异常反应监测方案》“三、报告”部分
	5.4	迅速开展自查，分析事件发生原因，必要时暂停生产、销售、使用和召回相关药品，并报所在地省级食品药品监督管理部门	查看处理事件情况。 需检查的资料： 同上	第三章第二十九条 疫苗品种参考《全国疑似预防接种异常反应监测方案》“三、报告”部分
境外发生的严重药品不良反应报告	6.1	收集进口药品和/或国产药品在境外发生的严重药品不良反应，信息来源包括自发报告、上市后临床研究、文献报道等	了解生产企业的药品是否在境外上市。 需检查的资料： 《境外发生的药品不良反应/事件报告表》5份	第三章第三十三条

续表

类别	编号	内容	要点	《药品不良反应报告和监测管理办法》条款
境外发生的严重药品不良反应报告	6.2	《境外发生的药品不良反应 / 事件报告表》填写规范；报告时限符合要求，即自获知之日起 30 日内报送国家药品不良反应监测中心	了解报告填写内容是否规范、报告时限是否在 30 天内。 需检查的资料： 同上	第三章第三十三条
	6.3	对于国家药品不良反应监测中心要求提供原始报表及相关信息的，药品生产企业在 5 日内提交	了解是否有国家药品不良反应监测机构要求其提供原始报表及相关信息的案例？如有，查阅资料提供时间是否符合要求。 需检查的资料： 应国家药品不良反应监测机构的要求，提交的相关资料	第三章第三十三条
	6.4	药品在境外因药品不良反应被暂停销售、使用或者撤市的，药品生产企业在获知后 24 小时内书面报国家食品药品监督管理局和国家药品不良反应监测中心	了解生产企业是否有品种在境外上市？是否有品种在境外因药品不良反应被暂停销售、使用或者撤市的？如有，是如何处理的？查看是否符合法规要求和书面程序 需检查的资料： 案例 1 份	第三章第三十五条

续表

类别	编号	内容	要点	《药品不良反应报告和监测管理办法》条款
定期安全性更新报告	7.1	国产药品和进口药品PSUR提交时限：设立新药监测期的国产药品，应当自取得批准证明文件之日起每满1年提交一次PSUR，直至首次再注册，之后每5年报告一次，其他国产药品，每5年报告一次；首次进口的药品，自取得进口药品批准证明文件之日起每满一年提交一次PSUR，直至首次再注册，之后每5年报告一次	了解生产企业新药监测期国产药品以及首次进口药品5年药品情况，结合生产企业提交的PSUR内容、PSUR撰写制度和流程、PSUR上报制度和流程进行查看，关注是否按要求进行撰写、是否符合报告周期等。 需检查的资料： 2个品种最近2次的PSUR	第三章第三十七条
	7.2	PSUR汇总时间：即以取得药品批准证明文件的日期为起点计，上报日期应当在汇总数据截止日期后60日内	结合生产企业提交的PSUR内容、PSUR撰写制度和流程、PSUR上报制度和流程开展检查，关注上报日期是否准确。 需检查的资料： 同上	第三章第三十七条
	7.3	PSUR提交部门：国产药品向药品生产企业所在地省级药品不良反应监测机构提交；进口药品（包括进口分包装药品）向国家药品不良反应监测中心提交	结合生产企业提交的PSUR内容、PSUR撰写制度和流程、PSUR上报制度和流程开展检查，关注报告提交机构是否准确。 需检查的资料： 同上	第三章第三十八条

续表

类别	编号	内容	要点	《药品不良反应报告和监测管理办法》条款
定期安全性更新报告	7.4	PSUR 撰写内容：符合《定期安全性更新报告撰写规范》	结合生产企业提交的 PSUR 内容、PSUR 撰写制度和流程、PSUR 上报制度和流程开展检查，关注 PSUR 内容是否全面完整、分析是否充分可靠等。 需检查的资料： 同上	第三章第三十六条
药品重点监测	8.1	对新药监测期内的药品和首次进口 5 年内的药品，开展重点监测	了解生产企业新药监测期国产药品以及首次进口药品 5 年药品情况，查看相关品种是否开展重点监测。 需检查的资料： 新药监测期内和首次进口 5 年药品的重点监测资料	第四章第四十一条
	8.2	对本企业生产的其他药品，根据安全性情况主动开展重点监测	了解生产企业其他产品开展重点监测情况。 需检查的资料： 相关品种重点监测资料	第四章第四十一条
	8.3	根据省级以上食品药品监督管理部门要求，对特定药品进行重点监测	了解是否有省级以上食品药品监督管理部门要求对特定药品开展重点监测的情况？如有，查看有关资料。 需检查的资料： 相关产品重点监测资料	第四章第四十二条

续表

类别	编号	内容	要点	《药品不良反应报告和监测管理办法》条款
药品重点监测	8.4	对重点监测数据进行汇总、分析、评价和报告	检查人员查看生产企业是否根据《药品重点监测指南》进行重点监测。 需检查的资料： 案例 1 份	第四章第四十一条
评价与控制	9.1	定期对收到的病例报告进行回顾分析，发现药品安全信号	了解生产企业是否开展信号检测？如何开展？结合信号检测工作程序，了解具体工作是否与工作程序一致，关注如何发现信号。 企业可以通过传统的人工经验开展病例报告系统回顾，也可以利用计算机辅助的数据挖掘方法进行病例报告系统回顾。生产企业无论采取哪种方法分析累积数据，都应该确保在先前报告分析的背景下，去评估具体时间段内产品安全数据，以发现新的、严重不良反应。除了上述信息外，生产企业还会收到其他来源信息，也应该一并考虑到信号检测过程中。例如来自非临床研究、实验室研究、药品重点监测、上市后临床研究等活动的数据。 需检查的资料： 案例 1 份	第五章第四十五条

续表

类别	编号	内容	要点	《药品不良反应报告和监测管理办法》条款
评价与控制	9.2	有安全信号提示时，对信号做进一步的调查和病例分析	如果一个或更多的病例都在提示一个安全性信号，生产企业需要对信号做进一步的调查分析。查看生产企业是否开展病例汇总分析？具体内容是否全面完整、分析是否准确可靠等。 病例汇总分析内容通常包括：临床表现和实验室表现，以及事件的进程；出现事件的患者的人口统计学特征（例如，年龄、性别、种族）；用药持续时间；从用药开始到不良反应发生的时间；使用的剂量；伴随用药；伴随疾病，尤其是那些已知的能导致不良事件的伴随疾病，例如潜在的肝脏损伤或肾脏损伤；给药途径；批号；年度或产品生命周期中的不良事件报告率的变化等。 需检查的资料： 案例 1 份	第五章第四十五条
	9.3	主动开展药品安全性研究，例如观察性药物流行病学研究、临床试验、Meta 分析、动物安全性研究、实验室的安全性研究等	了解生产企业主动开展药品安全性研究情况。 需检查的资料： 案例 1 份	第五章第四十五条

续表

类别	编号	内容	要点	《药品不良反应报告和监测管理办法》条款
评价与控制	9.4	对已确认发生严重不良反应的药品，通过各种有效途径将药品不良反应、合理用药信息及时告知医务人员、患者和公众；采取修改标签和说明书，暂停生产、销售、使用和召回等措施（风险管理计划）	了解生产企业如何将药品不良反应信息与医务人员、患者和公众进行沟通；生产企业采取修改标签和说明书，暂停生产、销售、使用和召回等措施情况；了解生产企业风险管理计划制定实施情况。 需检查的资料： 近 3 年与医务人员、患者和公众沟通情况列表及案例 1 份；近 3 年修改标签和说明书，暂停生产、销售、使用和召回等措施情况列表及案例 1 份；有关品种风险管理计划列表及案例 1 份	第五章第四十五条
	9.5	对不良反应大或其他原因危害人体健康的药品，应当主动申请注销其批准证明文件	了解生产企业主动申请批准证明文件注销情况。 需检查的资料： 近 3 年批准证明文件注销情况（主动或国家监管部门要求）列表；主动注销案例 1 个	第五章第四十五条

附件 2

5.10.2 药品不良反应报告和监测检查资料清单

1. 基本信息

1.1 生产企业联系人联系方式（电话、电子邮箱、传真、通信地址、邮编等）。

1.2 药品注册信息：生产企业药品注册情况列表，包括注册时间、上市时间、是否新药监测期品种、说明书变更、撤市、暂停、召回等情况等。

序号	药品 通用名	药品 商品名	注册 时间	上市 时间	新药 监测期	说明书变更	撤市、暂停、 召回
1							
2							
……							

1.3 药品不良反应监测工作概况：描述药品不良反应监测工作如何有效开展，如工作流程、各部门之间协调管理（包括与全球或总部相关部门的协调）、人员安排等。

2. 组织机构

2.1 组织结构图：包括附属公司及机构情况，其中药品不良反应监测部门应该包括工作人员姓名和职务。

2.2 药品不良反应监测部门职责。

2.3 药品安全问题处理机制

3. 人员管理

3.1 药品不良反应监测专职人员职责描述、专业背景、培训记录等。

3.2 药品不良反应报告相关部门人员培训记录。

4. 质量管理体系

4.1 管理制度：药品不良反应报告和监测、人员培训、资料管理等制度文件。

4.2 程序文件须详细描述下述药品不良反应监测工作流程。

4.2.1 个例药品不良反应报告处理。

4.2.2 药品群体不良事件处理。

4.2.3 境外发生的严重药品不良反应处理。

4.2.4 定期安全性更新报告。

4.2.5 药品重点监测。

4.2.6 药品安全性信号检测。

4.2.7 说明书更新程序。

4.2.8 对于药品监管机构提出问题的回复程序。

4.2.9 处理医学咨询和投诉程序。

4.2.10 文献检索程序。

4.2.11 评价与控制程序。

4.2.12 数据处理程序：包括数据收集、整理，如有电子收集系统，应描述系统版本、系统的支持和维护等。

4.2.13 资料存档：文件（包括电子文档）的归档和存储程序。

4.3 质量管理体系审核：近一年内部审核和/或外部审核的总结报告、问题清单、整改情况等。

5. 个例药品不良反应报告

个例药品不良反应报告汇总，包括年度药品不良反应报告总数、严重及死亡报告情况。

<table>
<tr><th rowspan="3">序号</th><th colspan="2">药品名称</th><th colspan="6">XX 年度</th></tr>
<tr><th rowspan="2">通用名</th><th rowspan="2">商品名</th><th rowspan="2">药品不良反应报告总数</th><th colspan="2">严重报告</th><th colspan="3">死亡报告</th></tr>
<tr><th>数量</th><th>按时报告比例</th><th>数量</th><th>按时报告比例</th><th>调查比例</th></tr>
<tr><td>1</td><td></td><td></td><td></td><td></td><td></td><td></td><td></td><td></td></tr>
<tr><td>2</td><td></td><td></td><td></td><td></td><td></td><td></td><td></td><td></td></tr>
<tr><td>……</td><td></td><td></td><td></td><td></td><td></td><td></td><td></td><td></td></tr>
</table>

6. 药品群体不良事件报告

6.1 药品群体不良事件列表，包括药品名称、报告编码、报告日期、累及人数、不良反应表现、不良反应结果、关联性评价等信息。

6.2 药品群体不良事件案例 1 起，内容包括《药品群体不良事件报告表》《药品不良反应/事件报告表》、调查报告等。

7. 境外发生的严重药品不良反应报告

境外发生的严重药品不良反应汇总，包括药品名称、年度严重报告数量、及时报告比例。

序号	药品名称		XX 年度	
	通用名	商品名	严重报告数量	按时报告比例
1				
2				
……				

8. 定期安全性更新报告

定期安全性更新报告情况列表，包括药品名称、报告周期、最近一次报告情况等。

序号	药品通用名	药品商品名	注册日期 / 国际诞生日	报告周期	最近一次报告			
					数据覆盖时间	数据锁定点	报告日期	按时报告
1								
2								
……								

9. 药品重点监测

9.1 根据《药品不良反应报告和监测管理办法》，说明应开展药品重点监测的品种名称、实施情况等。

9.2 药品重点监测案例 1 个，内容包括实施方案、中期报告、总结报告等。

10. 评价及控制

10.1 信号检测、监测数据定期分析（含国家药品不良反应监测机构反馈数据）工作开展情况，并提供相关案例 1 个。

10.2 药品上市后研究开展情况：包括药品名称、研究时间、研究目的、研究方法、研究结果等；提供相关案例 1 个。

10.3 发现的药品主要安全性问题以及采取的风险控制措施（包括制定风险管理计划）情况，并提供相关案例 1 个。

11. 其他

11.1 生产企业药品不良反应报告和监测工作自查情况，并描述存在的问题情况。

11.2 生产企业需要说明的其他问题（如，与药品不良反应监测工作有关的委托项目情况等）。

备注：

1. 检查资料的准备请参考“药品不良反应报告和监测检查项目”。

2. 有关资料或列表汇总期限、涉及的药品、提交资料数量等具体情况，视检查需要确定。

3. 上述资料均为中文，并请在每项资料左上角标注“生产企业名称＋资料 X”（X 为资料编号）。

附件 3

药品不良反应报告和监测检查问题清单

<table>
<tr><td colspan="2">检查时间</td><td></td><td>检查编号</td><td></td></tr>
<tr><td colspan="2">生产企业名称</td><td colspan="3"></td></tr>
<tr><td colspan="2">地址</td><td colspan="3"></td></tr>
<tr><td colspan="2">检查依据</td><td colspan="3">《药品不良反应报告和监测管理办法》（卫生部令第 81 号）
《全国疑似预防接种异常反应监测方案》(卫办疾控发〔2010〕94 号)</td></tr>
<tr><td>序号</td><td>检查项目编号</td><td colspan="3">问题描述</td></tr>
<tr><td></td><td></td><td colspan="3"></td></tr>
<tr><td></td><td></td><td colspan="3"></td></tr>
<tr><td></td><td></td><td colspan="3"></td></tr>
<tr><td></td><td></td><td colspan="3"></td></tr>
<tr><td></td><td></td><td colspan="3"></td></tr>
<tr><td colspan="5">需要说明的其他问题：</td></tr>
<tr><td colspan="5">单位负责人意见：
负责人签字：
单位名称（公章）　　年　月　日</td></tr>
<tr><td colspan="5">检查人员签字：
年　月　日</td></tr>
</table>

备注：生产企业应对检查中发现的问题，制定整改计划并实施。

5.11 个例药品不良反应收集和报告指导原则

（国家药监局2018年第131号通告附件）

国家药监局关于发布个例药品不良反应收集和报告指导原则的通告

（2018年第131号）

为规范持有人药品上市后不良反应监测与报告工作，落实持有人直接报告药品不良反应主体责任，遵循国际人用药品注册技术协调会（ICH）指导原则相关规定，国家药品监督管理局组织制定了《个例药品不良反应收集和报告指导原则》，现予发布。

特此通告。

附件：个例药品不良反应收集和报告指导原则

国家药监局

2018年12月19日

个例药品不良反应收集和报告指导原则

为规范药品上市后个例不良反应的收集和报告，指导上市许可持有人开展药品不良反应报告相关工作，依据中共中央办公厅、国务院办公厅《关于深化审评审批制度改革鼓励药品医疗器械创新的意见》（厅字〔2017〕42号）、

《药品不良反应报告和监测管理办法》（卫生部令第81号）、《关于药品上市许可持有人直接报告不良反应事宜的公告》（国家药品监督管理局公告2018年第66号），参照国际人用药品注册技术协调会《上市后安全性数据管理：快速报告的定义和标准》（ICH E2D），制定本指导原则。

本指导原则适用于上市许可持有人（包括持有药品批准证明文件的生产企业，以下简称持有人）开展个例药品不良反应的收集和报告工作。

国务院卫生行政部门和药品监督管理部门对疫苗不良反应收集和报告另有规定的，从其规定。

本指导原则中个例药品不良反应是指单个患者使用药品发生的不良反应。

1 个例药品不良反应的收集

个例药品不良反应的收集和报告是药品不良反应监测工作的基础，也是持有人应履行的基本法律责任。

持有人应建立面向医生、药师、患者等的有效信息途径，主动收集临床使用、临床研究、市场项目、学术文献以及持有人相关网站或论坛涉及的不良反应信息。

持有人不得以任何理由或手段干涉报告者的自发报告行为。

1.1 医疗机构

持有人可采用日常拜访、电子邮件、电话、传真等方式，定期向医务人员收集临床发生的药品不良反应信息，并进行详细记录，建立和保存药品不良反应信息档案。

持有人或其经销商在与医疗机构签订药品购销合同时，应让医疗机构充分知晓持有人的不良反应报告责任，鼓励医务人员向持有人报告不良反应。

1.2 药品经营企业

药品经营企业应直接向持有人报告不良反应信息，持有人应建立报告信息的畅通渠道。

持有人通过药品经销商收集个例不良反应信息，双方应在委托协议中约定经销商的职责，明确信息收集和传递的要求。持有人应定期评估经销商履行信息收集责任的能力，采取必要措施确保所收集信息的数量和质量。

持有人或其经销商应确保药品零售企业知晓向其报告不良反应的有效方式，制定信息收集计划，并对驻店药师或其他人员进行培训，使其了解信息收集的目标、方式、方法、内容、保存和记录要求等，以提高不良反应信息的准确性、完整性和可追溯性。

1.3 电话和投诉

药品说明书、标签、持有人门户网站公布的联系电话是患者报告不良反应、进行投诉或咨询的重要途径。持有人应指定专人负责接听电话，收集并记录患者和其他个人（如医生、药师、律师）报告的不良反应信息。持有人应确保电话畅通，工作时间应有人接听，非工作时间应设置语音留言。电话号码如有变更应及时在说明书、标签以及门户网站上更新。持有人应以有效方式将不良反应报告方式告知消费者。

持有人应报告通过法律诉讼渠道获悉的不良反应，无论该报告是否已由其他报告人向监管部门提交。

1.4 学术文献

学术文献是高质量的药品不良反应信息来源之一，持有人应定期对文献进行检索，并报告文献中涉及的个例不良反应。持有人应制定文献检索规程，对文献检索的频率、时间范围、文献来源、文献类型、检索策略等进行规定。

对于首次上市或首次进口五年内的新药，文献检索至少每两周进行一次，其他药品原则上每月进行一次，也可根据品种风险情况确定。检索的时间范围要有连续性，不能间断。

持有人应对广泛使用的文献数据库进行检索，如中国知网（CNKI）、维普网（VIP）、万方数据库等国内文献数据库和 PubMed、Embase、Ovid 等国外文献数据库。国内外文献均要求至少要同时检索两个数据库。

有关不良反应的文献类型主要包括：个案报道、病例系列、不良反应综述等，此外临床有效性和安全性研究、荟萃分析等也可能涉及药品的不良反应。文献来源的个例不良反应主要通过检索不良反应个案报道（对单个患者的不良反应进行描述和讨论，如“XX 药致肝衰竭一例”）和不良反应病例系列（对多个患者同一性质的不良反应进行描述及讨论，如“XX 药致过敏性休克四例”）获得。对于其他类型文献报道（如以观察疗效为主要目的临床观察性研究）中的不良反应，一般不作为个例报告。

持有人应制定合理的检索策略，确保检索结果全面，减少漏检，例如关键词可使用药品的国际非专利名称（INN）/活性成分进行检索，或使用药品监督管理部门批准的药品通用名称、商品名称和别名组合进行检索。

1.5 互联网及相关途径

持有人应定期浏览其发起或管理的网站，收集可能的不良反应病例。原则不要求持有人搜索外部网站，但如果持有人获知外部网站中的不良反应，应当评估是否要报告。

持有人应利用公司门户网站收集不良反应信息，如在网站建立药品不良反应报告的专门路径，提供报告方式、报告表和报告内容指导，公布完整、最新的产品说明书。

由持有人发起或管理的平面媒体、数字媒体、社交媒体/平台也是个例药品不良反应的来源之一，例如利用企业微信公众账号、微博、论坛等形式收集。

1.6 上市后研究和项目

由企业发起的上市后研究（包括在境外开展的研究）或有组织的数据收集项目中发现的个例不良反应均应按要求报告，如临床试验、非干预性流行病学研究、药品重点监测、患者支持项目、市场调研或其他市场推广项目等。

上市后研究或项目中发现的不良反应，原则上应由持有人向监管部门报告，但持有人不得以任何理由和手段干涉研究或项目合作单位的报告行为。

1.7 监管部门来源

境内监管部门向持有人反馈的药品不良反应报告，主要用于持有人对产品进行安全性分析和评价。持有人应对反馈的报告进行处理，如术语规整、严重性和预期性评价、关联性评价等，并按照个例药品不良反应的报告范围和时限要求报告（参见 3.2 和 5.2）。

境外监管部门向持有人反馈的药品不良反应报告，符合境外报告要求的，应按境外报告处理流程向我国监管部门提交。

2 个例药品不良反应的记录、传递与核实

2.1 记录

持有人或其委托方第一位知晓个例不良反应的人员称为第一接收人。第一接收人应尽可能全面获取不良反应信息，包括患者情况、报告者情况、怀疑和并用药品情况、不良反应发生情况等。如果全面获取信息困难，应尽量首先获取四要素信息（参见 3.1）。

对各种途径收到的不良反应信息，如电子邮件、信函、电话、医生面访等均应有原始记录。除报告者外，也应记录提供病例报告信息的其他相关人员情况，保证信息提供者具有可识别性（参见 3.1）。记录应真实、准确、客观，并应妥善保存。原始记录可以是纸质记录，也可以是电子文档、录音或网站截屏等。电话记录、医生面访等常规收集途径应制定原始记录表格。

所有原始记录应能明确持有人或其委托方本次获得该药品不良反应的日期以及第一接收人的姓名及其联系方式。文献检索应记录检索日期、人员、检索策略等，保存检索获得的相关原始文献；如果未检索到相关信息也应记录。

对于监管部门反馈的数据，持有人应确保反馈数据及时下载，记录下载时间、数量、操作人员等信息。

2.2 传递

个例药品不良反应的原始记录由第一接收人传递到药物警戒部门的过程中，应保持记录的真实性和完整性，不得删减、遗漏。为确保报告的及时性，应对传递时限进行要求。所有对原始数据的改动均应进行备注说明。持有人应制定有关缺失信息的处理规则，确保处理的一致性。药物警戒部门应对接收的所有个例不良反应报告进行编号，编号应有连续性，根据编号可追溯到原始记录。

2.3 核实

持有人应对个例不良反应信息的真实性和准确性进行评估。当怀疑患者或报告者的真实性，或怀疑信息内容的准确性时，应尽量对信息进行核实。监管部门反馈的报告默认为具有真实性和准确性，但如果持有人认为该报告

可能影响药品的整体安全性评估，也应尽量核实。

药品不良反应如果来自持有人以外的合作方，如企业委托信息收集的单位、委托文献检索的机构、研究合作单位等，双方协议中应有约束规定，确保合作方收集的信息真实、准确。持有人有责任对合作方提供的不良反应信息进行审核，并对提交给监管部门的报告负责。

3 个例药品不良反应报告的确认

通过各种途径收集的个例药品不良反应，应进行确认。需要确认的内容主要包括：是否为有效报告、是否在报告范围之内、是否为重复报告等。经确认无需向监管部门提交的个例药品不良反应，应记录不提交的原因，并保存原始记录。

3.1 有效报告

首先应确认是否为有效报告。一份有效的报告应包括以下四个元素（简称四要素）：可识别的患者、可识别的报告者、怀疑药品、不良反应。如果四要素不全，视为无效报告，应补充后再报。

"可识别"是指能够确认患者和报告者存在。当患者的下列一项或几项可获得时，即认为患者可识别：姓名或姓名缩写、性别、年龄（或年龄组，如青少年、成年、老年）、出生日期、患者的其他识别代码。提供病例资料的初始报告人或为获得病例资料而联系的相关人员应当是可识别的。对于来自互联网的病例报告，报告者的可识别性取决于是否能够核实患者和报告者的存在，如提供有效的电子邮箱或者其他联系方式。

3.2 报告范围

患者使用药品发生与用药目的无关的有害反应，当无法排除反应与药品存在的相关性，均应按照"可疑即报"的原则报告。报告范围包括药品在正常用法用量下出现的不良反应，也包括在超说明书用药情况下发生的有害反应，如超适应证用药、超剂量用药、禁忌证用药等，以及怀疑因药品质量问题引起的有害反应等。

应收集药物过量信息，并在定期安全性报告中进行分析，其中导致不良反应的药物过量应按个例药品不良反应进行报告。

出口至境外的药品（含港、澳、台）以及进口药品在境外发生的严重不良反应，无论患者的人种，均属于个例报告的范围。非严重不良反应无须按个例报告提交，应在定期安全性更新报告中汇总。

对于来自上市后研究或有组织的数据收集项目中的不良反应，经报告者或持有人判断与药品存在可能的因果关系，应该向监管部门报告。其他来源的不良反应，包括监管部门反馈的报告，无论持有人是否认为存在因果关系，均应向监管部门报告。

文献报告的不良反应，可疑药品如确定为本持有人产品，无论持有人是否认为存在因果关系，均应报告；如果确定非本持有人产品的则无须报告。如果不能确定是否为本持有人产品的，应在定期安全性更新报告中进行讨论，可不作为个例不良反应报告。

如果文献中提到多种药品，则应报告怀疑药品，由怀疑药品的持有人进行报告。怀疑药品由文献作者确定，通常在标题或者结论中作者会提及怀疑药品与不良反应之间的因果关系。如果报告人认为怀疑药品与文献作者确定的怀疑药品不同，可在报告的备注中说明。

3.3 重复和未提交的报告

为避免因收集途径不同而导致重复报告，持有人应对收到报告进行查重，剔除重复报告后上报。对于不能确定是否重复的报告，应及时上报。

4 个例药品不良反应的评价

药物警戒部门人员在收到个例药品不良反应报告后（包括监管部门反馈的报告），应对该报告进行评价，包括对新的不良反应和严重不良反应进行判定，以及开展药品与不良反应的关联性评价。

4.1 新的药品不良反应的判定

当不良反应的性质、严重程度、特性或结果与本持有人说明书中的术语或描述不符，应当被认为是新的不良反应（或称非预期不良反应）。持有人不能确定不良反应是新的或已知的，应当按照新的来处理。

导致死亡的不良反应应当被认为是新的不良反应，除非说明书中已明确该不良反应可能导致死亡。

同一类药品可能存在某个或某些相同的不良反应，称之为“类反应”。仅当在说明书中已有明确描述时，类反应才能认为是已知的不良反应，例如：“与同类其他药品一样，药品 XX 也会发生以下不良反应。”或“同类药品，包括药品 XX 会引起…。”如果药品 XX 至今没有发生该不良反应的记录，说明书中可能出现如下描述：“已有报告同类其他药品会引起…”或“有报告同类药品会引起…，但至今尚未收到药品 XX 的报告。”在这种情况下，不应当认为该不良反应对于药品 XX 是已知的不良反应。

4.2 严重药品不良反应的判定

存在以下损害情形之一的不良反应应当被判定为严重药品不良反应：（1）导致死亡；（2）危及生命；（3）导致住院或住院时间延长；（4）导致永久或显著的残疾 / 功能丧失；（5）先天性异常 / 出生缺陷；（6）导致其他重要医学事件，如不进行治疗可能出现上述所列情况的。

对于不良反应来说，“严重程度”和“严重性”并非同义词。“严重程度”一词常用于描述某一特定事件的程度（如轻度、中度或重度心肌梗死），然而事件本身可能医学意义较小（如严重头痛）；而“严重性”则不同，是以患者 / 事件的结局或所采取的措施为标准，该标准通常与造成危及生命或功能受损的事件有关。严重药品不良反应是指其“严重性”而非“严重程度”。

死亡病例应理解为怀疑因药品不良反应（如室颤）导致死亡的病例，而非只看病例结局本身。如果死亡病例的不良反应仅表现为轻度皮疹或腹痛，并不能导致死亡，患者死亡原因可能是原患病（如癌症）进展，则不能判定为严重药品不良反应，也不能归为死亡病例。

4.3 因果关系的判定

因果关系的判定又称关联性评价，是评价怀疑药品与患者发生的不良反应 / 事件之间的相关性。根据世界卫生组织（WHO）相关指导原则，关联性评价分为肯定、很可能、可能、可能无关、待评价、无法评价 6 级，参考标准如下：

肯定：用药与不良反应的发生存在合理的时间关系；停药后反应消失或迅速减轻及好转（即去激发阳性）；再次用药不良反应再次出现（即再激发阳

性），并可能明显加重；同时有说明书或文献资料佐证；并已排除原患疾病等其他混杂因素影响。

很可能：无重复用药史，余同“肯定”，或虽然有合并用药，但基本可排除合并用药导致不良反应发生的可能性。

可能：用药与反应发生时间关系密切，同时有文献资料佐证；但引发不良反应的药品不止一种，或不能排除原患疾病病情进展因素。

可能无关：不良反应与用药时间相关性不密切，临床表现与该药已知的不良反应不相吻合，原患疾病发展同样可能有类似的临床表现。

待评价：报表内容填写不齐全，等待补充后再评价，或因果关系难以定论，缺乏文献资料佐证。

无法评价：报表缺项太多，因果关系难以定论，资料又无法获得。

以上 6 级评价可通过下表表示：

关联性评价	时间相关性	是否已知	去激发	再激发	其他解释
肯定	＋	＋	＋	＋	—
很可能	＋	＋	＋	?	—
可能	＋	±	± ?	?	± ?
可能无关	—	—	± ?	?	± ?
待评价	需要补充材料才能评价				
无法评价	评价的必须资料无法获得				

1. ＋表示肯定或阳性；—表示否定或阴性；± 表示难以判断；? 表示不明。

2. 时间相关性：用药与不良反应的出现有无合理的时间关系。

3. 是否已知：不良反应是否符合该药已知的不良反应类型。

4. 去激发：停药或减量后，不良反应是否消失或减轻。

5. 再激发：再次使用可疑药品是否再次出现同样的不良反应。

6. 其他解释：不良反应是否可用并用药品的作用、患者病情的进展、其他治疗的影响来解释。

初始报告人（如报告的医生、药师）可能对报告进行了关联性评价，原则上持有人评价意见不应低于初始报告人。持有人与初始报告人评价意见不一致的，可在备注中说明。多种因素可能会干扰因果关系判断，如原患疾病、并用药品或药品存在可疑的质量问题等，评价人员应科学评估，不能盲目将这些因素作为排除药品与不良反应关联性的理由，从而不予上报。

5 个例药品不良反应报告的提交

5.1 提交路径

持有人应通过药品不良反应直接报告系统提交个例不良反应报告，并对系统注册信息进行及时维护和更新。

5.2 报告时限

药品不良反应报告应按时限要求提交。报告时限开始日期为持有人或其委托方首次获知该个例不良反应，且达到最低报告要求的日期，记为第 0 天。第 0 天的日期需要被记录，以评估报告是否及时提交。文献报告的第 0 天为持有人检索到该文献的日期。

境内严重不良反应在 15 个日历日内报告，其中死亡病例应立即报告；其他不良反应在 30 个日历日内报告。境外严重不良反应在 15 个日历日内报告。

对于持有人委托开展不良反应收集的，受托方获知即认为持有人获知；对于境外报告，应从境外持有人获知不良反应信息开始启动报告计时。

当收到报告的随访信息，需要提交随访报告时，应重新启动报告时限计时。根据收到的随访信息，报告的类别可能发生变化，如非严重报告变为严重报告，随访报告应按变化后的报告类别时限提交。

6 个例药品不良反应报告质量控制

持有人应确保报告内容真实、完整、准确。持有人应真实记录所获知的个例药品不良反应，不篡改、不主观臆测，严禁虚假报告。要求尽量获取药品不良反应的详细信息，个例报告表中各项目尽可能填写完整。

药品不良反应过程描述应包括患者特征、疾病和病史、治疗经过、临床过程和诊断，以及不良反应相关信息，如处理、转归、实验室证据，包括支持或不支持其为不良反应的其他信息。描述应有合理的时间顺序，最好按患者经历的时间顺序，而非收到信息的时间顺序。在随访报告中，应当明确指出哪些是新的信息。除了实验室检查数据外，尽量避免使用缩略语或英文首字母缩写。报告中应当包括补充材料中的关键信息，在描述中应当提及这些材料的可用性并根据要求提供。在描述中也应当概述任何有关的尸体解剖或尸检发现。

药品名称、疾病名称、不良反应名称、单位名称应规范填写。药品通用名称和商品名称应准确填写，避免混淆颠倒。不良反应名称和疾病、诊断、症状名称应参照《WHO 药品不良反应术语集》（WHOART）或《ICH 监管活动医学词典》（MedDRA）及其配套指南，如《MedDRA 术语选择：考虑要点》来确定。体征指标、实验室检查结果应与原始记录无偏差。

对于文献报道中每一位身份可识别的患者都应该填写一份个例报告表，因此，如果一篇文献中涉及多名可识别的患者，应填写相应数量的报告表。文献的过程描述部分也应尽量包括患者特征、疾病和病史、治疗经过、临床过程、诊断以及不良反应相关信息。报告表中应提供文献的出版信息来源，原始文献应作为报告表的附件上传。

7 个例药品不良反应的随访和调查

随访和调查的目的是获取更详细、更准确的病例信息资料，便于对报告做出准确的评价，以及对药品的安全性进行深入分析。

7.1 病例的随访

首次收到的个例不良反应信息通常是不全面的，应对缺失的信息进行随访。持有人应对严重报告中缺失的信息进行随访，非严重报告中怀疑可能是严重病例，或为新的不良反应的，缺失信息也应尽量随访。

随访的优先顺序为：（1）新的且严重不良反应病例；（2）其他严重不良反应病例；（3）新的且非严重不良反应病例。除此之外，一些具有特殊重要性的病例报告，如管理部门要求关注的，以及可能导致说明书修订的任何病例，也应作为优先随访的对象。持有人可通过信函、电子邮件、电话、访视等适宜的方式对报告中缺失的信息进行追踪访问，并有完整的随访记录。随访记录应包括随访人（随访和被随访者）、时间、地点、方式、内容、结果（例如随访获取的回函、电话或访谈记录等），随访失败还应记录失败原因。随访记录应妥善保存。为获取更有价值的信息，持有人应预设特定的问题，随访方法也可能需要调整。如果可能，应对提供的口述信息进行书面确认。

随访应在不延误首次报告的前提下尽快完成。如随访结果无法在首次报告时限内获得，应先将首次报告提交至监管部门，再提交随访信息。对病例的随访应尽快进行，以避免因时间过长而无法获取相关信息。随访报告也应按报告时限提交。对于收到的所有妊娠暴露病例，持有人应尽可能随访至妊娠终止，并明确记录妊娠结果。

文献中报告的个例不良反应，持有人认为有价值的，在必要时可进行随访，以获取更全面的信息。

有以下情形之一的，可终止随访：（1）从报告者处已获取充分信息；（2）报告者明确没有进一步信息或拒绝随访；（3）两次随访之后没有新的信息，并且继续随访也无法获得更多信息；（4）不同日期三次以上均联系不上报告者；（5）邮件、信函被退回且没有其他可用的联系方式。

7.2 死亡病例调查

持有人应对获知的死亡病例进行调查，并在 15 个日历日内完成调查报告并提交。调查内容包括：对死亡病例情况、药品使用情况、不良反应发生及诊治等信息进行核实、补充和完善；向医疗机构了解药品存储和配液环境、类似不良反应发生情况等；如患者转院救治，应对转院治疗相关情况进行调查。此外，应根据实际情况收集患者的病历、尸检报告等资料。调查过程中还应对产品的质量进行回顾，必要时进行质量检验。

8 个例药品不良反应数据管理

本指导原则中的数据是指与个例药品不良反应的收集与报告工作相关的所有数据，包括不良反应信息的原始记录(如面访记录、电话记录、电子邮件或截图、文献检索记录、原始报告表)、随访记录、已经提交的报告表、未提交的报告表、国家药品不良反应监测系统反馈的报告、死亡病例调查报告，以及其他报告相关的调查与沟通内容。根据数据的载体形式不同，分为电子数据和纸质数据。

数据管理应贯穿整个数据的生命周期，从数据的采集、记录、传递、处理、审核、报告、保存到销毁，应坚持真实、完整、安全、可追溯的管理原则。

个例药品不良反应信息应以数据库形式管理，便于查找、分析、评价等，如 Excel 表格，或持有人的药物警戒信息系统 / 平台。已提交的药品不良反应报告表应能追溯到原始记录、随访记录及调查报告。

为保证数据的安全性和保密性，应对数据库实行严格的访问控制，仅有经过授权的人员才能进行访问。登录的账号和密码应严格保密，同时应避免因人员更替而导致账号和密码的遗失。数据库中的数据应定期备份，并保存在性能良好的电脑、服务器或其他存储介质中，储存介质应进行维护，防止因为设备损坏或淘汰造成数据的丢失。

纸质数据的记录应清晰、可读，并可被理解。应做好纸质数据分类，建立目录，便于查找。应建立安全控制和归档规程，确保纸质数据在留存期内免于被故意或无意地更改或丢失。所有电子数据和纸质数据均应按照档案管理的要求进行存档。

5.12 上市药品临床安全性文献评价指导原则（试行）

（国家药监局2019年第27号通告附件）

关于发布上市药品临床安全性文献评价指导原则（试行）的通告

（2019 年第 27 号）

为进一步落实药品上市许可持有人（包括持有药品批准证明文件的生产企业，以下简称持有人）药品安全主体责任，提升持有人履职能力，规范持有人开展临床安全性文献的系统评价，国家药品监督管理局组织制定了《上市药品临床安全性文献评价指导原则（试行）》，现予发布。

特此通告。

附件：上市药品临床安全性文献评价指导原则（试行）

国家药监局

2019年5月23日

上市药品临床安全性文献评价指导原则（试行）

一、概述

国家药品监督管理局《关于药品上市许可持有人直接报告不良反应事宜的公告》（2018 年第 66 号）第四款规定，持有人应当定期对药品不良反应监测数据、临床研究、文献等资料进行评价。上市药品临床安全性文献评价作为药品上市后临床研究的主要方法之一，是指尽可能全面系统地收集一定时间范围内、特定上市药品的临床安全性研究相关文献，在对文献资料进行系统筛选、资料提取、质量评价和归纳整理的基础上，进行定性或定量综合分析评价，并形成评价报告的过程。基本要素包括文献评价的一般流程、方法学要点以及评价报告撰写规范。

本指导原则借鉴了循证医学证据分类、分级、严格评价和不断更新的理念与方法，参考了卫生技术评估综合评价卫生技术的指标与形式，引进了 Cochrane 系统评价规范化操作流程和全程质量控制的方法，旨在为药品上市许可持有人（以下简称持有人）开展上市药品（包括中药、化学药和生物制品）的临床安全性文献评价和撰写文献评价报告提供指导。

二、方法学要点

（一）一般流程

文献评价一般流程见图 1：

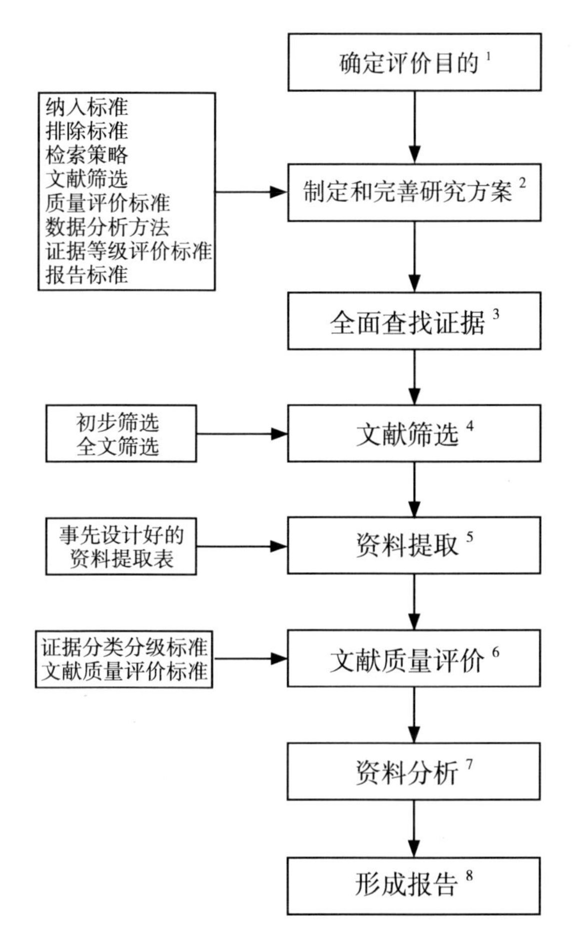

图 1　文献评价一般流程图

1. 确定评价目的。根据管理部门的要求或者持有人的自身需求明确研究目的。可采用循证医学 PICOS 格式明确研究问题，从而准确定位评价目的，使后续工作更有针对性、提高研究效率。PICOS 为研究对象（Patient/Population）、干预措施（Intervention）、对照措施（Comparison/Control）、结局指标（Outcome）和研究设计（Study design）英文首字母的组合。

2. 制定研究方案。研究方案包括文献纳入标准、文献排除标准、检索策略、文献筛选、原始研究质量评价方案、信息提取方案、统计分析计划、证据等级评价方案以及不良事件术语标准化方案。检索策略包括检索的数据库、检索范围（如主题等）、检索词、检索式（即检索词组合方式）和时间范围等，应当根据不同的研究目的制定。

3. 全面查找证据。根据所确定的检索策略，通过各种有效途径（如电子检索 / 手工检索）全面查找证据。数据资料包括常用数据库、专业数据库、政府网站、会议摘要、学术论文集以及其他未公开发表的文献等，常用数据库和相关网站参见附录（一）。鼓励不限制语种，全面检索中外文数据库。如果在查找证据时限制了发表文献的语种、时限、设计类型等条件，应当在报告中注明。查找时应当注意收集未公开发表的文献，即“灰色文献”，如会议论文、未发表的学位论文、产业报告、咨询报告等。灰色文献中可能包含阴性研究结果，这些结果在通常情况下公开发表的机会较小，若文献评价中只纳入已公开发表的文献会引入发表偏倚。

4. 文献筛选。根据研究目的确定文献纳入和排除标准，按照纳入和排除标准进行文献筛选（文献筛选流程见图 2），应当说明纳入文献的数量、排除文献的数量和理由。文献筛选一般需要进行初步筛选（利用题目和摘要进行初步筛选）和全文筛选（详细阅读全文进行筛选）两个步骤。

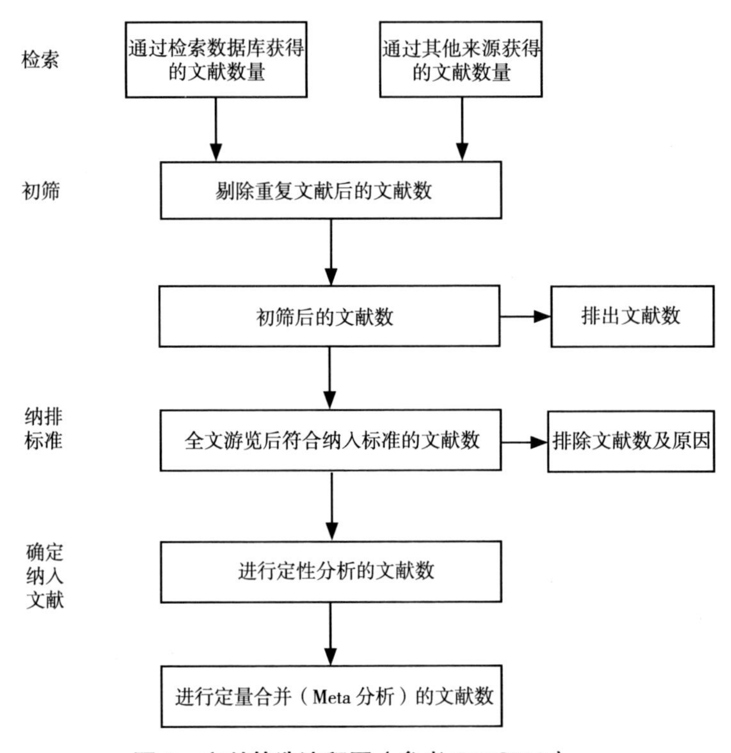

图 2　文献筛选流程图（参考 PRISMA）

5. 资料提取。根据研究目的、所关注的问题、拟分析的内容等设计资料提取表，表格内容应当详略得当。资料提取表设计时应当参考循证医学 PICOS 原则、质量评价方法的相关要求，纳入文献资料提取表参见附录（二）。提取资料主要包括文献一般情况（编号、题目、作者、来源、出版时间等）、研究的 PICOS 信息、文献质量信息（研究的设计类型和存在的偏倚，如数据收集是否合理，分析的方法是否恰当等）、主要结果资料以及其他信息（如有无持有人资助）等。资料提取表设计完成后应当进行预提取，并根据预提取结果进行适当调整和完善。

6. 文献质量评价。文献质量评价是文献研究不可缺少的重要环节，文献质量评价标准参见附录（三）。如果原始文献质量不高，文献评价也难以产生高质量的综合分析结果。文献质量评价包括方法学质量评价和报告质量评价，前者主要涉及偏倚风险评价即原始研究的真实性评价，后者主要涉及报告的完整性和透明性。关于这两个方面，多个组织已经制定了国际公认的、针对不同研究设计的评价量表与清单，研究者应当根据不同研究目的选择恰当工具。

7. 资料分析。根据资料的具体情况，采取定性或定量分析方法。定性分析是叙述性汇总入选研究结果的方法，可以采用表格对入选研究的特征和研究结果进行对比和总结。定量分析是应用统计学方法对入选研究结果进行汇总分析，包括异质性检验、Meta 分析、敏感性分析以及亚组分析等。当入选研究的异质性较大时，可通过亚组分析和 Meta 回归探讨异质性来源；如果异质性仍无法降低，则不适合进行定量分析。需要对研究主要结局汇总结果的稳健性进行评价，一般采用敏感性分析的方法。一般不良反应 / 事件数量相对较低，甚至为“0”。出现这种情况时，可以考虑在做 Meta 分析时用“0.5”来替代“0”进行计算。若通过文献质量评价发现检索到的原始研究质量普遍不高、偏倚较大、不能满足评价要求或不能解决现有问题，可以调整文献检索策略重新检索新的证据（但必须在最终报告中着重说明），或者根据实际工作需要提出下一步研究计划。

8. 形成文献评价报告。文献评价报告应当说明是基于何种级别的证据所获得的结论，同时说明结果的外推性。证据分级标准参见附录（四）。撰写文献评价报告可参考系统综述/Meta分析优先报告的条目（Preferred Reporting Items for Systematic reviews and Meta-Analyses，PRISMA）、流行病学观察性研究的Meta分析（Meta-analysis Of Observational Studies in Epidemiology，MOOSE），PRISMA声明和MOOSE声明参见附录（五）。

（二）安全性文献评价注意事项

1. 安全性文献评价应当检索与研究药品有关的所有国内外文献资料，包括以药品安全性为研究目的资料、以药品有效性为主要研究目的资料、正在研究（已获得中期研究结果）或已完成研究但未发表的临床研究（灰色文献）及不良反应个案报道等。

2. 安全性文献评价应当重点纳入观察性研究结果。随机对照试验和非随机对照试验也应当纳入。观察性研究包括队列研究、病例对照研究、现况研究、生态学研究、病例系列、病例报告及其他衍生的流行病学研究类型（病例交叉研究、病例—时间—对照研究等）。

3. 需结合具体情况评价不同类型研究的质量。评价内容主要考虑研究设计、实施、统计分析和结果报告等，评价时重点关注原始文献可能存在的偏倚及偏倚控制。文献质量评价结果应当在药品安全性文献评价下结论时加以考虑。

4. 安全性文献评价的资料提取表除包括文献评价的一般内容外，还应当包括不良反应/事件发生情况描述、用药情况、合并用药情况、不良反应/事件转归、关联性评价等。应当尊重原始研究论文作者对药品不良反应/事件的判断。

5. 安全性文献评价可以采用描述性分析方法对安全性资料进行归纳，可采用列表形式报告结果。

6. 文献资料中出现的严重不良反应/事件，对于可以获取个例信息的，应当逐例进行详细描述，包括但不限于患者基本人口学特征、病情、诊疗过程、联合用药、发生不良反应/事件的过程、处理方法与结局转归。对于严重病例应当评价资料是否齐全，因果关系是否成立。应当结合因果关系判断原则谨慎分析并做出结论。必须对个案病例进行总结分析。

7. 对于企业发起或者资助的上市药品临床安全性文献评价，应当包括药品不良反应监测数据的分析。对于监测数据的分析重在关注药品的安全风险信号。对于个别报告有细节信息（如药品批号）与实际不符的，也不能剔除该报告。应当根据药品不良反应监测相关指南规范药品不良反应名称，对不良反应/事件进行因果关系评价（评价标准参见图3）。基于监测数据的分析，应当分析监测数据与药品说明书安全性信息的差异，分析新的且严重的不良反应的发生情况，讨论是否需要采取风险管理措施并提出获益风险评估的意见。

因果关联判定标准

1.时间顺序：前因后果，即使用药品在不良事件发生前。

2.联系强度：与对照比较关联度大小指标，越大提示因果关系存在的可能性越大，例如比值比和相对危险比。

3.存在剂量效应关系。

4.暴露与不良事件分布一致。

5.可重复性。

6.再激发阳性。

7.医学或生物学上合理。

8.终止效应：去除某因素（如某药品），不良事件消失。一般而言，满足上述标准越多，存在因果关联的可能性越大。

图3　药品不良反应因果关系评价标准

8. 计算不良反应/事件发生率时应当慎重。评价药品安全事件的重要性和影响程度时应当结合不良反应/事件发生率及其严重程度进行综合评价，并对安全性评价结果进行解释。在安全性文献评价的基础上，应当基于药品的有效性，做出药品获益风险评估的综合结论。

9. 应当与已经发表的相关系统综述、Meta分析进行比较，包括（但不局限于）纳入和排除标准、纳入文献范围、干预、对照、结局、数据分析方法、结果和结论。

10. 应当明确分析本文献评价的优点和局限性。

11. 需要提供所有纳入文献清单以及全文筛选阶段被排除的文献清单和排除原因。

（三）质量控制注意事项

1. 在正式研究开展之前，应当制定内容完整的研究方案。鼓励持有人严格依据研究方案开展后续研究工作，如与研究方案有出入的应当予以说明。鼓励持有人对研究方案进行注册。

2. 鼓励在文献检索、筛选、资料提取、质量评价与数据录入过程由两名评价员独立进行。在文献初筛阶段，如两名筛选员中有一人认为可以纳入，则该文献予以纳入；在文献全文筛选、资料提取和质量评价阶段，如两位独立评价员意见不一致，需要通过协商解决，若无法达成共识，则需由第三方裁决。鼓励记录并评价两位独立评价员在文献筛选、资料提取和质量评价结果的一致性，如 kappa 值。

3. 鼓励尽可能获取所有相关研究信息。若已发表文献不能提供足够信息，如研究方法的重要细节、研究结果的主要数据等，需要联系作者获取相关资料。对于持有人发起或资助的灰色文献，应当纳入研究；应当尽力获取其他灰色文献。

4. 鼓励对相关原始资料留存备查，包括但不局限于：检索策略，每个数据库的检索记录（如时间、检索策略、检索结果）；文献及题录信息的存储（每个数据库的文献存储），删除重复文献的方法和结果；每位文献筛选员的文献筛选表，汇总并达成共识的文献筛选结果；每位资料提取员的资料提取表，汇总并达成共识的资料提取表；每位质量评价员的质量评价表，汇总并达成共识的质量评价表；与作者、持有人、研究团队进行联系和沟通的原始记录。

三、报告撰写规范

撰写文献评价报告应当遵循一定的规范。“提高医疗卫生研究质量和透明性工作网（Enhancing the Quality and Transparency of Health Research Network，EQUATOR）”官方网站（http：//www.equator-network.org/）收集了数百个相关报告指南，其中常用的报告规范有 PRISMA 声明和 MOOSE 声明，详见附录

（五）。这两个声明都以清单条目形式提供了不同原始研究类型系统评价的报告框架。撰写报告时应当逐一对照清单条目，简洁、清晰、真实、完整地报告各项内容。

文献评价报告的正文部分需涵盖以下内容，报告撰写格式参见附录（六）。

（一）背景及目的

描述选题背景、立题依据（重要性）以及开展此次评价的目的，并根据 PICOS 原则清晰表达本次研究拟解决的问题。

（二）方法

描述文献纳入和排除标准、检索策略、文献筛选、数据提取、质量评价、资料处理与数据分析。

1. 文献纳入和排除标准：纳入和排除的研究类型、研究对象、干预措施、结局指标（包括主要指标、次要指标，应当说明是否为替代指标）。文献排除标准应当在文献纳入标准之上，具体说明哪些研究不符合进一步分析的要求而被排除。

2. 文献检索策略：检索途径、检索数据库、检索时限及检索式。应当说明是否有检索限制（如语言限制）、是否手工检索、是否检索灰色文献等关键问题。

3. 文献筛选：文献筛选流程、结果与质控，应当说明是否由两名评价者独立进行文献筛选及如何解决分歧。

4. 资料提取：交代资料提取方法及所提取的内容，说明是否由两名评价者独立进行资料提取及如何解决分歧。

5. 质量评价：描述所用的评价工具 / 标准或列出参考文献，说明是否由两名评价者独立进行质量评价及如何解决分歧。

6. 资料处理与统计分析：描述数据的处理方法。若有定量合成过程，需要说明采用何种合并效应量，说明何种统计分析方法。

（三）结果

描述研究的主要发现。包括文献检索结果、研究特征和质量评价结果、数据合并结果。

1. 文献检索结果：描述初检出文献量，最终纳入文献量，绘制文献筛选流程图直观显示逐项排除的文献量及原因。

2. 研究特征和质量评价结果。可用表格的形式，直观表达纳入研究的特征以及质量评价结果。研究特征表常用的变量包括纳入研究的年限、地域、样本量、人群、研究类型、干预措施、对照措施、结局指标、效应量与可信区间以及质量评价结果等。

3. 数据合并结果：按评价指标逐条整理归纳、报告。定量资料经异质性检验合格，进行合并分析并报告定量分析结果。定性资料可按同质性分类、归纳、整理，并报告分析结果。对于定量合并应当提供合并效应量及可信区间，最好提供森林图。

（四）讨论

讨论是对结果的分析，而不是对结果进行重复描述。讨论应当紧密围绕研究目的进行，一般对以下内容进行讨论：主要结果的产生原因或意义，文献证据质量及其对结果的影响，本评价的质量、偏倚控制及局限性（如是否纳入所有相关研究、是否获得所有相关资料、所采用的方法是否会带来偏倚），本研究结果与其他类似研究或评价结果的异同点，作者结论，提出推荐的证据级别，指出本评价的局限性，以及对今后开展类似研究或者评价的改进建议。

四、本指导原则所依据的参考文献

1. 李幼平 . 实用循证医学 . 北京：人民卫生出版社，2018.

2. 李幼平 . 循证医学 . 北京：人民卫生出版社，2014.

3. 唐金陵，Paul Glasziou. 循证医学基础（第 2 版）. 北京：北京大学医学出版社，2016.

4. 詹思延 . 流行病学（第 8 版）. 北京：人民卫生出版社，2017.

5. 刘建平 . 循证中医药临床研究方法学 . 北京：人民卫生出版社，2009 年 .

6. 孙凤 . 医学研究报告规范解读 . 北京：北京大学医学出版社，2015.

7. 张天嵩，钟文昭，李博 . 实用循证医学方法学（第 2 版）. 长沙：中南大学出版社，2014.

8. 张天嵩，董圣杰，周支瑞 . 高级 Meta 分析方法——基于 Stata 实现 . 上海：复旦大学出版社，2015.

9.Higgins JPT，Green S（editors）. Cochrane Handbook for Systematic Reviews of Interventions Version 5.1.0. The Cochrane Collaboration，2011. Available from www.cochrane-handbook.org.

10.Guyatt G，Rennie D，Meade MO，et al. User's Guides to the Medical Literature：A Manual for Evidence Based Clinical Practice. 3rd Edition. New York：McGraw-Hill Education. 2015.

五、附录

（一）常用数据库和相关网站

1. 数据库举例

· Cochrane 数据库：http://www.cochranelibrary.com/，http://www.cochranelibrary.com/about/central-landing-page.html

· Pubmed 数据库：https://www.ncbi.nlm.nih.gov/pmc/

· Embase 数据库：https://www.elsevier.com/solutions/ embase-biomedical-research

· SinoMed 数据库（含 CBM 数据库）：http://www.sinomed. ac.cn/

· CNKI 全文数据库：http://www.cnki.net/

· 维普全文数据库：http://lib.cqvip.com/

· 万方数据库：http：//new.wanfangdata.com.cn/index.html

· 临床试验数据库：如中国临床试验注册中心（http：//www.chictr.org/cn/），美国临床试验注册平台（https：//clinicaltrials.gov/）等。

除以上数据库外，需要结合评价的药品和疾病，检索相应的专业数据库，如中医药需要检索相应的专业文献数据库。必要情况下还需要联系持有人和已知研究团队获取灰色文献，检索已经发表文献的参考文献，通过临床研究注册库获取相关研究信息。

2. 其他相关网址举例

· WHO 国际临床试验注册平台（ICTRP）：http：//www.who. int/ictrp/en/

· WHO 基本药物目录（EML）：http：//www.who. int/medicines/publications/essentialmedicines/en/

· 国家食品药品监督管理局：http：//www. nmpa.gov.cn/

· 国家药品不良反应监测中心：http：//www.cdr-adr.org.cn/

· 美国食品药品监督管理局：https：//www.fda.gov/default .htm

· 欧洲药品局：http：//www.ema.europa.eu/ema/

（二）纳入文献资料提取表（供参考）

表 1　RCT 研究文献特征摘录表

纳入研究	研究地区	人群	例数 I/C	年龄		性别（M/F）		病程（年）		疾病类型	疾病分期	干预措施	对照措施	疗程	结局指标	资助类型
				I	C	I	C	I	C							
研究 1																
研究 2																
……																
研究 n																

注：1. I：试验组；C：对照组；M：男性；F：女性

2. 每一个文献评价的纳入文献特征表都可以在共性条目基础上增加个性化条目，下同。

3. 资助类型指资助来源，比如国家或者省级科技计划、自然基金等公共经费以及持有人资助等。

表 2　临床试验 / 队列研究不良反应 / 事件发生情况信息摘录表

编号	作者 + 年份	研究地区	人群	事件数 / 样本量（n/N）		年龄	研究组剂量	对照组剂量	合并用药	观察时间	病程
				研究组	对照组						
研究 1											
研究 2											
……											
研究 n											

表 3　病例系列 / 横断面研究不良反应 / 事件发生情况信息摘录表

编号	作者 + 年份	研究地区	人群	样本量	年龄	剂量	合并用药	观察时间	不良事件发生数	不良事件预后
研究 1										
研究 2										
……										
研究 n										

表 4　不良反应 / 事件个案报道基本情况表

编号	作者 + 年份	研究地区	基础疾病	剂量	年龄	过敏史	既往史	自服药起到出现不良事件的时间	不良事件表现	处理	转归	作者推论
研究 1												
研究 2												
……												
研究 n												

（三）文献质量评价标准

1. 随机对照试验质量评价标准

表 5　纳入文献质量评价表（以 RCT 质量评价举例）

研究	随机序列生成	分配方案隐藏	盲法（每个结局单独评价）	随访完整性（数据缺失）	选择性报告结局	基线可比性	试验提前终止
研究 1							
研究 2							
……							
研究 n							

（1）随机序列生成：是否详细描述用于生成分配序列的方法，如参考随机数字表、使用计算机随机数字生成器、扔硬币、洗牌的卡片和信封、掷骰子、抽签等，以评估产生的分组是否具有可比性。

（2）分配方案隐藏：是否详细描述隐藏分配序列的方法，以决定干预的分配在纳入之前或纳入过程中是否可见。

（3）盲法：是否描述对参与者和实施者行盲法、避免其了解干预信息的所有措施，提供任何与所实施的盲法是否有效的相关信息。是否描述对结局信息采集者和评价者、统计分析者行盲法、避免其了解自己所接受的干预信息的所有措施，提供任何与所实施的盲法是否有效的相关信息。

（4）随访完整性：是否详细记录并报告各组病人失访/退出数据及具体原因。

（5）选择性报告结局：是否按照方案中的结局设置（包括测量方法、时点和统计方法）报告结果信息，并且报告了所有临床上认为应该有的重要结局；如果方案不可及，判断研究是否报告了所有应该有的重要结局。

（6）基线可比性：A 可比；B 不清楚；C 不可比。

（7）试验是否提前终止：是否提前终止及其提前终止标准和原因。

（8）观察的治疗期间是否恰当，或治疗周期是否合理。

2. 非随机分组的对照研究

非随机分组的对照试验方法学评价指标采用MINORS清单（Methodological Index for Non-Randomized Studies，MINORS）。

（1）研究目标

（2）连续患者的入组

（3）前瞻性的数据收集

（4）合适的研究终点指标

（5）终点指标的无偏倚评价

（6）主要终点指标的随访时间

（7）失访不超过 5%

在比较研究中增加：

（8）对照组是否是干预的金标准

（9）是否平行组

（10）基线是否相当

（11）样本量计算是否合理

（12）统计分析是否与研究设计相适应

（来源：Slim K，Nini E，Forestier D，Kwiatkowski F，Panis Y，Chipponi J. Aust NZ J Surg. 2003；73：712－716）

3. 队列研究与病例对照研究

队列研究与病例对照研究应采用 Newcastle-Ottawa Scale（NOS）文献质量评价量表（中文版）评价研究文献。

（1）病例对照研究

注意：选择与暴露类每项最多给一星（*）；比较类每项最多给两星（**）。

选择

1）病例定义是否准确？

a）是，有单独的确认*；b）是，例如记录链接或者基于自报告；c）未描述

2）病例代表性

a）连续性的或者具有显著代表性的病例系列*；b）有潜在的选择偏倚或者未描述

3）对照的选择

a）社区对照*；b）医院对照；c）未描述

4）对照的定义

a）无疾病（终点）史*；b）未描述

比较

1）基于研究设计或者分析，病例与对照的可比性

a）对照目的：（选择最重要的因素）*

b）对照目的是其他因素（该标准可能会修订成“指出具体对照的次重要因素”）*

暴露

1）暴露的确认

a）可靠的记录（如手术记录）*；b）当病例与对照处于盲态时开展结构化的访谈 *；c）当病例与对照不处于盲态时开展访谈；d）仅有书面的自报告或者医疗记录；e）未描述

2）对病例与对照的确认是否采用相同的方法

a）是 *；b）否

3）无应答率

a）两组有相同的应答率 *；b）未描述；c）两组应答率不同并且未定义应答率

（2）队列研究

注意：选择与暴露类每项最多给一星；比较类每项最多给两星。

选择

1）暴露队列的代表性

a）描述了社区里真正具有代表性的暴露平均水平 *

b）描述了社区里有一定程度代表性的暴露平均水平 *

c）用户组（如护士、志愿者）的选择；d）未描述队列的来源

2）非暴露队列的选择

a）与暴露队列在同一社区选择 *；b）从不同来源选择；c）未描述非暴露队列的来源

3）暴露的确认

a）有把握的记录（如手术记录）*；b）结构化的访谈 *；c）书面的自报告；d）未描述

4）在研究启动时，并未提出所关注结局事件

a）是 *；b）否

可比性

基于研究设计或者分析，队列的可比性

a）对照目的：（选择最重要的因素）*

b）对照目的是其他因素（该标准可能会修订成“指出具体对照的次重要因素”）*

结局

1）结局的评估

a）盲态独立评估 *；b）记录链接 *；c）自报告；d）未描述

2）为发现结局事件，随访时间是否足够长

a）是（对于所关注的结局事件，选择了充分的随访时间）*；b）否

3）队列的随访是否充分

a）全部随访 *；b）少量失访不会带来偏倚，超过 ____ % 的随访，或者描述了失访者的情况 *；c）低于 ____ % 的随访，并且未描述失访者的情况；d）未描述

（来源：Wells G，Shea B，O'Connell D，et al. http：//www.ohri.ca/programs/clinical_epidemiology/nosgen.pdf）

4. 病例系列研究的评价

英国国立临床优化研究所（National institute for clinical excellence，NICE）对病例系列的质量评价做如下推荐：

（1）为了提高研究结果的代表性，病例系列中的病例最好来自不同级别的医疗机构，开展多中心的研究院；

（2）清楚明确的描述研究的假说或目的、目标；

（3）清楚的报告纳入和排除标准；

（4）对测量的结局做出明确的定义；

（5）收集的数据应达到预期目标；

（6）准确描述患者是连续招募的；

（7）清楚明确描述研究主要发现；

（8）将结局进行分层分析及报告，如按照疾病分期、化验结果异常、患者的特征等。

（四）证据分级标准

表 6　GRADE 证据 4 个等级的含义

质量级别	当前定义
高	非常确信真实的效应值接近效应估计值
中	对效应估计值有中等程度的信心：真实的效应值有可能接近估计值，但仍存在二者大不相同的可能性
低	对效应估计值的确信程度有限：真实值可能与估计值大不相同
极低	对效应估计值的确信程度很低：真实值很可能与估计值大不相同

来源：GRADE guidelines：3. Rating the quality of evidence（April 2011）

表 7　GRADE 证据质量分级法总结

研究设计	证据质量	如存在以下情况则证据降级	如存在以下情况则证据升级
随机化试验	高	· 偏倚风险	
	++++	-1 严重	
		-2 非常严重	
		· 不一致性	· 效应量大
	中	-1 严重	+1 大
	+++	-2 非常严重	+2 非常大
		· 间接性	· 剂量反应
观察性研究	低	-1 严重	+1 梯度证据
	++	-2 非常严重	· 所有可能的混杂因素
		· 不精确性	+1 降低所展示的效应
		-1 严重	+1 如果研究结果显示无效，提示这是一种假效应
		-2 非常严重	
	极低	· 发表偏倚	
	+	-1 可能	
		-2 非常可能	

来源：GRADE guidelines：3. Rating the quality of evidence（April 2011）

文献评价报告撰写可参考系统综述和 Meta 分析优先报告的条目（PRISMA 声明）、流行病学中观察性研究的 Meta 分析。

（五）PRISMA 声明和 MOOSE 声明

表 8　PRISMA 声明

内容 / 条目	编号 *	标准 PRISMA 条目要求
标题		
标题	1	表明研究是系统综述、Meta 分析或两者均是
摘要		
结构化摘要	2	使用结构化的格式，包括：背景、目的、数据来源、研究纳入标准、研究对象、干预措施、评价和合成研究结果的方法、结果、局限性、结论及主要发现的意义、系统综述注册号
引言		
理论基础	3	介绍当前已知的理论基础
目的	4	明确描述临床问题，包括说明研究人群、干预措施、对比组、研究结局及研究设计
方法		
研究方案及注册	5	表明是否撰写研究方案、如有则是否及在何处可获得该方案（如网络下载地址），如有可能应当提供含注册号的注册信息
纳入标准	6	详述作为纳入标准的研究特征（如 PICOS，随访时间等）及报告特征（如发表年、语言、发表状态等），并作合理说明
信息来源	7	介绍所有检索的信息来源（如注明收录年份的文献数据库、与作者联系以识别更多研究）及末次检索的日期
检索	8	至少报告对一个数据库使用的全部电子检索策略，包括所有使用的限制项，以保证该检索可被重复
研究选择	9	描述选择研究的过程，如筛选、纳入标准、是否纳入系统综述、是否纳入 Meta 分析等
数据提取	10	描述从研究报告中提取数据的方法（如使用经过预试验后定制的提取表格、独立提取、重复提取等）及从研究者索取或确认数据的过程
数据变量	11	列表定义所有数据提取变量（如 PICOS，资助来源等）及对数据变量的任何假设和简化形式
单项研究偏倚	12	描述评价单项研究可能存在的偏倚的方法（说明评价是针对研究还是仅针对研究结果），以及在数据合并中如何使用这些偏倚评价结果

续表

内容 / 条目	编号 *	标准 PRISMA 条目要求
概括效应指标	13	描述主要效应测量指标，如相对危险比，均值差等
研究结果合成	14	描述处理数据及合并结果的方法，如做了 Meta 分析，还应当说明每项 Meta 分析的异质性检验方法（如 I2 等）
合并研究偏倚	15	说明对可能影响数据合并结果的合并研究偏倚（如发表偏倚，研究内选择性报告结果等）的评估方法
其他分析	16	描述其他分析方法，如敏感性分析、亚组分析、Meta 回归等，并说明哪些是事先计划的分析
结果		
研究选择	17	提供筛选研究数、进行纳入评价的研究数、最终纳入研究数，并说明各阶段排除理由，最好绘制流程图
研究特征	18	描述每个被提取数据资料的研究的特征（例如样本量、PICOS、随访时间等），并标出引文出处
单项研究内部偏倚	19	展示各单项研究可能存在偏倚的相关数据，如有可能，列出偏倚对结局影响的评价结果，参见条目 12
各单项研究结果	20	对所有结局指标（获益或危害），均报告：（a）每个干预组的摘要数据；（b）效应估计值及其 CI，最好用森林图展示
研究结果合成	21	展示每项 Meta 分析的结果，包括 CI 及异质性检验结果
合并研究偏倚	22	展示对合并研究偏倚的评估结果，参见条目 15
其他分析	23	如进行了其他分析，则描述其结果，如敏感性分析、亚组分析、Meta 回归等，参见条目 16
讨论		
总结证据	24	总结主要发现，包括在每项主要结局指标上证据的有力程度，考虑这些发现对主要利益相关者（如卫生服务提供者，使用者及政策制订者）的参考价值
局限性	25	讨论单项研究及其结局层面的局限性（如存在偏倚的可能性）和系统综述研究层面的局限性（如未能获得所有已识别文献具体信息，报告偏倚等）
结论	26	结合对其他相关证据的描述，提出对研究结果的概要性解读，及其对进一步研究的启示
资助		
资助来源	27	描述系统综述的资金资助和其他资助（如提供数据）的来源，及资助者在完成系统综述中所起的作用

表 9 MOOSE 声明

报告要求
研究背景
定义研究问题
陈述研究问题假设
确定研究结局
暴露 / 干预措施
研究设计类型
研究人群
文献检索策略
文献检索的资格（如图书管理员和调查员）
文献检索策略，包括文献检索的时间范围和使用的关键词
尽可能获取所有文献，包括研究文献作者的个人通信
检索的数据库和档案库
采用检索软件及其版本号，包括使用的特殊功能（如进行主题词及其下位词的扩展检索）
手工检索（如已有文献的参考文献清单）
列出纳入和排除的文献，以及判断标准
处理非英语文献的方法
处理只有摘要和未发表文献的方法
介绍个人通信的情况
研究方法
描述检索文献是否符合研究问题
数据整理和编码的基本原则（如有完善的临床编码规则或便于编码）
数据分类和编码的记录（如多个文献评价者，盲法，以及文献评价者之间的一致性）
混杂的评估（如入选研究中病例和对照的可比性）
评价研究质量，包括对质量评价者采用盲法，对研究结果的可能预测值进行分层分析或者回归分析
评价研究异质性
详细介绍统计分析模型，以便能重复该研究（如详细描述采用的固定效应模型或者随机效应模型，采用该研究模型分析研究结果的理由，剂量反应关系模型，或者累积 Meta 分析）
提供合适的统计图表

研究结果

绘图总结入选各研究和汇总研究结果

列表描述入选各研究结果

研究结果的敏感度分析（如亚组分析）

研究结果统计学稳健性的指标

讨论

定量地评价偏倚（如发表偏倚）

解释排除标准的合理性（如排除非英语文献）

评价入选研究的质量

研究结论

导致观察到结果的其他可能原因

根据研究所得的数据，在评价文献涉及的领域，对研究结论进行适当地外推

为以后该问题的研究提供指导意见

公布研究资助来源

（六）报告撰写格式

1. 封面

上市后文献评价报告

编号：________

评价题目：__________________

评价机构：__________________

主要研究者：________________

评价时间：__________________

报告时间：__________________

更新时间：__________________

项目来源：

项目发起者：

年　　月　　日

2. 摘要

题目

背景

目的

资料与方法

结果

结论与建议

3. 正文

题目

背景：说明立项依据和意义

目的

研究设计

资料与方法

结果：按评价设计分部分报告结果

安全性评价结果和有效性评价结果

讨论：

总结，回答问题

提出结论证据及强度

指出本评价的局限性

建议今后开展研究或者评价的内容与方向

4. 参考文献

5. 评价者、评价单位、评价日期

5.13 药物警戒质量管理规范（征求意见稿）

（国家药监局综合司 2020年12月1日）

国家药监局综合司公开征求《药物警戒质量管理规范（征求意见稿）》意见

为贯彻落实《中华人民共和国药品管理法》关于建立药物警戒制度的要求，规范药品上市许可持有人药物警戒主体责任，国家药品监督管理局起草了《药物警戒质量管理规范（征求意见稿）》，现向社会公开征求意见。请于2020年12月18日前，将有关意见或建议通过电子邮件形式反馈至ypjgs@nmpa.gov.cn，邮件标题请标明“药物警戒质量管理规范意见反馈”。

附件：1. 药物警戒质量管理规范（征求意见稿）

2. 起草说明

国家药监局综合司

2020年12月1日

药物警戒质量管理规范（征求意见稿）

第一章　总　则

第一条　【法律依据】为规范药品全生命周期药物警戒活动，根据《中华人民共和国药品管理法》《中华人民共和国疫苗管理法》，制定本规范。

第二条　【适用范围】本规范适用于药品上市许可持有人（以下简称“持有人”）和获准开展药物临床试验的药品注册申请人（以下简称“申办者”）开展药物警戒活动。

第三条　【根本目标】持有人和申办者应当根据药品安全性特征开展药物警戒活动，最大限度地降低药品安全风险，保护和促进公众健康。

第四条　【体系要求】持有人和申办者应当建立药物警戒体系，通过体系的有效运行和维护，监测、识别、评估和控制药品不良反应及其他与用药有关的有害反应。

第五条　【社会共治】持有人和申办者应当与医疗机构、药品生产经营企业、临床试验机构等协同开展药物警戒工作。鼓励持有人与科研院所、行业协会等相关方合作，推动药物警戒活动深入开展。

第二章　质量管理

第一节　基本要求

第六条　【药物警戒体系】药物警戒体系要素包括与药物警戒活动相关的机构、人员、制度、资源等，并与持有人类型、规模、品种数量及安全性特征等相适应。

第七条　【基本要求】持有人应当制定质量目标，建立质量保证系统，对药物警戒体系及活动进行质量管理，不断提升药物警戒体系运行效能，确保药物警戒活动持续符合相关法律法规要求。

第八条 【质量保证系统】持有人应当以防范风险为基础，将药物警戒的关键活动纳入质量保证系统中，重点考虑以下质量保证要素：

（一）设置合理的组织机构；

（二）配备满足药物警戒活动需要的人员、设备和资源；

（三）制定符合法律法规要求的管理制度；

（四）制定全面、清晰、可操作的操作规程；

（五）建立有效、畅通的药品不良反应信息收集途径；

（六）开展符合法律法规要求的报告与处置活动；

（七）开展有效的风险信号识别和评估活动；

（八）对已识别的风险采取有效的控制措施；

（九）确保药物警戒相关文件和记录可获取、可查阅、可追溯。

第九条 【质量控制指标】持有人应当制定并适时更新药物警戒质量控制指标。指标应当可测量、可考核，贯穿到药物警戒的关键活动中，并分解落实到具体部门和人员，包括但不限于：

（一）药品不良反应报告合规性；

（二）定期安全性更新报告合规性；

（三）信号检测和评价的及时性；

（四）药物警戒主文件更新的及时性；

（五）药物警戒计划的制定和执行情况；

（六）培训与考核；

（七）国家药品不良反应监测系统用户信息和产品信息变更及时性。

第二节　内部审核

第十条 【质量内审】持有人应当定期或者在药物警戒体系出现重大变化时开展内部审核（以下简称“内审”），审查各项制度及其执行情况，评估药物警戒体系及活动的适宜性、充分性和有效性。

持有人开展内审，应当遵循科学、规范、独立的原则。

第十一条 【审核方案】开展内审前应当制订审核方案。方案应当包括内审的目标、范围、方法、标准、审核人员、审核记录和报告要求等。方案的制定应当考虑药物警戒工作的关键活动、关键岗位以及既往审核结果等。

第十二条 【记录和报告】内审过程应当有记录，记录审核的基本情况、内容和结果。内审应当形成书面报告，并经药物警戒负责人签署批准。

第十三条 【质量改进】针对内审发现的问题，持有人相关部门应当调查问题产生的原因，采取相应的纠正和预防措施。内审人员应对纠正和预防措施进行跟踪，评估纠正和预防措施的合理性、有效性和充分性。

第三节　委托管理

第十四条 【合规性要求】持有人委托开展药物警戒工作的，双方应当遵守有关法律法规、标准规范，签订委托合同，保证药物警戒工作全过程信息真实、准确、完整和可追溯，且持续合规。

第十五条 【受托方要求】持有人应当考察、遴选具备相应药物警戒条件和能力的受托方。受托方应当具备保障工作有效运行的组织机构，具有可承担药物警戒委托事项的专业人员、管理制度、设备资源等工作条件和相应的工作能力，且应配合持有人接受药品监管部门的延伸检查。

第十六条 【管理受托方】持有人应当确保受托方充分了解其药物警戒的质量目标和要求，定期对受托方进行审计，确保药物警戒工作持续符合要求。

第十七条 【委托责任】持有人为药物警戒责任主体，根据工作需要可以委托受托方开展药物警戒工作，相应法律责任由持有人承担。

集团内各持有人之间以及总部和各持有人之间可相互承担药物警戒工作，但双方应当书面文件约定相应职责与工作机制，相应法律责任由各持有人承担。

第三章　机构人员与资源

第一节　组织机构

第十八条　【机构】持有人应当合理设置药物警戒组织机构，明确药物警戒组织机构与相关部门的职责，建立良好的沟通和协调机制，保障药物警戒活动的顺利开展。

第十九条　【药品安全委员会】持有人应当建立药品安全委员会，负责重大风险研判、重大或紧急药品安全性事件处置、风险控制决策以及其他与药物警戒有关的重大事项。药品安全委员会一般由持有人法定代表人或主要负责人、药物警戒负责人、药物警戒部门负责人以及相关部门负责人等组成。药品安全委员会应当建立相关的工作机制和工作程序。

第二十条　【药物警戒部门】持有人应当设置专门的药物警戒部门开展药物警戒活动，履行以下职责：

（一）疑似药品不良反应信息的收集、处置与报告；

（二）识别和评估药品风险，提出风险管理建议，配合开展风险控制、风险信息沟通；

（三）撰写并按要求提交药物警戒体系主文件、定期安全性更新报告、药物警戒计划等；

（四）组织或参与开展药品上市后安全性研究；

（五）组织或协助开展药物警戒相关的交流、教育和培训；

（六）其他与药物警戒相关的工作。

第二十一条　【相关部门】药物警戒相关部门是指除药物警戒部门以外，其他与持有人履行药物警戒职责相关的部门，包括研发、注册、生产、销售、医学、市场、质量等部门。持有人应当明确各部门药物警戒职责。

第二节　人员与培训

第二十二条 【持有人职责】持有人的法定代表人或主要负责人对药物警戒工作全面负责，配备足够数量且具有适当资质的专职人员承担药物警戒相关工作，提供必要的资源并予以合理组织、协调，监督药物警戒体系的有效运行及质量目标的实现，确保药物警戒活动符合法律法规要求。

第二十三条 【药物警戒负责人要求】持有人应当指定药物警戒负责人独立履行药物警戒职责。药物警戒负责人是具备一定职务的高级管理人员，应当具有医学、药学、流行病学、生物医学工程或者相关专业背景，本科及以上学历或者中级以上专业技术职称，三年以上从事药物警戒相关工作经历，熟悉我国药物警戒相关法律法规和技术指导原则，具备管理药物警戒工作的知识和技能。

药物警戒负责人应当在国家药品不良反应监测系统中登记。

第二十四条 【药物警戒负责人职责】药物警戒负责人负责药物警戒体系的建立、运行和持续改进，确保药物警戒体系符合相关法律法规和本规范的要求，承担以下主要职责：

（一）确保药品不良反应监测与报告的合规性；

（二）监督开展药品安全风险识别、评估与控制，确保风险管理措施的有效执行；

（三）负责药品安全性信息沟通的管理，确保沟通及时有效；

（四）确保持有人内部以及与药品监督管理部门和药品不良反应监测机构沟通渠道顺畅；

（五）负责重要药物警戒文件的审核和签发。

第二十五条 【专职人员】药物警戒部门应当配备足够数量并具备适当资质（含学历、培训和实践经验）的专职人员。专职人员应当具有医学、药学、流行病学、生物医学工程或相关专业知识，接受过与药物警戒相关的培训，熟悉我国药物警戒相关法律法规和技术指导原则，具备开展药物警戒工作所需知识和技能。

第二十六条 【培训制度】持有人应当建立药物警戒培训制度，根据岗位需求与人员能力制定适宜的药物警戒培训计划，按计划开展培训并评估培训效果。

第二十七条 【培训范围与内容】参与药物警戒活动的人员均应当接受培训并通过考核。培训内容包括药物警戒基础知识和法规、岗位知识和技能，其中岗位知识和技能培训应当与其药物警戒职责和要求相适应。

第三节　设备与资源

第二十八条 【资源】持有人应当配备满足药物警戒工作所需的设备与资源，包括基础办公区域和设施、安全稳定的网络环境、纸质和电子资料存储空间和设备、文献资源、医学词典、信息化工具或系统、接受医学咨询和投诉的电话等。

第二十九条 【信息化系统】持有人使用信息化系统开展药物警戒活动时，应当满足以下要求：

（一）明确信息化系统在设计、安装、配置、验证、测试、培训、使用、维护等环节的管理要求，并规范记录上述过程；

（二）明确信息化系统的安全管理要求，根据不同的级别选取访问控制、权限分配、审计追踪、授权更改、电子签名等控制手段，确保信息化系统及其数据的安全性。

（三）信息化系统应当具备完善的数据安全及保密功能，确保电子数据不损坏、不丢失、不泄露，应当进行适当的验证或确认，以证明其满足预定用途。

第三十条 【管理维护】持有人应当对设备与资源进行管理和维护，确保其持续满足使用要求。

第四章　药品不良反应监测与报告

第一节　药品不良反应信息收集

第三十一条　【收集途径】持有人应当建立药品不良反应信息收集途径，主动、全面地收集药品使用过程中的疑似药品不良反应，包括来源于自发报告、上市后安全性研究及其他有组织的数据收集项目、学术文献和持有人相关网站等涉及的信息。

第三十二条　【医疗机构】持有人可采用日常拜访、电子邮件、电话、传真等方式，向医务人员收集疑似药品不良反应，并确保有效、畅通。

第三十三条　【经营企业】持有人应当通过药品经营企业收集信息，保证药品经营企业报告药品不良反应的途径畅通。

第三十四条　【电话途径】持有人应当通过药品说明书、标签、门户网站等公布的联系电话或邮箱收集患者和其他个人报告的疑似药品不良反应。持有人应当确保电话畅通。

第三十五条　【学术文献】持有人应当定期对学术文献进行检索，检索频率根据品种安全性特征等确定，检索的时间范围应当具有连续性。持有人应当制定合理的检索策略，确保检索结果全面、准确。

第三十六条　【上市后安全性研究和项目】持有人发起或资助的上市后安全性研究或其他有组织的数据收集项目，应当确保所有合作方知晓药品不良反应报告责任，建立畅通的药品不良反应信息收集途径。

第三十七条　【境外信息】持有人应当收集境内上市药品在境外使用的疑似药品不良反应。因不良反应原因在境外暂停销售使用或者撤市的，应当在获知信息的 24 小时内报告国家药品监督管理部门和药品不良反应监测机构。

第三十八条　【加强监测】持有人应对创新药、改良型新药及其他药品监管部门要求的品种加强监测。对于创新药和改良型新药，持有人应当根据药品安全性特点，在上市早期通过在药品说明书、包装、标签中进行标识等警戒活动，强化提示医疗机构、经营企业和患者等报告不良反应。

第二节　报告的评价与处置

第三十九条　【报告收集】持有人在首次获知个例药品不良反应信息时，应尽可能全面收集患者情况、怀疑和并用药品情况、不良反应发生情况等。收集过程与内容均应有记录，原始记录应真实、准确、客观。

第四十条　【传递】原始记录传递过程中，应当保持记录的真实、完整、可溯源，不得删减、遗漏。为确保个例药品不良反应报告的及时性，持有人应当对报告时限进行要求。持有人应当对接收的所有不良反应报告进行编号，编号应当有连续性，并可追溯到原始记录。

第四十一条　【核实与随访】持有人应当对收集到的信息的真实性和准确性进行评估。当信息存疑时，应当尽量核实。

持有人应当对严重不良反应、非预期不良反应报告中缺失的信息进行随访。随访应当在不延误首次报告的前提下尽快完成。如随访信息无法在首次报告时限内获得，可先提交首次报告，再提交跟踪报告。

第四十二条　【预期性评价】持有人应当对不良反应的预期性进行评价。当不良反应的性质、特征、严重性或结果与持有人药品说明书中的描述不符时，应当认为是非预期不良反应。

第四十三条　【严重性评价】持有人应当对不良反应的严重性进行评价。符合以下情形之一的应当评价为严重药品不良反应：

（一）导致死亡；

（二）危及生命（指发生反应的当时，患者存在死亡风险，并不是指反应进一步恶化才可能出现死亡）；

（三）导致住院或住院时间延长；

（四）导致永久或显著的残疾 / 功能丧失；

（五）先天性异常 / 出生缺陷；

（六）导致其他重要医学事件，如不进行治疗可能出现上述所列情况的。

第四十四条 【关联性评价】持有人应当按照国家药品不良反应监测中心发布的药品不良反应关联性分级评价标准，对怀疑药品与患者发生的反应之间的关联性进行科学、客观的评价。

如果初始报告人进行了关联性评价，若无确凿医学证据，持有人原则上不应降级评价。对于自发报告，如果报告者未提供关联性评价意见，应当默认药品与反应之间存在关联性。

第三节　药品不良反应报告的提交

第四十五条 【基本要求】持有人向国家药品不良反应监测系统提交的个例药品不良反应报告，应当至少包含可识别的患者、可识别的报告者、怀疑药品和不良反应的相关信息。

第四十六条 【报告范围】持有人应当按照可疑即报的原则，报告患者使用药品出现的怀疑与药品存在相关性的有害反应，其中包括可能因药品质量问题引起的或者可能与超适应证用药、超剂量用药、禁忌证用药等相关的有害反应。

第四十七条 【报告填写】个例药品不良反应报告的填写应真实、准确、完整、规范，符合相关填写要求。

第四十八条 【报告时限】个例药品不良反应报告应当按规定时限要求提交。严重不良反应尽快报告，不迟于获知信息后的 15 天，其他不良反应不得迟于 30 天报告。跟踪报告按照个例药品不良反应报告的时限提交。

报告时限的起始日期为持有人首次获知该个例药品不良反应且符合最低报告要求的日期。

第四十九条 【文献报告范围】文献报道的药品不良反应，可疑药品确定为本持有人产品的，且符合最低报告要求的，应当按个例药品不良反应报告。如果不能确定是否为本持有人产品的，应当在定期安全性更新报告中进行讨论，可不作为个例药品不良反应报告。

第五十条 【境外报告范围】境内批准上市的药品在境外使用发生的严重

药品不良反应应当按照个例药品不良反应报告提交，非严重不良反应无须按照个例药品不良反应报告提交，应当在定期安全性更新报告中汇总。

第五十一条 【上市后研究报告范围】对于来自上市后研究或有组织的数据收集项目中的不良反应，应当进行医学评估，对可能存在关联性的严重不良反应，应按个例药品不良反应报告提交，其他报告应在研究报告中进行汇总分析。

第五十二条 【未上报报告的处理要求】未按照个例药品不良反应报告提交的药品不良反应信息，应当记录不提交的原因，并保存原始记录，不得随意删除。

第五十三条 【报告独立性】持有人不得以任何理由和手段干涉报告者的报告行为。

第五章　安全风险识别与评估

第一节　信号检测

第五十四条 【基本要求】持有人应对各种途径收集的疑似药品不良反应信息开展信号检测，及时发现新的药品安全风险。

第五十五条 【信号检测方法】持有人根据自身情况及产品特点选择适当、科学、有效的信号检测方法。信号检测方法可以是个例药品不良反应报告审阅、病例系列评价、病例报告汇总分析等人工检测方法，也可以是数据挖掘等计算机辅助检测方法。

第五十六条 【信号检测频率】信号检测频率应当根据药品上市时间、药品特点、风险特征等相关因素合理确定。对于新上市的创新药、改良型新药及其他药品监管部门要求关注的品种等，应当增加信号检测频率。

第五十七条 【重点关注的信号】持有人在开展信号检测时，应重点关注以下信号：

（一）药品说明书中未提及的不良反应，特别是严重的不良反应；

（二）药品说明书中已提及的不良反应，但发生频率、严重程度等明显增加的；

（三）疑似新的药品与药品、药品与器械、药品与食品间相互作用导致的不良反应；

（四）疑似新的特殊人群用药或已知特殊人群用药的变化；

（五）药品不良反应呈现聚集性特征，不能排除与药品质量存在相关性。

第五十八条 【信号优先评价考虑因素】持有人应当对信号进行优先级判定。对于其中可能会影响产品的获益－风险平衡，或者对公众健康产生影响的风险信号予以优先评价。信号优先级判定可考虑以下因素：

（一）不良反应的严重性、转归、可逆性及可预防性；

（二）患者暴露情况及不良反应的预期发生频率；

（三）高风险人群及不同用药模式人群中的患者暴露情况；

（四）中断治疗对患者的影响，以及其他治疗方案的可及性；

（五）预期可能采取的风险控制措施；

（六）适用于其他同类药品的信号。

第五十九条 【信号评价】持有人应当综合汇总相关信息，对检测出的信号开展评价，综合判断信号是否已构成新的药品安全风险。

相关信息包括：个例药品不良反应报告、临床研究数据、文献报道、有关不良反应或疾病的流行病学信息、非临床研究信息、医药数据库信息、国外药品监督管理部门相关信息等。必要时，持有人可通过开展上市后安全性研究等方式获取更多信息。

第六十条 【聚集性信号】持有人获知或者发现疑似药品不良反应呈现聚集性特点的，应当立即开展调查。不能排除药品存在质量问题的，持有人应当立即组织开展风险原因调查。对造成严重人身伤害或者死亡的，应当按照相关应急处置程序进行处理。

第二节 风险评估

第六十一条 【风险评估内容】持有人应当及时对新的药品安全风险开展

评估，分析影响因素，描述风险特征，判定风险类型，评估是否需要采取风险控制措施等。风险评估应当考虑药品的获益。

第六十二条 【影响因素】持有人应当分析可能引起药品安全风险、增加风险发生频率或严重程度等的原因或影响因素，如患者的生理特征、基础疾病、并用药品，或药物的溶媒、储存条件、使用方式等，为药物警戒计划的制定和更新提供科学依据。

中药、民族药持有人应根据中医药、民族医药相关理论，分析处方特点（如炮制方式、毒性成分、配伍禁忌等）、临床使用（如功能主治、剂量与疗程等）、患者机体等影响因素。

第六十三条 【风险特征描述】对药品风险特征的描述可包括药品与不良事件组合描述、风险发生机制、频率、严重程度、可预防性、可控性、对患者或者公众健康的影响范围，以及风险证据的强度和局限性等。

第六十四条 【风险类型】风险类型分为已识别风险和潜在风险。对于可能会影响产品的获益－风险平衡，或者对公众健康产生不利影响的风险，应当作为重要风险予以优先评估。持有人还应对可能构成重要风险的缺失信息进行评估。

第六十五条 【类型与措施】持有人应当根据风险评估结果，对已识别风险、潜在风险采取适当的风险管理措施。

第六十六条 【风险评估记录或报告】风险评估应有记录或报告，其内容一般包括风险概述、原因、结果、风险管理建议等。

第六十七条 【可能严重危害公众健康的风险的处理与报告】在药品风险识别和评估的任何阶段，持有人认为风险可能严重危害患者生命安全或公众健康，应当立即采取暂停销售和使用、召回等紧急控制措施，并同时向省级药品监督管理部门和药品不良反应监测机构报告。

第三节　药品上市后安全性研究

第六十八条 【范围】药品上市后开展的以识别、定性或者定量描述药品安全风险，研究药品的安全性特征，以及评估风险控制措施实施效果的研究均属于药品上市后安全性研究。

第六十九条 【类型】药品上市后安全性研究一般是非干预性研究，也可以是干预性研究，一般不涉及非临床研究。干预性研究应当参照《药物临床试验质量管理规范》的要求开展。

第七十条 【发起】持有人应当根据药品风险情况主动开展上市后安全性研究，或者按照省级及以上药品监督管理部门或药品不良反应监测机构的要求开展上市后安全性研究。药品上市后安全性研究及其活动不得以产品推广为目的。

第七十一条 【目的】开展药品上市后安全性研究的目的包括但不限于：

（一）量化并分析潜在的或已识别的风险及其影响因素（例如描述发生率、严重程度、风险因素等）；

（二）评估药品在安全信息有限或缺失人群中使用的安全性（例如孕妇、特定年龄段、肾功能不全、肝功能不全等人群）；

（三）评估长期用药的安全性；

（四）评估风险控制措施的有效性；

（五）提供药品不存在某风险的证据；

（六）评估药物使用模式（例如超适应证使用、超剂量使用、合并用药或用药错误）；

（七）评估可能与药品使用有关的其他安全性问题。

第七十二条 【受试者保护】持有人应当遵守伦理和受试者保护的相关法律法规和要求，确保受试者的权益。

第七十三条 【研究方法】持有人应当根据研究目的、药品风险特征、临床使用情况等选择适宜的药品上市后安全性研究方法。上市后安全性研究可基于原始数据开展，也可基于二手数据开展。

第七十四条 【研究方案】持有人开展药品上市后安全性研究应当制定书面的研究方案。研究方案应当由具有适当学科背景和经验的人员制定，并经药物警戒负责人批准。

研究方案中应当规定研究开展期间疑似药品不良反应的收集、评估和报告程序，并在研究报告中进行总结。

研究过程中可根据需要修订或更新研究方案。研究开始后，对研究方案的任何实质性修订（如研究终点和研究人群变更）应当以可追溯和可审查的方式记录在方案中，包括变更原因、内容及日期。

第七十五条 【向监管机构报告】对于药品监管部门要求开展的上市后安全性研究。研究方案应明确进度报告的提交频率和时间。

持有人开展的所有上市后安全性研究的进度报告均应纳入定期安全性更新报告中。进度报告旨在记录研究进展的相关信息，例如：进入研究的患者数量、暴露患者数量、出现结局的患者数量、研究遇到的问题和与预期计划的偏差。

第七十六条 【影响获益－风险平衡新信息的处置】持有人应当监测研究期间的安全性信息，发现任何可能影响药品获益－风险平衡的新信息，应当及时开展评估，并采取适宜风险控制措施。

第七十七条 【研究结果处置】研究中发现可能严重危害患者的生命安全或公众健康的药品安全问题时，持有人应当立即采取暂停销售和使用、召回等紧急控制措施，并将召回和处理情况向省级药品监督管理部门和药品不良反应监测机构报告。

第四节　定期安全性更新报告

第七十八条 【原则】定期安全性更新报告应当以持有人在报告期内开展的工作为基础进行撰写，对收集到的安全性信息进行全面深入的回顾、汇总和分析，格式和内容应当符合《药品定期安全性更新报告撰写规范》的要求。

第七十九条 【提交频率】创新药及改良型新药应当自取得批准证明文件之日起每满 1 年提交一次定期安全性更新报告，直至首次再注册，之后每 5 年报告一次。其他类别的药品，一般应当自取得批准证明文件之日起每 5 年报告一次。药品监管部门另有要求的，应当按照要求提交。

第八十条 【数据起点】定期安全性更新报告的数据汇总时间以首次取得药品批准证明文件的日期为起点计，也可以国际诞生日（IBD）为起点计。定期安全性更新报告数据覆盖期应保持完整性和连续性。

第八十一条 【递交要求】定期安全性更新报告应当由药物警戒负责人批准同意后，通过国家药品不良反应监测系统提交。

第八十二条 【审批意见处理】药品监管部门针对定期安全性更新报告提出的审核意见，持有人应当及时处理并予以回应。药品监管部门提出针对特定安全性问题的分析评估要求的，除按药品监管部门要求单独提交外，还应在下一次的定期安全性更新报告中分析评价。

第八十三条 【获益风险报告】持有人可以提交定期获益－风险评估报告代替定期安全性更新报告（以下所说的定期安全性更新报告均包括获益－风险评估报告），其撰写格式和递交要求适用国际人用药品注册技术协调会（ICH）相关指导原则，其他要求同定期安全性更新报告。

第八十四条 【评估原则】定期安全性更新报告中对于风险的评估应当基于药品的所有用途，包括产品说明书使用。开展获益－风险评估时，对于有效性的评估应当包括临床试验的数据，以及批准适应证在实际使用中获得的数据。获益－风险的综合评估应该以批准适应证为基础，结合药品实际使用中的风险开展。

第八十五条 【豁免】除药品监管部门另有要求外，以下药品或按药品管理的产品不需要提交定期安全性更新报告：原料药、体外诊断试剂、中药材、中药饮片。

第六章　药品安全风险控制

第一节　风险控制措施

第八十六条 【措施选择】对于已识别的安全风险，持有人应当综合考虑药品风险特征、药品的可替代性、社会经济因素等，采取适宜的风险控制措施。

常规风险控制措施包括修订药品包装、标签、说明书，改变药品包装规格，改变药品管理状态等。特殊风险控制措施包括开展医务人员和患者的沟通和教育、药品使用环节的限制、患者登记等。需要紧急控制的，可采取暂停药品生产、销售、使用等措施。当评估认为药品风险大于获益的，持有人应当主动申请注销药品注册证书。

第八十七条 【报告和通知】持有人采取药品使用环节的限制，以及暂停药品生产、销售、使用、召回产品等风险控制措施的，应当向所在地省级药品监督管理部门和药品不良反应监测机构报告，并告知相关药品经营企业和医疗机构等。

第八十八条 【聚集性事件处理】持有人发现或获知药品不良反应聚集性事件的，应当及时进行调查、处置，采取适当的风险控制措施，并向所在地省级药品监督管理部门和药品不良反应监测机构报告。有重要进展应当跟踪报告，采取暂停销售、使用或召回产品措施的应当立即报告。委托生产的，持有人应当同时向生产企业所在地省级药品监督管理部门报告。

第八十九条 【措施评估】持有人应监督风险控制措施的执行情况，将风险控制措施落实到位，并对实施效果进行评估。

第二节　风险沟通

第九十条 【基本要求】持有人应当向医务人员、患者、公众传递药品安全性信息，沟通药品风险。

第九十一条 【沟通原则】持有人应当根据不同的沟通目的，采用不同的风险沟通方式和渠道进行沟通，制定有针对性的沟通内容，确保沟通及时、准确、有效。

第九十二条 【沟通方式】沟通方式包括致医务人员的函、患者安全用药提示以及发布公告、召开发布会等。

当采取特殊风险控制措施时，可通过发放致医务人员的函、患者安全用药提示等与医务人员或患者沟通。

致医务人员的函可通过正式信函发送至医务人员，或可通过相关医疗机构、药品经营企业或行业协会发送，必要时可同时通过医药学专业期刊或报纸、具有互联网医药服务资质的网站等专业媒体发布。致医务人员的函在发放前应与省级药品不良反应监测机构沟通。

患者安全用药提示可随药品发送至患者，或通过大众媒体进行发布，其内容应当简洁、清晰、通俗易懂。

第九十三条 【沟通内容要求】一般情况下，沟通内容应当基于当前获批的信息，不得包含任何广告或产品推广性质的内容。

第九十四条 【需要紧急沟通的情况】出现下列情况的，应当紧急开展沟通工作：

（一）药品存在需要紧急告知医务人员和患者的安全风险，但正在流通的产品不能及时更新说明书的；

（二）存在无法通过修订说明书纠正的不合理用药行为，且可能导致严重后果的；

（三）其他可能对患者或公众健康造成重大影响的情况。

第三节　药物警戒计划

第九十五条 【概念】药物警戒计划作为药品上市后风险管理计划的一部分，是描述上市后药品的安全性特征以及如何管理药品安全风险的书面文件。

第九十六条 【制定】持有人应当根据风险评估结果，对已上市药品发现存在重要风险的，制定、修改并实施药物警戒计划，并根据风险认知的变化及时更新。

第九十七条 【内容】药物警戒计划包括药品安全性概述、药物警戒活动，并对拟采取的风险管理措施、实施时间周期进行描述。

第九十八条 【审核批准】药物警戒计划应当经药物警戒负责人审核同意，并报持有人药品安全委员会审核。

第九十九条 【提交】对于省级及以上药品监督管理部门和药品不良反应

监测机构提出要求的，持有人应当按照要求提交药物警戒计划。

第七章　文件、记录与数据管理

第一节　制度和规程文件

第一〇〇条　【原则要求】持有人应当建立药物警戒管理制度，制定完善的制度和规程文件。

可能涉及药物警戒活动的文件应当经药物警戒部门审核。

第一〇一条　【文件管理】文件应当按照文件管理操作规程进行起草、修订、审核、批准、替换或撤销、复制、保管和销毁等，并有相应的分发、撤销、复制和销毁记录。文件应当分类存放、条理分明，便于查阅。

第一〇二条　【规范性要求】文件应当标明名称、类别、编号、版本号及生效日期等，内容描述应当准确、清晰、易懂，附有修订历史。

第一〇三条　【文件审查】持有人应当对文件进行定期审查，确保现行文件持续适宜和有效。文件应当根据药物警戒法律法规要求及时更新。

第二节　记录与数据

第一〇四条　【基本要求】持有人应当规范记录所有药物警戒活动的过程和结果，妥善管理药物警戒活动产生的全部数据。记录与数据应当真实、准确、完整，保证药物警戒和质量管理等活动可追溯。关键的药物警戒活动相关记录和数据应当进行确认与复核。

第一〇五条　【记录管理】记录应当及时填写，内容真实，载体为纸质的，应当字迹清晰、易读、不易擦除；载体为电子的，应当设定使用权限，定期备份，不得随意更改。

第一〇六条　【电子记录系统的业务功能】电子记录系统应当具备记录的创建、审核、批准、版本控制，以及数据的采集与处理、记录的生成、复核、备份、归档及检索等功能。

第一〇七条 【电子记录系统的访问权限】电子记录系统应当针对不同的药物警戒活动，采取适当的措施，对电子记录系统操作人员的权限与业务活动进行控制，保证原始数据的创建、更改和删除可追溯；通过版本、发放、变更、访问权限等控制措施，对电子记录的创建与生成进行控制。

第一〇八条 【电子记录系统的管理要求】使用电子记录系统，应当建立业务操作规程，明确从事系统操作、管理、维护人员的培训内容；规定系统安装、设置、权限分配、用户管理、变更控制、数据备份、数据恢复、日常维护与定期回顾的要求。

第一〇九条 【保密要求】在保存和处理药物警戒记录和数据的各个阶段应当采取特定的措施，确保记录和数据的安全性和保密性，如严格限制访问文档和访问数据库的权限等。

第一一〇条 【保存年限】上市后药品的药物警戒数据和记录至少保存至药品注册证书注销后十年，避免药物警戒记录和数据在保存期间损毁、丢失。

第一一一条 【第三方责任】委托开展药物警戒活动所产生的文件和记录，应当符合本规范要求。

第一一二条 【数据转移】持有人转让药品上市许可的，应当同时移交药物警戒的所有相关记录和数据，确保移交过程中记录和数据不遗失。

第三节　药物警戒体系主文件

第一一三条 【主文件建立】持有人应当创建并维护药物警戒体系主文件，用以描述药物警戒体系及活动情况。

第一一四条 【主文件更新】持有人应及时更新药物警戒体系主文件，确保与现行药物警戒体系及活动情况保持一致，并持续满足相关法律法规和实际工作需要。

第一一五条 【主文件内容】药物警戒主文件应当至少包括以下内容：

（一）组织机构：描述与药物警戒活动有关的组织架构、职责及相互关系等；

（二）药物警戒负责人的基本信息：包括居住地、联系方式、简历、职责等；

（三）专职人员配备情况：包括专职人员数量、相关专业背景、职责等；

（四）药品不良反应信息来源：描述药品不良反应信息收集的主要途径、方式等；

（五）信息化工具或系统：描述用于开展药物警戒活动的信息化工具或系统；

（六）管理制度和操作规程：提供药物警戒管理制度的简要描述和药物警戒管理制度及操作规程目录；

（七）药物警戒体系运行情况：描述药品不良反应信息监测与报告，药品风险的识别、评估和控制等情况；

（八）药物警戒活动委托：列明委托的内容、时限、受托单位等，并提供委托协议清单；

（九）质量管理：描述药物警戒质量管理情况，包括质量目标、质量保证系统、质量控制指标、内审等；

（十）附录：包括制度和操作规程文件、药品清单、委托协议、内审报告、主文件修订日志等。

第一一六条 【主文件提交】对于药品监督管理部门要求的，持有人应当按要求提交药物警戒体系主文件。

第八章　临床试验期间药物警戒

第一节　基本要求

第一一七条 【总体要求】药物临床试验期间，申办者应当积极与临床试验机构等相关方合作，严格落实安全风险管理的主体责任。申办者应当建立药物警戒体系，开展风险监测、识别、评估和控制，及时发现存在的安全性问题，主动采取必要的风险控制措施，并评估风险控制措施的有效性，确保风险最小化，切实保护好受试者安全。

第一一八条 【沟通要求】对于药物临床试验期间出现的安全性问题，申办者应当及时将相关风险及风险控制措施报告国家药品审评机构。鼓励申办者、临床试验机构与国家药品审评机构积极进行沟通交流。

第一一九条 【监测基本要求】申办者指定专职人员负责临床试验期间的安全信息监测和严重不良事件报告管理；应当制订临床试验安全信息监测与严重不良事件报告操作规程，并对所有相关人员进行培训；应当掌握临床试验过程中最新安全性信息，及时进行安全风险评估，向试验相关方通报有关信息，并负责对非预期严重不良反应和其他潜在的严重安全性信息进行快速报告。

第一二〇条 【数据安全委员会】申办者可以建立数据和安全监查委员会，定期对临床试验安全性数据进行评估，并向申办者建议是否继续、调整或者停止试验。数据和安全监查委员会应当有书面的工作流程。

第一二一条 【药物警戒体系与质量管理】药物警戒体系与质量管理可参考本规范上市后相关要求，根据临床期间药物警戒要求可适当调整。

第一二二条 【受试者保护原则】临床试验过程中的安全信息报告、风险评估和风险管理及相关处理，应当严格遵守受试者保护原则。申办者和研究者应在保证其安全和利益的前提下，妥善安排相关事宜。

第一二三条 【遵守 GCP 要求】临床试验期间药物警戒工作需要结合《药物临床试验质量管理规范》等要求。

第一二四条 【临床期间药物警戒委托】申办者为临床期间药物警戒责任主体，根据工作需要可以委托第三方开展药物警戒工作，相应法律责任由申办者承担。

第二节　风险监测、识别、评估与控制

第一二五条 【个例安全性报告总体要求】临床试验期间，申办者应当在规定时限内及时提交与试验药物肯定相关或可疑的非预期严重不良反应（SUSAR）个例报告。

第一二六条 【个例安全性报告时限】对于致死或危及生命的非预期严重不良反应，申办者应当在首次获知后尽快报告，但不得超过7天，并在首次报告后的8天内报告、完善随访信息。

对于非致死或危及生命的非预期严重不良反应，申办者应在首次获知后尽快报告，但不得超过15天。

首次报告后，应当继续跟踪严重不良反应，以随访报告的形式及时报送有关新信息或对前次报告的更改信息等，报告时限为获得新信息起15天内。

第一二七条 【个例安全性快速报告提交评价原则】申办者和研究者在不良事件与药物因果关系判断中不能达成一致时，其中任一方判断不能排除与试验药物相关的，都应当进行快速报告。

临床试验结束或随访结束后至获得审评审批结论前发生的严重不良事件，若属于非预期严重不良反应，也应当进行快速报告。

从其他来源获得的与试验药物相关的非预期严重不良反应也应当进行快速报告。

第一二八条 【报告内容要求与提交方式】个例安全性报告内容应完整、规范、准确，符合相关要求。

个例安全性报告应采用电子传输方式。

第一二九条 【其他潜在的严重安全风险信息报告】除了非预期严重不良反应的个例安全性报告之外，对于其他潜在的严重安全风险信息（一般而言指明显影响药品获益－风险评估的信息或可能考虑药品用法改变，或影响总体药品研发进程的信息），申办者也应当尽快向国家药品审评机构报告，同时需对每种情况做出医学和科学的判断。

第一三〇条 【安全性信息评估】申办者应对安全性信息进行分析和评估，识别安全风险。个例评估考虑患者人群、研究药物适应证、疾病自然病史、现有治疗方法以及可能获益风险等因素。还应当定期对安全性数据进行汇总分析，评估风险。

第一三一条 【研发期间安全性更新报告】临床试验期间，申办者应对报告周期内收集到的与药物相关的安全性信息进行全面深入的年度回顾、汇总和评估，按时提交研发期间安全性更新报告（DSUR）。

申办者应当严格按照《研发期间安全性更新报告管理规范》，逐章节完整撰写 DSUR 及附件。

DSUR 应当包含与所有剂型和规格、所有适应证以及研究中接受研究药物的患者人群相关的数据（化学药和生物制品应按照相同活性成分，中药按照相同处方进行准备）。

原则上应当将药物临床试验在境内或者全球首次获得临床试验许可日期（DIBD）的月和日，作为 DSUR 报告周期的起始日期。调整后的首次提交，报告周期不应超过一年。首次提交应在境内临床试验获准开展后第一个 DIBD 后两个月内完成。

第一三二条 【风险控制措施】申办者经评估认为临床试验存在一定安全风险的，应当采取修改临床试验方案、修改研究者手册、修改知情同意书等一般的风险控制措施；评估认为临床试验存在严重安全风险的，应当主动暂停临床试验；评估认为临床试验存在重大安全风险的，应当主动终止临床试验。

修改临床试验方案，主动暂停或终止临床试验相关信息，应当及时在药物临床试验登记与信息公示平台进行更新。

第一三三条 【风险措施有效性的评估】申办者应当对风险控制措施的执行情况和实施效果进行评估，根据评估结论决定是否采取进一步行动，如变更风险控制措施或其实施策略和方法等。

第九章　附　则

第一三四条 【定义】本规范下列术语的含义是：

药物警戒活动：是指对药品不良反应及其他与用药有关的有害反应的监测、识别、评估和控制的所有活动。

药品不良反应：是指合格药品在正常用法用量下出现的与用药目的无关的有害反应。

信号：是指来自一个或多个来源的信息，提示药品与事件之间可能存在新的关联性，或已知关联性出现变化，且有必要开展进一步评估。

药品不良反应聚集性事件：是指同一批号（或相邻批号）的同一药品在短期内集中出现多例临床表现相似的药品不良反应，呈现聚集性特点，且怀疑与质量相关或可能存在其他安全风险的事件。

已识别风险：有充分证据表明该安全性事件与关注的药物有关。

潜在风险：有依据怀疑该安全性事件与关注的药物有关，但这种相关性尚未得到证实。

国际诞生日：在全球任何国家首次授予任何公司某一含有该药物活性成分的产品上市许可的日期。

基于原始数据的研究：研究所关注的事件相关信息专门针对本次研究、从医务人员或患者处直接收集。

基于二手数据的研究：研究所利用的数据的原始收集目的并非针对本次研究的关注事件，即在开展本次研究之前、关注事件已经发生并且已经收集用于其他目的的研究。

第一三五条 【系统注册】持有人应当在国家药品不良反应监测系统中进行注册。注册的用户信息和产品信息发生变更的，应当自变更之日起 30 日内在系统中进行更新。

第一三六条 【疫苗】国务院卫生健康主管部门和国务院药品监督管理部门对疫苗疑似预防接种异常反应监测另有规定的，从其规定。

第一三七条 【实施日期】本规范自　　年　　月　　日起施行。

5.14 药品上市许可持有人药物警戒年度报告撰写指南（试行）

（国家药品不良反应监测中心 2019年11月29日）

关于发布药品上市许可持有人药物警戒年度报告撰写指南（试行）的通知

为落实药品上市许可持有人药品安全主体责任，规范持有人药物警戒年度报告撰写工作，按照国家药品监督管理局要求，国家药品不良反应监测中心组织制定了《药品上市许可持有人药物警戒年度报告撰写指南（试行）》，现予发布。

附件：药品上市许可持有人药物警戒年度报告撰写指南（试行）

国家药品不良反应监测中心

2019年11月29日

药品上市许可持有人药物警戒年度报告撰写指南（试行）

为规范药品上市许可持有人（以下简称持有人）撰写药物警戒年度报告（以下简称年度报告）工作，根据《药品管理法》《药品不良反应报告和监测管理办法》《国家药品监督管理局关于药品上市许可持有人直接报告不良反应事宜的公告》（2018 年第 66 号，以下简称 66 号公告），制定本指南。

一、总体要求

持有人应当认真总结上市后药物警戒工作开展情况，包括药物警戒体系建设、个例药品不良反应收集和报告、监测数据定期分析评价、药品风险评估和控制等情况，真实、准确、规范撰写年度报告。

年度报告以结构化格式进行撰写，分为国产药品持有人年度报告（模板见附件 1）和进口药品持有人年度报告（模板见附件 2），分别由国产药品持有人和进口药品（包括港、澳、台地区进口）持有人或其代理人按本指南要求进行撰写。原则上一个持有人撰写一份年度报告。

年度报告中第 1 项、第 2 项（药品信息列表）、第 3.1 项和第 3.2 项应根据撰写年度报告时的“当前”信息填写，其他部分按上一自然年度（以下简称报告年度）情况填写。报告年度内信息如果发生变化，应填写年度末的信息。如有附件，应随年度报告一并提交。

年度报告应以中文撰写。选择项均可多选。要求填写“是否 X X”，仅填“是”或“否”。日期按照年 / 月 / 日格式填写，如 2018/10/01。涉及百分比均保留小数点后 1 位，负增长格式如 –1.1%。如果本项内容不适用，填写“不适用”；如果本项内容缺失或持有人无法获得，填写“不详”；备注栏如果无内容不填写。其他格式按照本指南附件提供的模板填写。

如果报告年度内持有人发生变更，应由当前持有人汇总报告年度全年的监测数据，并提交年度报告。双方应做好监测数据的交接工作。

如果持有人信息及其产品信息发生了变更，持有人 / 代理人应自变更之日起 30 日内对“药品上市许可持有人药品不良反应直接报告系统”（以下简称直报系统）中“用户注册”和“产品信息维护”中相应的信息进行更新，并在年度报告中填写变更情况。药品说明书因任何原因对任何部分进行了变更，也应在取得批准证明文件或备案后 30 日内向直报系统提交更新的说明书。

疫苗的药物警戒年度报告撰写指南另行制定。

二、撰写要求

（一）国产药品持有人年度报告撰写要求

1 持有人信息

药品上市许可持有人是指取得药品注册证书的企业或者药品研制机构等。本项持有人信息填写撰写年度报告时“当前”信息。

1.1 持有人名称：按照监管部门已批准注册或已批准变更的名称准确填写。

1.2 持有人地址：按当前真实地址填写。

1.3 持有人类型：按当前情况勾选“企业”“药品研制机构”或“其他”。如果勾选“企业”，需填写 1.3.1 ～ 1.3.3 项目。

1.3.1 企业分类：内资企业是指由我国境内投资者投资举办的企业；外资企业是指由境外投资者独自投资经营的企业；中外合资企业是指中国合营者与外国合营者共同投资经营的企业。港、澳、台资企业参照外资 / 中外合资企业填写。

1.3.2 企业规模：按照《关于印发中小企业划型标准规定的通知》（工信部联企业〔2011〕300 号）中“工业行业”的划分标准，从业人员 1000 人以下或营业收入 4 亿元以下的为中小微型企业。其中，从业人员 300 人及以上，且营业收入 2000 万元及以上的为中型企业；从业人员 20 人及以上，且营业收入 300 万元及以上的为小型企业；从业人员 20 人以下或营业收入 300 万元以下的为微型企业。从业人员 1000 人以上且营业收入 4 亿元以上按大型企业算。其他行业类型企业参照此标准。

1.3.3 集团公司性质：持有人不属于任何集团公司的，选择“非集团公司”；持有人本身为集团公司母公司的，选择“集团公司母公司”；持有人为某集团公司子公司的，选择“集团公司子公司”，并填写母公司名称。

1.3.4 持有人联系方式：填写负责与监管部门联络的人员联系方式。

1.4 用户注册信息变更情况：指自上一次撰写年度报告至本次撰写年度报告期间，直报系统中“用户注册”信息实际发生变更的情况，无论持有人是否已经在直报系统中进行了更新。变更项目名称按直报系统中的项目名称填写。首次撰写年度报告应填写自直报系统注册时至本次撰写年度报告期间的所有变更。“是否在系统中更新”指持有人自上次撰写年度报告后，是否已经在直报系统中提交了更新信息。

2 药品信息

2.1 药品信息列表及产销情况

药品信息列表填写截至撰写年度报告时持有人所持有效药品批准证明文件的药品情况。药品信息列表应按药品首次注册日期由近及远的顺序排列，即最近时间批准的药品排在前面；如果同一通用名称下有不同规格产品且注册日期不同，则该药品排序以最近批准注册的日期为准。

药品通用名：准确、完整填写药品批准证明文件中的名称，不得使用简称。

批准文号：同一药品通用名有不同批准文号，填写在不同行。

包装规格：同一批准文号有多个包装规格均需填写，同一行可填写多个药品包装规格。

首次注册日期：指首次获得该规格通用名药批准证明文件的日期。

注册分类：按药品批准证明文件上的注册分类填写，没有明确注册分类填写“未分类”。

是否生产：指报告年度内持有人在境内是否生产（包括委托生产）过该药品。

销量及单位：销量指报告年度内持有人或其经销商在境内销售的药品数量。没有销售填“未销售”。销量单位按制剂单位填写，如片、粒、支、袋等。销量如以万位计，保留至少三位有效数字，如 1234 万片、12.3 万片。

是否出口：指境内生产的药品是否出口到境外（含港、澳、台地区），包括委托其他单位出口本持有人药品。以报告年度内完成出口通关手续为标准。

2.2 药品信息变更情况

是指自上一次撰写年度报告至本次撰写年度报告期间，直报系统中持有人维护的药品信息（“产品信息维护”模块）实际发生变更的情况，无论持有人是否在直报系统中进行了更新。一个通用名药有多个项目变更，填写多行。

首次撰写年度报告应该填写自持有人在直报系统中注册至本次撰写年度报告期间，直报系统中持有人维护的药品信息发生变更的情况。

药品通用名：该名称如果发生变更，填写变更后的名称。

直报系统项目名称：按直报系统中“产品信息维护”的项目名称填写。

变更前（后）内容：如果药品是报告年度内新批准注册的，变更前内容应填写“无”，变更后内容应填写“所有”；如果是报告年度内注销药品注册证书的药品，变更前的内容应填写“所有”，变更后的内容应填写“无”。

是否在系统中更新：指持有人自上次撰写年度报告后，是否已经在直报系统中提交了更新信息。

变更原因：简述变更原因以及其他需要说明的问题。

3 药物警戒体系

3.1 药物警戒负责人：填写当前信息。“药物警戒负责人”指持有人指定的具有一定领导职务，具备多年从事药物警戒工作经验，熟悉相关法律法规及政策，能够负责药物警戒体系的建立、运行和维护，确保药物警戒工作持续合规的人员，且该人员长期居住在中国境内。“职务”指在本持有人单位所任职务，如有多种职务，仅填写与药物警戒相关的职务。“药物警戒累计从业年限”指在任何地点从事药物警戒工作的累积年限。

3.2 药物警戒专门机构：填写当前信息。“药物警戒专门机构”指持有人在境内设立的专门从事药物警戒工作的机构或部门。“机构设置”中独立设置一般是指该机构直接由公司负责人负责，非独立设置指机构设在质量部门、销售部门、医学部门等部门下，由这些部门的负责人兼职负责药物警戒工作。

3.3 药物警戒管理制度：填写报告年度信息。指持有人在报告年度是否建立了与药物警戒工作相关的管理制度。已有相关管理制度，不仅包括制定了制度文件，还包括对制度文件进行了落实，即制度已经实施。

3.4 报告年度内接受监管部门检查情况：检查指报告年度内监管部门按照《药品不良反应报告和监测管理办法》《药品不良反应报告和监测检查指南》进行的检查。如有多次检查，填写报告年度内最近一次检查的情况。如果对持有人的检查延伸至委托机构，“检查类别”同时勾选“延伸检查”，并填写被检查单位名称。如有问题清单、整改报告，应随年度报告一并提交。

3.5 委托工作及其他情况：“委托工作情况”指持有人委托其他单位开展药物警戒相关工作的情况，请填写委托单位名称全称，简要填写委托内容，如“不良反应收集”“不良反应报告提交”“不良反应文献检索”等。境内外个例 ADR 上报方式中，“个例报告表”指通过在线填写《上市许可持有人药品不良反应 / 事件报告表》方式上报；“E2B 传输”指按照 ICH E2B 格式传输上报；“行列表”是指按照《药品不良反应报告和监测管理办法》对境外报告的要求上报。

3.6 药物警戒体系自评：对现有的药物警戒体系能否保障警戒工作有效开展进行自评，并简述报告年度内药物警戒体系已经改善的方面。

4 个例药品不良反应报告

4.1 境内信息自主收集途径：指持有人建立的自主收集境内药品不良反应信息的途径，不包括监管部门反馈信息包含的来源途径，例如持有人虽然收到监管部门反馈的医疗机构和经营企业的报告，但自主收集不包括这两个渠道，不能算建立了该途径。

4.2–4.3 境内（外）报告

本部分汇总持有人所持国产药品的不良反应报告情况。境内报告是指国产药品在中国境内发生的不良反应报告；境外报告是指国产药品在境外（包括港、澳、台地区）发生的不良反应报告。以行列表形式提交的境外报告也应汇总。

境内（外）报告表应按通用名填写，同一通用名药填写一行。报告年度无论是否生产或销售，只要表中某项报告不为零，均应填写该表，所有项目均为零的药品无须填写该表。报告数量按病例计，跟踪报告不另计数。某项没有报告不填写。

自主收集的报告数量：指持有人从各种途径自主收集的个例报告数量的总和，不包括监管部门反馈的报告数量。

境内监管部门反馈的报告数量：指持有人通过直报系统接收的监管部门反馈的所有不良反应报告数量。填写年度反馈的总报告数量，以及持有人对反馈报告进行处理后又提交至直报系统中的报告数量。报告年度反馈给持有人的报告无论何时向直报系统提交，皆应算在本报告年度的报告数量中。

备注：持有人需要说明的其他问题。

5 定期分析评价

66号公告规定，持有人应定期对药品不良反应监测数据、临床研究、文献等资料进行评价，并按规定要求做好定期安全性更新报告（PSUR）的撰写及上报工作。

5.1 定期分析评价

定期分析评价是持有人发现药品风险的重要方式，持有人应根据药品上市时间、风险特征或监管部门要求，制定年度定期分析评价计划，并按计划开展工作。应综合所有安全性数据进行分析评价，包括全球数据。对于报告年度内已经开展了定期分析评价的药品（有分析报告支持），填写定期分析评价表。定期分析评价表按首次注册日期由近及远排序。PSUR相关情况不在此表中汇总。

药品名称：一般填写药品通用名称或活性成分名称，根据实际开展情况填写。

首次注册日期：如果该药品有多个首次注册日期，填写最早批准的日期。

计划分析周期：指持有人根据药品上市时间长短、药品风险特征或监管部门要求制定的分析评价周期。

实际分析次数：报告年度实际开展分析评价的次数。

是否发现重要风险：重要风险包括持有人自主发现或境内外监管部门告之的。重要风险可参考ICH E2C(R2)对重要已识别风险（Important identified risk）和重要的潜在风险（Important potential risk）的解释。发现的重要风险在第6项中进行描述。

备注：需要说明的其他内容，如未按计划开展分析评价的原因等。

5.2 定期安全性更新报告

本表汇总报告年度内应提交定期安全性报告（PSUR）的所有药品，应提交但未提交的也应列入。

药品名称：一般填写药品通用名称或活性成分名称，根据实际开展情况填写。

首次注册日期：如果该药品有多个首次注册日期，填写最早批准的日期。

提交 PSUR 的日期：指报告年度内向直报系统提交 PSUR 的日期。提交频率小于一年的，按实际情况填写多个提交日期，并在备注中说明原因。PSUR 被退回后再次提交，仅填写第一次提交的日期。

是否按时提交：指 PSUR 是否按《药品不良反应报告和监测管理办法》要求的时限提交。按国际诞生日提交公司统一 PSUR 的，应在备注中说明，未延期提交，填写“是”。

是否发现重要风险：重要风险包括持有人自主发现或境内外监管部门告之的，重要风险可参考 ICH E2C(R2) 对重要已识别风险（Important identified risk）和重要的潜在风险（Important potential risk）的解释。发现的重要风险在第 6 项中进行描述。

备注：需要说明的其他内容，如未按时提交 PSUR 的原因。

6 风险评估和控制

填写报告年度新发现的重要风险（参见第 5 部分）以及既往重要风险的评估状态和控制情况的更新信息。未发现新风险或无更新信息，仅勾选“无新信息”，其他内容不填写。

编号：按四位年份（发现风险年份）+ 四位顺序号填写，如 20180001。一个药品有多个风险，填写多个编号，一个编号占一行。某个药品的某个风险，其编号应始终保持不变。

药品名称：填写与重要风险相关的药品名称。

风险简述：简述重要风险的内容，可填写不良反应 / 事件名称。

评估状态：填写报告年度结束时该风险的评估状态。其中，“正在进行中”指正在开展分析评估、正在累积监测数据、正在开展安全性研究、正在制定风险控制措施等；“无须采取措施”指已经完成评估，但评估结果认为无须采取或更新风险控制措施；“已经采取措施”指已经完成评估，并已经采取或更新了风险控制措施；“后效评估中”指正在对风险控制措施的执行效果进行评估，以确定是否需要更新风险管理措施；“其他”指评估状态的其他情况，请简要叙述。

风险控制措施和控制措施描述：评估状态选择“已经采取措施”时，填写这两项。指针对重要风险持有人在中国已经采取的风险控制措施，勾选相应选项，并进行简单描述，有附件请注明。“说明书变更”指持有人因重要风险变更药品说明书的情况，且为已经批准或备案的变更；描述变更内容，如果内容过长，以附件形式提交变更说明表，包括变更的项目、变更前后内容对比、变更的详细原因；如果尚未在直报系统中提交更新的说明书，应在年度报告中以附件形式提交更新的说明书。“风险警示或沟通”指持有人通过适当的形式将风险信息有效传递给医务人员和患者，以达到风险告知和指导临床合理用药的目的；描述风险警示和沟通的方式，风险沟通内容应作为附件提交。“召回药品”指持有人主动或按监管部门要求采取的药品召回措施；描述召回原因、召回范围、召回批号和数量等。“暂停生产销售使用”指持有人主动或按监管部门要求暂停药品生产、销售或使用的情况；描述原因、暂停时间和范围等。“注销注册证书”指持有人主动注销或被监管部门注销药品注册证书的情况，描述注销原因、时间等。“其他”指除上述措施外持有人采取的其他措施，包括实施以药品限制性使用、受控使用为目的风险控制计划等；描述风险控制措施的主要内容，风险控制计划应作为附件提交。信息公开情况：指向社会公开风险控制措施的情况，描述公开的时间、方式和平台。未公开不填写。

7 上市后安全性研究

年度报告中应汇总的上市后安全性研究包括持有人发起或赞助的，在全球任何地点开展的，以药品安全性为主要目的和终点的研究，如非临床研究、临床研究、流行病学研究、主动监测、对临床试验的荟萃分析等，但对文献不良反应的综述除外。

上市后安全性研究列表应填写报告年度启动的研究情况，并更新既往研究的状态及相关信息。未启动新研究或既往研究无更新信息，仅勾选“无新信息”，其他内容不填写。

研究编号：公司为研究分配的编号，无编号的可以填写顺序号。

研究标题：填写研究标题的中文全称。研究标题应包括主要研究药品的名称，或在备注中说明研究的药品。

研究动因：简述促使企业开展研究的原因，如按法规要求开展重点监测、注册批件要求、监管部门要求、主动开展、上市后承诺等。

启动时间："启动"指报告年度已经制定了研究方案并且开始实施（如开始入组病例）。启动时间具体到月份。

研究状态：选择截至报告年度末研究处于的状态；因任何原因暂停或中止（研究未完成但不再继续）研究，在备注中简要说明原因；"完成"指报告年度研究已经结束并完成了最终的研究报告。

研究地点：在境内开展的研究填写研究涉及的省份，涉及省份较多可填写省份数量；境外开展的研究填写开展的国家或地区。

研究结论：研究状态选择"完成"的，概括重要的安全性研究结论，未完成不填写。

备注：研究状态选择"暂停或中止"的应在备注中说明原因，并填写需要说明的其他问题。

8 药物警戒工作自评

持有人对报告年度境内开展的药物警戒工作进行自评，简要叙述报告年度在不良反应收集、报告、评价、控制等方面取得的主要进展和存在的主要问题，以及下一年度有何改进计划。

9 其他说明

持有人对年度报告中填写的内容需要说明的其他问题，没有填写"无"。

10 附件列表

与年度报告一起提交的附件列表。

（二）进口药品持有人年度报告撰写要求

1 持有人 / 代理人信息

持有人 / 代理人信息填写撰写年度报告时"当前"信息。

1.1 持有人名称：按照监管部门已批准注册或已批准变更的名称准确填写。

1.2 持有人所在国家 / 地区：填写持有人所在国家或地区，地区指香港、澳门、台湾。

1.3 代理人名称：根据 66 号公告，持有人应指定在我国境内设立的代表机构或者企业法人作为代理人（以下均简称代理人），具体承担进口药品的不良反应监测、评价、风险控制等工作。代理人名称应按照书面证明材料准确填写。

1.4 代理人地址：按当前真实地址填写。

1.5 代理人性质：选择代理人性质，如果没有合适的选择项，选择“其他”，并简要描述代表人性质或代理人业务范围。

1.6 代理人联系方式：填写负责与监管部门联络的人员联系方式。

1.7 用户注册信息变更情况：指上一次撰写年度报告至本次撰写年度报告期间，直报系统中“用户注册”信息实际发生变更的情况，无论持有人是否在直报系统中进行了更新。变更项目名称按直报系统中的项目名称填写。首次撰写年度报告应填写自直报系统注册时至本次撰写年度报告期间的所有变更。“是否在系统中更新”指持有人自上次撰写年度报告后，是否已经在直报系统中提交了更新信息。

2 药品信息

2.1 药品信息列表及销售情况

药品信息列表填写截至撰写年度报告时持有人所持有效药品批准证明文件的药品情况。药品信息列表应按药品首次注册日期由近及远的顺序排列，即最近时间批准的药品排在前面；如果同一通用名称下有不同规格产品且注册日期不同，则该药品排序以最近批准注册的日期为准。

药品通用名：准确、完整填写药品批准证明文件中的名称，不得使用简称。

批准文号：同一药品通用名有不同批准文号，填写在不同行。如果没有批准文号，填写注册证号。

包装规格：同一批准文号有多个包装规格均需填写，同一行可填写多个药品包装规格。

国内首次注册日期：指在中国首次获得该规格通用名药批准证明文件的

日期。

注册分类：按药品批准证明文件上的注册分类填写，没有明确注册分类填写“未分类”。

是否进口：指报告年度内药品是否进口，以报告年度内完成进口通关手续为标准。

销量及单位：销量指报告年度内持有人或其经销商在境内销售的药品数量。没有销售填“未销售”。销量单位按制剂单位填写，如片、粒、支、袋等。销量如以万位计，保留至少三位有效数字，如 1234 万片、12.3 万片。

2.2 药品信息变更情况

是指自上一次撰写年度报告至本次撰写年度报告期间，直报系统中持有人维护的药品信息（“产品信息维护”模块）实际发生变更的情况，无论持有人是否在直报系统中进行了更新。一个通用名药有多个项目变更，填写多行。首次撰写年度报告应该填写自持有人在直报系统中注册至本次撰写年度报告期间，直报系统中持有人维护的药品信息发生变更的情况。

药品通用名：该名称如果发生变更，填写变更后的名称。

直报系统项目名称：按直报系统中“产品信息维护”的项目名称填写。

变更前（后）内容：如果药品是报告年度内新批准注册的，变更前内容应填写“无”，变更后内容应填写“所有”；如果是报告年度内注销药品注册证书的药品，变更前的内容应填写“所有”，变更后的内容应填写“无”。

是否在系统中更新：指持有人自上次撰写年度报告后，是否已经在直报系统中提交了更新信息。

变更原因：简述变更原因以及其他需要说明的问题。

3 药物警戒体系

3.1 境内药物警戒负责人：填写当前信息。“药物警戒负责人”指持有人指定的具有一定领导职务，具备多年从事药物警戒工作经验，熟悉相关法律法规及政策，能够负责药物警戒体系的建立、运行和维护，确保药物警戒工作持续合规的人员，且该人员长期居住在中国境内。“职务”指在本持有人/代理人单位所任职务，如有多种职务，仅填写与药物警戒相关的职务。“药物警戒累计从业年限”指在任何地点从事药物警戒工作的累积年限。

3.2 境内药物警戒专门机构：填写当前信息。“境内药物警戒专门机构”指持有人在境内指定的专门从事药物警戒工作的机构或部门。“同代理人”指代理人即是持有人指定的专门机构；“代理人相关部门”指专门机构是代理人内设的相关部门；“其他委托机构”指代理人委托的其他独立法人或机构。

3.3 药物警戒管理制度：填写报告年度信息。指持有人在报告年度是否建立了与境内药物警戒工作相关的管理制度。已有相关管理制度，不仅包括制定了制度文件，还包括对制度文件进行了落实，即制度已经实施。

3.4 报告度内接受监管部门检查情况：检查是指报告年度内监管部门按照《药品不良反应报告和监测管理办法》《药品不良反应报告和监测检查指南》对境外持有人 / 代理人进行的检查。如有多次检查，填写报告年度内最近一次检查的情况。如果对代理人 / 境外持有人的检查延伸至委托机构，“检查类别”同时勾选“延伸检查”，并填写被检查单位名称。如果对持有人开展了境外检查，勾选“境外检查”。如有问题清单、整改报告，应随年度报告一并提交。

3.5 委托工作及其他情况：“委托工作情况”指持有人 / 代理人委托其他单位开展境内药物警戒相关工作的情况，请填写委托单位名称全称，简要填写委托内容，如“不良反应收集”“不良反应报告提交”“不良反应文献检索”等。境内外个例 ADR 上报方式中，“个例报告表”指通过在线填写《上市许可持有人药品不良反应 / 事件报告表》方式上报；“E2B 传输”指按照 ICH E2B 格式传输上报；“行列表”是指按照《药品不良反应报告和监测管理办法》对境外报告的要求上报。

3.6 药物警戒体系自评：持有人对其现有的药物警戒体系能否保障境内警戒工作有效开展进行自评，并简述报告年度内药物警戒体系已经改善的方面。

4 个例药品不良反应报告

4.1 境内信息自主收集途径：指持有人根据《个例药品不良反应收集和报告指导原则》建立的自主收集境内药品不良反应信息的途径，不包括监管部门反馈信息包含的来源途径，例如持有人虽然收到监管部门反馈的医疗机构和经营企业的报告，但自主收集不包括这两个渠道，不能算建立了该途径。

4.2–4.3 境内（外）报告

本部分汇总持有人所持进口药品的不良反应报告情况。境内报告是指进口药品在中国境内发生的不良反应报告；境外报告是指进口药品在境外（包括港、澳、台地区）发生的不良反应报告。以行列表形式提交的境外报告也应汇总。

境内（外）报告表应按通用名填写，同一通用名药填写一行。报告年度无论是否生产或销售，只要表中某项报告不为零，均应填写该表，所有项目均为零的药品无须填写该表。报告数量按病例计，跟踪报告不另计数。某项没有报告不填写。

自主收集的报告数量：指持有人从各种途径自主收集的个例报告数量的总和，不包括监管部门反馈的报告数量。

境内监管部门反馈的报告数量：指持有人通过直报系统接收的境内监管部门反馈的所有不良反应报告数量。填写年度反馈的总报告数量，以及持有人对反馈报告进行处理后又提交至直报系统中的报告数量。报告年度反馈给持有人的报告无论何时向直报系统提交，皆应算在本报告年度的报告数量中。

备注：持有人需要说明的其他问题。

5 定期分析评价

66 号公告规定，持有人应定期对药品不良反应监测数据、临床研究、文献等资料进行评价，并按规定要求做好定期安全性更新报告（PSUR）的撰写及上报工作。

5.1 定期分析评价

定期分析评价是持有人发现药品风险的重要方式，持有人应根据药品上市时间、风险特征或监管部门要求，制定年度定期分析评价计划，并按计划开展工作。应综合所有安全性数据进行分析评价，包括全球数据。对于报告年度内已经开展了定期分析评价的药品（有分析报告支持），填写定期分析评价表。定期分析评价表按首次注册日期由近及远排序。PSUR 相关情况不在此表中汇总。

药品名称：一般填写药品通用名称或活性成分名称，根据实际开展情况填写。

首次注册日期：如果该药品有多个首次注册日期，填写最早批准的日期。

计划分析周期：指持有人根据药品上市时间长短、药品风险特征或监管部门要求制定的分析评价周期。

实际分析次数：报告年度实际开展分析评价的次数。

是否发现重要风险：重要风险包括持有人自主发现或境内外监管部门告之的。重要风险可参考 ICH E2C(R2) 对重要已识别风险（Important identified risk）和重要的潜在风险（Important potential risk）的解释。发现的重要风险在第 6 项中进行描述。

备注：需要说明的其他内容，如未按计划开展分析评价的原因等。

5.2 定期安全性更新报告

本表汇总报告年度内应提交定期安全性报告（PSUR）的所有药品，应提交但未提交的也应列入。

药品名称：一般填写药品通用名称或活性成分名称，根据实际开展情况填写。

首次注册日期：如果该药品有多个首次注册日期，填写最早批准的日期。

提交 PSUR 的日期：指报告年度内向直报系统提交 PSUR 的日期。提交频率小于一年的，按实际情况填写多个提交日期，并在备注中说明原因。PSUR 被退回后再次提交，仅填写第一次提交的日期。

是否按时提交：指 PSUR 是否按《药品不良反应报告和监测管理办法》要求的时限提交。按国际诞生日提交公司统一 PSUR 的，应在备注中说明，如果未延期提交，填写“是”。

是否发现重要风险：重要风险包括持有人自主发现或境内外监管部门告之的，重要风险可参考 ICH E2C(R2) 对重要已识别风险（Important identified risk）和重要的潜在风险（Important potential risk）的解释。发现的重要风险在第 6 项中进行描述。

备注：需要说明的其他内容，如未按时提交 PSUR 的原因。

6 风险评估和控制

填写报告年度新发现的重要风险（参见第 5 部分）以及既往重要风险的

评估状态和控制情况的更新信息。未发现新风险或无更新信息，仅勾选“无新信息”，其他内容不填写。

编号：按四位年份（发现风险年份）+ 四位顺序号填写，如 20180001。一个药品有多个风险，填写多个编号，一个编号占一行。某个药品的某个风险，其编号应始终保持不变。

药品名称：填写与重要风险相关的药品名称。

风险简述：简述重要风险的内容，可填写不良反应 / 事件名称。

评估状态：填写报告年度结束时该风险的评估状态。其中，“正在进行中”指正在开展分析评估、正在累积监测数据、正在开展安全性研究、正在制定风险控制措施等；“无须采取措施”指已经完成评估，但评估结果认为无须采取或更新风险控制措施；“已经采取措施”指已经完成评估，并已经采取或更新了风险控制措施；“后效评估中”指正在对风险控制措施的执行效果进行评估，以确定是否需要更新风险管理措施；“其他”指评估状态的其他情况，请简要叙述。

风险控制措施和控制措施描述：评估状态选择“已经采取措施”时，填写这两项。指针对重要风险持有人在中国已经采取的风险控制措施，勾选相应选项，并进行简单描述，有附件请注明。“说明书变更”指持有人因重要风险变更药品说明书的情况，且为已经批准或备案的变更；描述变更内容，如果内容过长，以附件形式提交变更说明表，包括变更的项目、变更前后内容对比、变更的详细原因；如果尚未在直报系统中提交更新的说明书，应在年度报告中以附件形式提交更新的说明书。“风险警示或沟通”指持有人通过适当的形式将风险信息有效传递给医务人员和患者，以达到风险告知和指导临床合理用药的目的；描述风险警示和沟通的方式，风险沟通内容应作为附件提交。“召回药品”指持有人主动或按监管部门要求采取的药品召回措施；描述召回原因、召回范围、召回批号和数量等。“暂停生产销售使用”指持有人主动或按监管部门要求暂停药品生产、销售或使用的情况；描述原因、暂停时间和范围等。“注销注册证书”指持有人主动注销或被监管部门注销药品注册证书的情况，描述注销原因、时间等。“其他”指除上述措施外持有人采取的其他措施，包括实施以药品限制性使用、受控使用为目的风险控制计划等；描述风险控制措施的主要内容，风险控制计划应作为附件提交。

信息公开情况：指向社会公开风险控制措施的情况，描述公开的时间、方式和平台。未公开不填写。

7 上市后安全性研究

年度报告中应汇总的上市后安全性研究包括持有人发起或赞助的，在全球任何地点开展的，以药品安全性为主要目的和终点的研究，如非临床研究、临床研究、流行病学研究、主动监测、对临床试验的荟萃分析等，但对文献不良反应的综述除外。

上市后安全性研究列表应填写报告年度启动的研究情况，并更新既往研究的状态及相关信息。未启动新研究或既往研究无更新信息，仅勾选“无新信息”，其他内容不填写。

研究编号：公司为研究分配的编号，无编号的可以填写顺序号。

研究标题：填写研究标题的中文全称。研究标题应包括主要研究药品的名称，或在备注中说明研究的药品。

研究动因：简述促使企业开展研究的原因，如按法规要求开展重点监测、注册批件要求、监管部门要求、主动开展、上市后承诺等。

启动时间：“启动”指报告年度已经制定了研究方案并且开始实施（如开始入组病例）。启动时间具体到月份。

研究状态：选择截至报告年度末研究处于的状态；因任何原因暂停或中止（研究未完成但不再继续）研究，在备注中简要说明原因；“完成”指报告年度研究已经结束并完成了最终的研究报告。

研究地点：在境内开展的研究填写研究涉及的省份，涉及省份较多可填写省份数量；境外开展的研究填写开展的国家或地区。

研究结论：研究状态选择“完成”的，概括重要的安全性研究结论，未完成不填写。

备注：研究状态选择“暂停或中止”的应在备注中说明原因，并填写需要说明的其他问题。

8 药物警戒工作自评

持有人对报告年度境内开展的药物警戒工作进行自评，简要叙述报告年度在不良反应收集、报告、评价、控制等方面取得的主要进展和存在的主要问题，以及下一年度有何改进计划。

9 其他说明

持有人/代理人对年度报告中填写的内容需要说明的其他问题，没有填写“无”。

10 附件列表

与年度报告一起提交的附件列表。

附件：1. 国产药品持有人年度报告模板

2. 进口药品持有人年度报告模板

附件 1

**** 年持有人药物警戒年度报告

（国产药品持有人年度报告模板）

撰写日期：

1 持有人信息（填写当前信息）

1.1 持有人名称

1.2 持有人地址　　　　　省（自治区、直辖市）

1.3 持有人类型：□企业（请填写以下信息）□药品研制机构 □其他

1.3.1 企业分类：□内资企业 □外资 / 中外合资企业（外资方国家 / 地区　　　　　　　　　　）

1.3.2 企业规模：□大型企业 □中型企业 □小型企业 □微型企业

1.3.3 集团公司性质：□非集团公司 □集团公司母公司 □集团公司子公司（母公司名称：　　　　　　　　　　　　　　　　）

1.3.4 持有人联系人：姓名　　　手机　　　座机　–　　　电子邮箱

1.4 用户注册信息变更情况（自上一次撰写年度报告）：□有变更（填写下表）□无变更

直报系统项目名称	变更前内容	变更后内容	是否在系统中更新 *	变更原因

* 如果持有人已经在直报系统中更新，但监测机构尚未审核，仍填写“是”。

2 药品信息

2.1 药品信息列表及产销情况

截至目前共持有药品批准文号　　个 *，涉及通用名药　　个，其中化学

药　　个，中药　　个，生物制品　　个。报告年度内在产通用名药　　个，出口通用名药　　个。具体情况详见下表。

药品信息列表 *（填写当前信息）							报告年度内产销情况		
序号	药品通用名	批准文号	药品规格	包装规格	首次注册日期	注册分类	是否生产	销量及单位	是否出口
1		国药准字H20173014	15mg	10 片 / 盒 20 片 / 盒	2018/01/01	1.1 类	是	160 万片	是
		国药准字H20173015	30mg	10 片 / 盒	2018/01/01	1.1 类	否	未销售	否
		……							
…									

* 原料药、制剂中间体、体外诊断试剂、中药材和中药饮片的信息不需要统计和在表中列出。药品信息列表按首次注册日期由近及远排序。

2.2 药品信息变更情况（自上一次撰写年度报告）：□有变更（请填写下表）□无变更

药品通用名	直报系统项目名称	变更前内容	变更后内容	是否在系统中更新 *	变更原因
左氧氟沙星片	包装规格	20 片 / 盒	10 片 / 盒	是	因安全性原因减小包装规格
	国家医保状态	否	是	否	进入国家医保
	……				
罗沙司他胶囊	所有	无	所有	是	获批上市
酮康唑片	所有	所有	无	是	注销批准证书
……					

* 如果持有人已经在直报系统中更新，但监测机构尚未审核，仍填写“是”。

3 药物警戒体系

3.1 药物警戒负责人（填写当前信息）□有（请填写以下信息）□无

3.1.1 姓名

3.1.2 职务

3.1.3 药物警戒累计从业年限

3.1.4 联系方式：手机　　　　　座机　–　　　　　电子邮箱

3.2 药物警戒专门机构（填写当前信息）□有（请填写以下信息）□无

3.2.1 机构名称

3.2.2 机构设置：□独立设置 □非独立设置（所属部门　　　　　　　　）

3.2.3 机构地址：□同持有人地址 □其他地址

3.2.4 机构人员数量：共　　人，其中专职　　人，兼职　　人

3.3 药物警戒管理制度　□有（请选择包含以下哪些内容）□无

□部门 / 岗位职责　□人员培训　□药品安全委员会工作制度　□不良反应信息收集、处置和报告　□药品群体不良事件 / 突发事件应急处理　□药品重点监测　□ PSUR 撰写和报告　□信号检测 / 定期分析评价　□风险评估和控制　□药品召回　□对于药品监管机构提出问题回复　□医学咨询和投诉处理　□数据和档案管理　□年度报告撰写和报告　□其他

3.4 报告年度内接受监管部门检查情况：□未检查过　□检查过（检查次数　　　，以下填写最近一次检查的信息）

3.4.1 开展检查的监管部门级别：□国家局　□省级局　□其他

3.4.2 检查时间

3.4.3 检查类别：□常规检查　□有因检查　□延伸检查（被检查单位　　　　　　　）□其他　　　□不详

3.4.4 是否提交整改报告：□无须提交　□尚未提交　□已提交（提交日期　　　　）

3.4.5 报告年度整改落实情况：□无须整改 □全部落实 □正在进行 □尚未落实

3.5 委托工作及其他情况

3.5.1 委托工作情况：□有委托（请填写以下信息）□无委托

委托单位名称 1　　　　　　　　委托内容

委托单位名称 2　　　　　　　　委托内容

……

3.5.2 境内个例 ADR 上报方式：□个例报告表　□ E2B 传输

3.5.3 境外个例 ADR 上报方式：□个例报告表　□行列表　□ E2B 传输

3.5.4 使用的不良反应术语集：□ MedDRA　□ WHO-ART　□其他

3.6 药物警戒体系自评

3.6.1 已有的体系能否保障警戒工作有效开展：□尚需改善（填写以下信

息）□能够保障

3.6.2 尚需改善的方面：□机构 □人员 □制度 □设备或资源 □其他

3.6.3 报告年度已改善的方面：□有（在横线处简述改善成果）□无

□机构

□人员

□制度

□设备或资源

□其他

4 个例药品不良反应报告

4.1 境内信息自主收集途径

报告来源	收集途径	收集方式（简述）
医疗机构	□建立 □未建立	
药品经营企业	□建立 □未建立	
电话和投诉	□建立 □未建立	
学术文献	□建立 □未建立	
互联网及相关途径	□建立 □未建立	
上市后研究和项目	□建立 □未建立	
其他	□建立 □未建立	

4.2 境内报告 □有（请填写以下信息）□无

报告年度共向直报系统提交了 A+C 份境内报告，其中自主收集的 A 份（严重报告占 %），较上年度增长 %，境内监管部门反馈后提交的 C 份，占反馈总数的 %。

报告年度未提交的报告共 B+D 份，其中自主收集但未提交的 B 份，原因包括 ，反馈后未提交的 D 份，原因包括 。具体情况详见下表。

序号	药品通用名	自主收集的报告数量（份）			境内监管部门反馈的报告数量(份)		
		总数	提交	未提交	总数	提交	未提交
1							
2							
…							
	合计	A+B	A	B	C+D	C	D
备注：							

注：原料药、制剂中间体、体外诊断试剂、中药材、中药饮片无须填写该表。

4.3 境外报告□有（请填写以下信息）□无

报告年度共向直报系统提交了　　份境外报告，较上年度增长　　%。具体情况详见下表。

序号	药品通用名	提交（份）	备注
1			
2			
…			
	合计		

注：原料药、制剂中间体、体外诊断试剂、中药材、中药饮片无须填写该表。

5 定期分析评价

5.1 定期分析评价

报告年度内对　　个药品开展了　　次定期分析评价（不含 PSUR）。

序号	药品名称	首次注册日期	计划分析周期	实际分析次数	是否发现重要风险	备注
1		2018/03/16	每二周	20	是	
2		2017/03/16	周月	12	是	
3		2016/03/16	每半年	6	否	
…						

注：本表仅汇总报告年度内开展了定期分析（有分析报告）的药品，未开展定期分析评价的无须列入。本表按首次注册日期由近及远排序。

5.2 定期安全性更新报告

报告年度内应该提交　　份 PSUR，实际提交了　　份 PSUR，未按时提交原因见下表备注。

序号	药品名称	首次注册日期	提交 PSUR 日期	报告期覆盖范围	是否按时提交	是否发现重要风险	备注
1		2018/03/16	2019/04/16	2018/03/16– –2019/03/15	是	是	
2		2015/03/16	未提交	不适用	否	否	未提交的原因
…							

注：本表应汇总报告年度所有需要提交 PSUR 的药品，即使因某种原因未提交也应列入。本表按首次注册日期由近及远排序。

6 风险评估和控制 □有新信息（请填写以下信息）□无新信息

报告年度新发现了　　个药品重要风险（按编号计），完成了　　个药品风险的评估。新发现的重要风险和既往风险评估控制状态的更新情况详见下表。

编号	药品名称	风险简述	评估状态	风险控制措施	控制措施描述	信息公开
20180001		血糖异常	□正在进行中 □无须采取措施 □已经采取措施 □后效评估中 □其他	□说明书变更 □风险警示或沟通 □召回药品 □暂停生产销售使用 □注销注册证书 □其他		
20180002						
20190001						
……						

7 上市后安全性研究 □有新信息（请填写以下信息）□无新信息

报告年度新启动了　　项上市后安全性研究，完成了　　项上市后安全性研究。新启动的研究和既往研究状态的更新情况详见下表。

研究编号	研究标题	研究动因	启动时间	研究状态	研究地点	研究结论	备注
		按法规开展重点监测	2020/03	■正在进行 □暂停或中止 □完成 □其他	江苏等 16 个省		
		自主开展	2019/10	□正在进行 □暂停或中止 ■完成 □其他	美国	肝衰竭风险与对照组比增加有统计学意义	
……							

8 药物警戒工作自评

9 其他说明

10 附件列表

（附件请随年度报告一并提交）

附件 2

**** 年持有人药物警戒年度报告

（进口药品持有人年度报告模板）

撰写日期：

1 持有人 / 代理人信息（填写当前信息）

1.1 持有人名称

1.1.1 持有人英文名称

1.1.2 持有人中文名称

1.2 持有人所在国家 / 地区

1.3 代理人名称

1.4 代理人地址　　　　省（自治区、直辖市）

1.5 代理人性质：□进口药品注册代理机构 □境内经销商 □境内分公司 / 分支机构 □研究合作组织（CRO）□其他

1.6 代理人联系方式：姓名　　手机　　座机　–　　电子邮箱

1.7 用户注册信息变更情况（自上一次撰写年度报告）：□有变更（填写下表）□无变更

直报系统项目名称	变更前内容	变更后内容	是否在系统中更新 *	变更原因

* 如果持有人已经在直报系统中更新，但监测机构尚未审核，填写“是”。

2 药品信息

2.1 药品信息列表及销售情况

截至目前在中国境内共持有进口药品批准文号　　个 *，涉及通用名药　　个，其中化药　　个，中药　　个，生物制品　　个。报告年度内进口通用名药　　个。具体情况详见下表。

药品信息列表 *（填写当前信息）									报告年度内进口和境内销售情况
序号	药品通用名	批准文号	药品规格	包装规格	国内首次注册日期	生产国家	注册分类	是否进口	销量及单位
1		H20173014	15mg	10 片 / 盒 20 片 / 盒	2018/01/01	日本	5.1 类	是	160 万片
		H20173015	30mg	10 片 / 盒	2018/01/01	日本	5.1 类	否	未销售
		……							
…									

* 原料药、制剂中间体、体外诊断试剂、中药材和中药饮片的信息不需要统计和在表中列出。药品信息列表按国内首次注册日期由近及远排序。

2.2 药品信息变更情况（自上一次撰写年度报告）：□有变更（请填写下表）□无变更

药品通用名	直报系统项目名称	变更前内容	变更后内容	是否在系统中更新 *	变更原因
左氧氟沙星片	包装规格	20 片 / 盒	10 片 / 盒	是	因安全性原因减小包装规格
	国家医保状态	否	是	否	进入国家医保
	……				
罗沙司他胶囊	所有	无	所有	是	获批上市
酮康唑片	所有	所有	无	是	注销批准证书
……					

* 如果持有人已经在直报系统中更新，但监测机构尚未审核，仍填写“是”。

3 药物警戒体系

3.1 境内药物警戒负责人（填写当前信息）□有（请填写以下信息）□无

3.1.1 姓名

3.1.2 职务

3.1.3 药物警戒累计从业年限

3.1.4 联系方式：手机　　　座机　–　　　电子邮箱

3.2 境内药物警戒专门机构（填写当前信息）□同代理人 □代理人相关部门 □其他委托机构 □无

3.2.1 机构名称

3.2.2 机构地址：□同代理人地址 □其他地址

3.2.3 机构人员数量：共　　人，其中专职　　人，兼职　　人

3.3 药物警戒管理制度 □有（请选择包含以下哪些内容）□无

□部门 / 岗位职责 □人员培训 □药品安全委员会工作制度 □不良反应信息收集、处置和报告 □药品群体不良事件 / 突发事件应急处理 □药品重点监测 □ PSUR 撰写和报告 □信号检测 / 定期分析评价 □风险评估和控制 □药品召回 □对于药品监管机构提出问题回复 □医学咨询和投诉处理 □数据和档案管理 □年度报告撰写和报告 □其他

3.4 报告年度内接受监管部门检查情况：□未检查过 □检查过（检查次数　　，以下填写最近一次检查的信息）

3.4.1 开展检查的监管部门级别：□国家局 □省级局 □其他

3.4.2 检查时间

3.4.3 检查类别：□常规检查 □有因检查 □延伸检查（被检查单位　　　　　　）□境外检查 □其他　　　□不详

3.4.4 是否提交整改报告：□无须提交 □尚未提交 □已提交（提交日期　　　　　　）

3.4.5 报告年度整改落实情况：□无须整改 □全部落实 □正在进行 □尚未落实

3.5 委托工作及其他情况

3.5.1 代理人委托工作情况：□有委托（请填写以下信息）□无委托

委托单位 1　　　　　　　　委托内容

委托单位 2　　　　　　　　委托内容

……

3.5.2 境内个例 ADR 上报方式：□个例报告表 □ E2B 传输

3.5.3 境外个例 ADR 上报方式：□个例报告表 □行列表 □ E2B 传输

3.5.4 使用的不良反应术语集：☐ MedDRA ☐ WHO-ART ☐其他

3.6 药物警戒体系自评

3.6.1 已有的体系能否保障警戒工作有效开展：☐尚需改善（填写以下信息）☐能够保障

3.6.2 尚需改善的方面：☐机构 ☐人员 ☐制度 ☐设备或资源 ☐其他

3.6.3 报告年度已改善的方面：☐有（在横线处简述改善成果）☐无

☐机构

☐人员

☐制度

☐设备或资源

☐其他

4 个例药品不良反应报告

4.1 境内信息自主收集途径

报告来源	收集途径	收集方式（简述）
医疗机构	☐建立 ☐未建立	
药品经营企业	☐建立 ☐未建立	
电话和投诉	☐建立 ☐未建立	
学术文献	☐建立 ☐未建立	
互联网及相关途径	☐建立 ☐未建立	
上市后研究和项目	☐建立 ☐未建立	
其他	☐建立 ☐未建立	

4.2 境内报告 ☐有（请填写以下信息）☐无

报告年度向直报系统提交了 A+C 份境内报告，其中自主收集的 A 份（严重报告占 %），较上年度增长 %，境内监管部门反馈后提交的 C 份，占反馈总数的 %。

报告年度未提交的报告共　　份，其中自主收集但未提交的 B 份，原因包括　　，反馈后未提交的 D 份，原因包括　　。以上共涉及通用名药 个，具体情况详见下表。

序号	药品通用名	自主收集的报告数量（份）			境内监管部门反馈的报告数量（份）		
		总数	提交	未提交	总数	提交	未提交
1							
2							
…							
	合计	A+B	A	B	C+D	C	D
备注：							

注：原料药、制剂中间体、体外诊断试剂、中药材、中药饮片无须填写该表。

4.3 境外报告　□有（请填写以下信息）□无

报告年度共向直报系统提交了　　份境外报告，较上年度增长　　%。具体情况详见下表。

序号	药品通用名	提交（份）	备注
1			
2			
…			
	合计		

注：原料药、制剂中间体、体外诊断试剂、中药材、中药饮片无须填写该表。

5 定期分析评价

5.1 定期分析评价

报告年度内对　　个药品开展了　　次定期分析评价（不含 PSUR）。

序号	药品名称	首次注册日期	计划分析周期	实际分析次数	是否发现重要风险	备注
1		2018/03/16	每二周	20	是	
2		2017/03/16	周月	12	是	
3		2016/03/16	每半年	6	否	
…						

注：本表仅汇总报告年度内开展了定期分析评价（有分析报告支持）的药品，未开展定期分析评价的无须列入。本表按首次注册日期由近及远排序。

5.2 定期安全性更新报告

报告年度内应该提交　　份 PSUR，实际提交了　　份 PSUR，未按时提交原因详见下表备注。

序号	药品名称	首次注册日期	提交 PSUR 日期	是否按时提交	是否发现重要风险	备注
1		2018/03/16	2019/04/16	是	是	
2		2017/03/16	2018/05/16	否	是	
3		2016/03/16	2017/04/16	是	否	
4		2015/03/16	未提交	否	否	
…						

注：本表应汇总报告年度内所有需要提交 PSUR 的药品，即使因某种原因未提交也应列入。本表按首次注册日期由近及远排序。

6 风险评估和控制　□有新信息（请填写以下信息）□无新信息

报告年度新发现了　　个药品重要风险（按编号计），完成了　　个药品风险的评估。新发现的重要风险和既往风险评估控制状态的更新情况详见下表。

编号	药品名称	风险简述	评估状态	风险控制措施	控制措施描述	信息公开
20180001		血糖异常	□正在进行中 □无须采取措施 □已经采取措施 □后效评估中 □其他	□说明书变更 □风险警示或沟通 □召回药品 □暂停生产销售使用 □注销注册证书 □其他		
20180002						
20190001						
……						

7 上市后安全性研究　□有新信息（请填写以下信息）□无新信息

报告年度新启动了　　项上市后安全性研究，完成了　　项上市后安全性研究。新启动的研究和既往研究状态的更新情况详见下表。

研究编号	研究标题	研究动因	启动时间	研究状态	研究地点	研究结论	备注
		按法规开展重点监测	2020/03	■正在进行 □暂停或中止 □完成 □其他	江苏等 16 个省		
		自主开展	2019/10	□正在进行 □暂停或中止 ■完成 □其他	美国	肝衰竭风险与对照组比增加有统计学意义	
……							

8 药物警戒工作自评

9 其他说明

10 附件列表（附件请随年度报告一并提交）

5.15 国家药品监督管理局关于药品上市许可持有人直接报告不良反应事宜的公告

（2018年第66号）

根据《中华人民共和国药品管理法》《中共中央办公厅、国务院办公厅关于深化审评审批制度改革鼓励药品医疗器械创新的意见》（厅字〔2017〕42号），为进一步完善药品不良反应监测制度，落实药品上市许可持有人（包括持有药品批准文号的药品生产企业，以下简称持有人）不良反应报告主体责任，国家药品监督管理局就持有人直接报告不良反应公告如下：

一、持有人应当建立健全药品不良反应监测体系。持有人是药品安全责任的主体，应当指定药品不良反应监测负责人，设立专门机构，配备专职人员，建立健全相关管理制度，直接报告药品不良反应，持续开展药品风险获益评估，采取有效的风险控制措施。

持有人委托其他公司或者机构开展药品不良反应监测工作，双方应当签订委托协议。持有人应当配备专职人员做好对受托方的监督和管理等工作，相应法律责任由持有人承担。进口药品持有人应当指定在我国境内设立的代表机构或者指定我国境内企业法人作为代理人，具体承担进口药品不良反应监测、评价、风险控制等工作。持有人及其代理人应当接受药品监督管理部门的监督检查。

二、持有人应当及时报告药品不良反应。持有人应当建立面向医生、药师和患者的有效信息收集途径，主动收集临床使用、临床研究、市场项目、学术文献以及持有人相关网站或者论坛涉及的不良反应信息。

境内发生的严重不良反应应当自严重不良反应发现或获知之日起15日内

报告，死亡病例及药品群体不良事件应当立即报告，其他不良反应应当在 30 日内报告。持有人应当对严重不良反应报告中缺失的信息进行随访，对死亡病例开展调查并按要求提交调查报告。

境外发生的严重不良反应应当自持有人发现或获知严重不良反应之日起 15 日内报告，其他不良反应纳入药品定期安全性更新报告中。

三、持有人应当报告获知的所有不良反应。持有人应当按照可疑即报原则，直接通过国家药品不良反应监测系统报告发现或获知的药品不良反应。报告范围包括患者使用药品出现的与用药目的无关且无法排除与药品存在相关性的所有有害反应，其中包括因药品质量问题引起的或者可能与超适应证用药、超剂量用药、禁忌证用药等相关的有害反应。

医疗机构及个人保持原途径报告不良反应，也可向持有人直接报告。药品经营企业直接向持有人报告。国家药品不良反应监测系统将及时向持有人反馈收集到的药品不良反应信息，持有人应当对反馈的药品不良反应信息进行分析评价，并按个例不良反应的报告范围和时限上报。

四、持有人应当加强不良反应监测数据的分析评价。持有人应当及时对发现或者获知的个例药品不良反应进行评价，定期对药品不良反应监测数据、临床研究、文献等资料进行评价；发现新的且严重不良反应、报告数量异常增长或者出现批号聚集性趋势等，应当予以重点关注；定期全面评价药品的安全性，识别药品潜在风险，研究风险发生机制和原因，主动开展上市后研究，持续评估药品的风险与获益。

持有人应当汇总年度情况，包括企业年度药品不良反应监测体系运行情况、不良反应报告情况、风险识别与控制情况、上市后研究情况等信息，并于每年 3 月 31 日前向省级药品不良反应监测机构提交上一年度总结报告。此外，持有人应当按规定要求做好药品定期安全性更新报告的撰写及上报工作。

五、持有人应当主动采取有效的风险控制措施。持有人应当根据分析评价结果，判断风险程度，制定积极有效的风险控制措施。

发现说明书未载明的不良反应，应当及时进行分析评价。对需要提示患者和医务人员的安全性信息及时修改说明书和标签，开展必要的风险沟通；

对存在严重安全风险的品种，应当制定并实施风险控制计划，采取限制药品使用，主动开展上市后研究，暂停药品生产、销售、使用或者召回等风险控制措施；对评估认为风险大于获益的品种，应当主动申请注销药品批准证明文件。

对提示药品可能存在质量安全问题的，持有人必须立即采取暂停生产、销售、使用或者召回等措施，并积极开展风险排查。对其中造成严重人身伤害或者死亡的严重不良反应，持有人必须立即采取措施妥善处理。

持有人采取的风险控制措施应当向省级药品监督管理部门报告，并向省级药品不良反应监测技术机构报告不良反应详细情况以及风险评估情况。对于持有人采取的修改说明书，以及暂停药品生产、销售、使用或者召回等风险控制措施，持有人应当主动向社会公布。

六、加强对持有人药品不良反应监测工作的技术审核。各级药品不良反应监测技术机构要按照相关规定，做好本行政区域内药品不良反应报告的收集、核实、评价、调查、反馈和上报。省级及以上药品不良反应监测技术机构应当对监测数据进行定期分析评估，组织对定期安全性更新报告和年度总结报告进行技术审核，开展不良事件聚集性信号的监测评价，开展不良反应报告的质量评估。

七、省级药品监督管理部门承担属地监管责任。省级药品监督管理部门要高度重视持有人直接报告不良反应工作，制定年度监督检查计划，将监督检查纳入日常监管工作。组织对持有人及其代理人的药品不良反应监测工作开展日常检查，对其中隐瞒不报、逾期未报告、提供虚假报告等开展重点检查；对发现存在重大安全隐患或者违规行为的开展有因检查；对持有人委托开展药品不良反应监测工作的，组织对受托部门进行延伸检查。

八、严厉查处持有人不履行直接报告责任的行为。持有人未建立有效的药品不良反应监测体系，未指定药品不良反应监测负责人，未依规定建立专门机构、配备专职人员，未建立健全相关管理制度的，由省级药品监督管理部门依法予以查处。持有人严重违反相关规定、不能控制药品安全风险的，由省级药品监督管理部门责令暂停销售；持有人完成整改、经省级药品监督管理部门确认符合要求后，方可恢复销售。

持有人隐瞒不报、逾期未报告、提供虚假报告的，相关不良反应通过其他途径报告并经规定的程序核实，由省级药品监督管理部门依法采取警告、罚款等措施；隐瞒不报、逾期未报告造成严重人身伤害、死亡或者造成恶劣影响的，责令暂停相关产品销售，直至依法撤销药品批准证明文件。

持有人风险信息公布不及时、不完整、不准确的，由省级药品监督管理部门责令其完整准确公布信息。情节严重导致不能控制药品安全风险的，由省级药品监督管理部门责令其暂停相关产品销售。持有人整改后完整准确公布信息的，经省级药品监督管理部门检查确认符合要求，方可恢复销售。

本公告自2019年1月1日起实施。

特此公告。

国家药品监督管理局

2018年9月29日